杨义先趣谈科学

杨义先 钮心忻 著

科学家列传

壹

人民邮电出版社

北京

图书在版编目（CIP）数据

科学家列传. 壹 / 杨义先，钮心忻著. -- 北京：
人民邮电出版社，2020.8（2022.7重印）
（杨义先趣谈科学）
ISBN 978-7-115-53400-2

Ⅰ. ①科… Ⅱ. ①杨… ②钮… Ⅲ. ①科学技术－世
界－普及读物 Ⅳ. ①N11-49

中国版本图书馆CIP数据核字(2020)第070500号

内 容 提 要

本书以喜剧评书方式，从全新视角，重现人类有史以来各个时期顶级科学家们的风貌。本书的目的，不仅仅是让读者全面了解真实的科学家，而且是想激励相关读者，特别是青少年读者，立志成为科学家。

与以往大家熟悉的"科学家故事"或"科学家传"不同的是，本书绝不做任何简单机械的素材堆积，而是以时间为轴线，通过科学家们的历史轨迹，展现科学发展的里程碑和全球科学家成长的生态环境。本书特别注意把握严肃与活泼之间的分寸：科学内容，务必严谨；生平事迹等方面，则尽量活泼，要让读者充分享受其中的快乐。正如伽利略所言："你无法教会别人任何东西，你只能帮助别人发现一些东西。"因此，本书其实是想"帮助你发现一些东西"，当然，尽量帮你发现"科研成功的共性"。

◆ 著　　　　杨义先　钮心忻
　　责任编辑　俞　彬
　　责任印制　王　郁　马振武
◆ 人民邮电出版社出版发行　　北京市丰台区成寿寺路 11 号
　　邮编　100164　电子邮件　315@ptpress.com.cn
　　网址　https://www.ptpress.com.cn
　　北京虎彩文化传播有限公司印刷
◆ 开本：720×960　1/16
　　印张：20.75　　　　　　　　2020 年 8 月第 1 版
　　字数：376 千字　　　　　　2022 年 7 月北京第 3 次印刷
定价：59.80 元

读者服务热线：(010)81055410　印装质量热线：(010)81055316
反盗版热线：(010)81055315
广告经营许可证：京东市监广登字 20170147 号

伙计，本书不是千篇一律的"科学家传"哟，更不是堆砌式的"科学家故事集"！

一方面，它将以时间为轴线，展示古今中外多位顶级科学家的成果和综合特色，打造一个个生动活泼的里程碑，读者在历史的穿越过程中，仅仅通过阅读这些里程碑，就可看清整个科学发展的轨迹，以及东西方之间和前后之间的关联关系。另一方面，通过若干具体案例，适时回答一些与科学研究相关的问题，例如，科研的动力从哪里来、科学流派都有哪些、科学家的特质是什么、科学进步与外界环境之间的关系如何、文化和宗教因素将对科学产生什么影响、科学的分支情况等。当然，由于历史资料太少，本书实在无法包含某些著名科学家，比如，活字印刷术发明者毕昇、"地理学之父"埃拉托色尼、"代数之父"丢番图等。这肯定会在一定程度上，影响上述"轨迹"的清晰度。对此，只能万分遗憾了，毕竟在科学部分，本书是一本严肃的著作。

与以往描述科学家的书籍不同的是，本书将更加忠实于历史事实，并不回避科学家本人的某些负面内容，但同时也尽量略去曾经的错误结论，以免混淆视听。这样做的目的，就是要让全社会都明确意识到，科学家也是人，不是神；科学家并非高不可攀，人人都有成为科学家的潜力。因此，本书将采用章回小说的方式，把许多评书、相声和喜剧等元素都融入书中。我们还将一改过去的呆板模式，把科学家描述成为正常人，而非不食人间烟火的异类，或完美无瑕的榜样。我们笔下的科学家，都将是普通人能够接近、学习，甚至超越的凡人。

都说"科学是这样一门学问，它能使当代傻瓜超越上代天才"，但是，本书绝不是只想让"当代傻瓜超越上代天才"，而是还想让"当代天才"成为当代科学家，成为被"后代傻瓜"努力超越的天才。所以，我们的重点不在于介绍科学家们都"干过什么",而是要深入分析他们是"如何干的",有哪些研究方法和思路值得我们借鉴,有哪些成功的方面值得我们学习,或有哪些失败的教训需要我们吸取等。换句话说,如果伽利略的名言"你无法教会别人任何东西,你只能帮助别人发现一些东西"是正确的话,那么,本书其实主要是想"帮助你发现一些东西。"当然,最好是能帮助你发现"科研成功的共性"。

本书特别注意把握严肃与活泼之间的分寸。在具体的科学内容方面,我们将尽量严格,甚至对过时的或有误的科研成果,除非确有必要,否则都将给予纠正,或干脆不再复述;但是,在生平事迹等其他非科学方面,我们将尽量活泼,甚至极尽风趣和幽默之能事,让读者可以尽情享受欢乐,在笑声中轻松了解科学的来龙去脉。

在人物的选取方面,本书既尊重同类书籍中出现的名单,但同时又更加特别考虑历史的连续性,以避免留下太长时期的历史空白,否则,人类科学的发展轨迹就会不清晰,连贯性就会受到影响。例如,在长达1000多年的欧洲中世纪,西方科学几乎处于停顿状态,因此,该期间的人物主要选自东方,他们至少可以代表当时世界的最高水平。当然,客观地说,中世纪期间的科学家对后人的影响,明显偏小,这也是本书与诸如"影响人类的N位科学家"等书籍的另一个重要区别,毕竟我们希望至少每100年要有一个里程碑。

在介绍国内首创科学成果方面,我们摒弃了以往的许多惯用写法,比如"某中国人发明了某物,而此物又在N年后才由某外国人发明"等。因为,在本书中我们将一视同仁地看待外国人和中国人。

由于作者水平有限,书中难免有不当之处,欢迎大家批评指正,谢谢!

杨义先　钮心忻

2020年5月,于花溪

目 录

目录

第一回

科学始祖泰勒斯，混血先棍天地知

"啪"，我一拍惊堂木！

各位看官要问啦：什么是科学？

我一查字典：科学乃分科而学，即将知识细分而研究之，以渐成体系；科学是发现和发明的学问，是探索万事万物变化规律的知识体系的总称。

看官又问啦：那什么是科学家？

我又查字典：科学家，就是研究科学的人士；具体说来，他们意在对自然及未知生命、环境等相关现象的统一性，进行客观数字化的重现、认识、探索与实践等。

看官再问啦：科学诞生的标志是什么？

我再查字典：科学诞生前，人类主要采用玄异或超自然来解释客观现象；科学诞生后，人类则试图借助经验观察和理性思维来了解世界。

看官还问啦：你凭啥说本回主人公泰勒斯就是科学始祖？

伙计，你涉嫌抬扛哟！不过，科学精神就是"抬扛"，就是需要打破砂锅问到底。泰勒斯之所以是科学始祖，那是因为，他是最早一位有文字明确记载的科学家，而且，他一生的研究几乎涉猎了当时人类的全部思想和活动领域。同学，你不会再狡辩说"尝百草的神农才是更早的药学家、黄帝才是首位车辆专家、蚩尤才是最早的冶金专家"吧，因为，中华"人文三祖"的故事，只是传说，不能当作信史。你也不会再咬定说"推演《易经》的周文王才是首位二进制专家"吧，因为，那时科学还没萌芽呢，更别说科学家。

好了，闲话少说，书归正传！

话说，在春秋战国期间，当中国正一片混战时，希腊城邦米利都却正热火朝天地"混血"。来自世界各国的商旅僧俗都蜂拥到门德雷斯河口的这个港口城市：有的是来经商发财，有的是来交流思想，有的是来传经布道，有的是来学习技艺，还有的是来寻找和实现各自的梦想。总之，好一派西方版的"清明上河图"，那正是"天下熙熙，皆为利来；天下攘攘，皆为利往"。只不过这里的"利"，既包括物质的，也包括精神的。"混血"成了这里的主旋律：政治是"混血"的，氏族贵族统治被商人淡化了；经济是"混血"的，只要公平互利就能成交；人种是混血的，即使不是一族人也照样可进一家门，东街蓝眼睛刚娶了西街黄皮肤，南街黄头发又爱上了北街新移民；甚至连动物也是"混血"的，驴与马的"爱情"结晶——骡子，在这里也特聪明，竟敢与咱们的科学始祖斗心眼，此事后面再述，先卖个关子吧。

米利都的遗迹

正是在这浓厚的"混血"氛围中，在公元前624年，当秦穆公攻晋时，在"混血"港口城市米利都的某个奴隶主庄园里，诞生了一位犹太人和腓尼基人的混血儿。父母爱他如掌上明珠，捧在手里怕摔了，含在嘴里怕化了，绞尽脑汁后，才百里挑一地给他取了个好名字——泰勒斯。苍天有眼，这位妈妈的心头肉后来果然以"古希腊七贤之首"的身份，成了人类永垂青史的"第一位思想家""第一位哲学家""第一位科学家""第一位数学家"，而且还创立了第一个科学学派——米利都学派。后人在其墓碑上清楚地铭刻了对他的敬仰：这既是一位圣贤，又是一位天文学家，在日月星辰的王国里，他顶天立地、万古流芳。

作为名副其实的富二代，泰勒斯从小就受到了良好的教育，广泛吸收了老师传授的各种"混血"文化知识。他不但是课堂上的"学霸"，而且还把家乡的"地利"发挥到极致——借助米利都是"东西方交通枢纽、手工业中心、航海业中心和文化中心"的优势，特别是繁华港口城市出国很方便的优势，在没有父母强迫的情况下，他主动报名参加了多个"课外留学兴趣班"。例如，他到古巴比伦学习日食和月食观测法，到古埃及学习土地丈量法，到美索不达米亚平原学习数学和天文学。他还自学了海上船只距离测算法，接受了腓尼基人（英赫·希敦斯基）探讨万物组成的原始思想等。

饱受国际化的经验和文化熏陶的泰勒斯，思想很解放，行动很自由，爱好也很广泛，做事更大胆。当然，他也很任性，只要感兴趣的事，就会不顾后果，一条路走到底，管它是否能获得眼前利益，管它是否会成功。这种纯粹的执着，正是科学精神的灵魂。

事实上，急功近利从来就出不了科学家，但却经常出富商。其实，泰勒斯本该是一位商人，而且还该是一位成功的商人。因为，家传的雄厚资本，经商所需的天时、地利、人和，以及超人的智商、情商和财商，他都应有尽有。可惜"万事俱备，只欠东风"，这个"东风"，便是兴趣。下面三个故事就很好地展示了泰勒斯的经商天赋。

第一个故事说，泰勒斯在被某富商嘲笑为"笨商"后，发誓要给对方一点颜色看看，让他明白：科学知识也能赚大钱，只要自己愿意，随时都可成富翁。于是，他夜观天象，运用丰富的天文、数学等知识，经过周密预测和计算发现：来年气候特别适合橄榄生长，因此，来年必是橄榄的丰收年。于是，他在年初大胆变卖家产，用极低的租金预租了附近所有的橄榄榨油器。秋后，橄榄果然大获丰收，但富商们却惊讶地发现：租不到榨油器了！这时，泰勒斯便以高价垄断了榨油器的租赁市场，轻轻松松地赚了个盆满钵满，让嘲笑过他的商人佩服得五体投地。

橄榄榨油器，可追溯到罗马时代

另一个故事说，泰勒斯经商的情商之高，完全能让商业伙伴听任其摆布，人如此，动物也不例外。一次，他与前面提到过的那头骡子合作运盐，骡子偶然失足掉进了小溪。结果，聪明的骡子竟然发现背上的担子突然变轻了！虽然它并不明白相关的科学原理其实是，背上的部分盐粒遇水溶化了。从此以后，这头骡子伙伴就摔跤成瘾了，特别是每次经过水边时都要假装意外，滑到溪中。怎么办呢？泰勒斯眉头一皱，计上心来。第二天，他就给骡子驮上了海绵。待到它故技重演时，才悲惨地发现从水中爬出来后背上更沉了。原来，其科学原理是，海绵吸附了大量的水分。上过几次当后，骡子学乖了，即使是涉险过河也都再也不会"意外"了。于是，泰勒斯又用科学知识很好地诠释了"和气生财"的经商之道，但同时又要在无形之中把握主动，控制商业伙伴。

第三个故事是说，泰勒斯对财富没兴趣。据说，有人挖到了一个价值连城的三足鼎，但是，按神的谕示，它应该属于"那个最有智慧的人"。于是，人们就把该鼎送给了泰勒斯。谦虚的泰勒斯，又将它转给了下一位聪明的人。如此辗转N轮后，这个无价宝又回到了泰勒斯手里。最后，泰勒斯认为神是最有智慧的，于是，就把该鼎献进了神庙，而非据为己有。

泰勒斯的真正兴趣，其实是科学研究。但毕竟在那个还没有"科学院"的年代里，每个人都得首先解决自己的吃饭问题。如何克服兴趣和生计的矛盾呢？经过承包工程和从政等多次尝试之后，泰勒斯终于找到了最佳答案，那就是兴办"研究生院"：一方面可潜心研究学问，另一方面还可以收学费。从此以后，比孔子还早约80年的泰教授就上班了。虽然他的招生规模远小于孔圣人的三千弟子，培养的"博士"也不足七十二贤人，但是也不乏颜回和子路这样的高徒，只不过他们的名字很长，分别叫阿那克西曼德、阿那克西美尼而已。

科学的最大本领之一，就是让当代平民超越上代精英。所以，亲爱的读者朋友，请尽管跟我来，以老师的身份穿越回到约3 000年前，去给泰勒斯的作业判一下卷，看看他到底能得多少分。

首先，看看泰勒斯的数学作业。啧，啧，啧，这绝对100分！

泰同学在人类历史上首次严格证明了若干平面几何定理，虽然这些定理对现在的你来说，也许只算小儿科。例如，像什么直径平分圆周啦；等腰三角形的两底角相等啦；两条直线相交，对顶角相等啦；若三角形的两角及其夹边已知，则此三角形已被完全确定啦；半圆所对的圆周角是直角啦；在圆的直径上内接的三角形，一定是直角三角形啦等。但是，泰同学不可替代的划时代贡献在于，他在数学中引入了命题证明的思想，这标志着人类对客观事物的认识已经从经验上升到理论，实现了一次不寻常的飞跃。引入逻辑证明，无异于给数学王国奠定了根基。它保证了命题的正确性，不仅使数学命题具有充分的说服力，令人深信不疑，而且使数学成为一个严密的体系，为数学"科学之母"的地位一锤定音。

泰勒斯的应用数学作业也能得高分。据说，某年春天，泰勒斯在埃及，当着法老和众人的面测出了金字塔的高度，

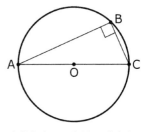

泰勒斯定理：如果AC是直径，
则角B是直角

其办法竟然是让阳光把他的影子投在地面上，每隔一段时间，就让别人测量他的影子长度；当测量值与他的身高完全吻合时，他便立即在金字塔的地面投影处作一记号，然后再丈量金字塔底到该记号处的距离，这便是金字塔的高度。对每位学过平面几何的人来说，该测量法的科学原理，简直一目了然。因为，从"人影长度等于身高"，便可推论出"塔影长度等于塔高"，即今天熟知的相似三角形原理。

其次，再来看看他的天文学作业。这个嘛，可以打95分。

他竟然赤手空拳，就测出了太阳的直径约为黄道（太阳视运动的轨道）的1/720，这个数字与当今所测得的结果相差不大，但还是要扣3分，因为毕竟还是不全对嘛。他还发现，在海上航行时，小熊星座的导航精准度远远超过大熊星座，该结论至今正确。他通过对日月星辰的观察，计算出了每年有365天。此处再扣2分，因为闰年、闰月等情况他没考虑。在天文学领域，他最牛的成果是首次正确解释了日食原因，并准确预测了一次日食。

日全食

虽然泰同学的天文学作业被扣了5分，但是，在天文学的应用方面应该给他105分！因为，在公元前585年，即周简王元年，泰勒斯预测到了一次即将发生的日食。于是，他略施妙计，便利用这次天赐良机，兵不血刃地平息了一场已持续数年的大规模战争。办法非常简单，他对双方司令官说："你们的这场战争，弄得民不聊生，上帝已经震怒了，他要让太阳失去光辉来警告你们。"果然，日食如期发生了，士兵们惶恐万状，丢盔弃甲，纷纷逃命；司令官们也被吓破了胆，赶紧签订合约，发誓永不再战。

再来看泰同学的哲学作业，唉，还真不好给分。从某个角度来说，有时不及格，甚至可以给0分；但从另一角度来说，有时又可以给高分，甚至给满分。不过，文科类作业的打分本来就含有主观因素嘛。所以，下面的判分理由，也仅供各位参考吧。

他的第1道哲学作业题说：水生万物，万物复归于水。从今天的物理学角度来看，当然是0分，虽然人体中70%左右确实是水，但是，水中只含有氢和氧两种元素，而门捷列夫元素周期表却告诉我们：物质世界中的元素，多达上百种。从生物学角度来说，好像又没错，毕竟没水就没生命。从科学方法论角度来看，毫无疑问，此题又该给高分，因为，此结论出自他在埃及观察洪水时的心得。他不但仔细研读尼罗河的历史泛洪记录，而且还亲自考察退洪后的现场。他发现每次退洪后不但会留下肥沃的淤泥，而且在淤泥里还有无数微小的胚芽和幼虫；于是，在埃及固有的"神造宇宙"观念误导下，便得出了"万物由水生成"的谬论。

泰勒斯的第2道哲学题说：万物有灵。对该答案，物理老师肯定给0分，难道石头也有灵魂，也是生物？但是看完答题过程后，语文老师可能会给满分，因为他的文学想象力也太强了，甚至把当今的文学家都远远甩出几条街！关于此结论，泰勒斯是用磁石来验证的，他指出磁石之所以对某些物体有吸引力，是因为磁石内部有生命力，只是肉眼看不见而已。由此，他推定：任何一块石头，虽然看上去冰冷坚硬、毫无生气，但却有灵魂蕴涵其中；甚至有一只看不见的手，能将外物揽入怀中。伙计，如此幻想，难道不盖过好莱坞的科幻大片吗！

泰勒斯的第3道哲学题说：地球是漂在水上的。这次还真不好判题了！只从结论上看，如果说这就是"泰式大陆漂移说"的话，那么，他就领先了现代人类2 500多年！不过，从答题过程来看，可以算不及格。因为，据说他得出此结论的灵感来自于埃及祭司的断言：太阳是从海底升上来的，大地也是。

泰勒斯的第4道哲学题，虽没答案，但却该给高分，给一个怎么高也不算过分的高分。因为，他问出了一个石破天惊的大问题：世界的本原是什么？虽然现在普通人也能问出此问题，但毕竟人类至今也还没有找到圆满的答案。实际上，泰勒斯本来想回答说"水就是世界的本原"，可我们在前面已经给0分了。历史上许多顶级科学家都试图回答此问题，例如，下回主人公又会回答"数是世界的本原"，可惜该答案仍然不及格。关于该问题的最新答案是"世界的本原是物质、信息和能量"，但可能也非满分，至少量子力学的创始人薛定谔就指出：意识既不是物质，也不是能量，好像还不是信息。

在哲学的灵活应用方面，泰勒斯绝对是游刃有余，所完成的每一道题都能得高分。

例如，有一天夜晚，他一边走路，一边抬头仰望星空，并以此预测天气。于是，他便毫无悬念地掉进了深坑，摔了个半死。被救起来后，仍然沉浸于天文学家意境中的他，脱口而出的竟然是明天肯定有雨！在被众人哄笑为"只知天上事，不知脚下坑"

之后，他便马上露出了哲学锋芒，反唇相讥道："只有那些站在高处的人，才有跌进深坑的资格；而那些文盲，本身就躺在坑里，又怎能从上往下掉呢？"天啦，泰同学急中生智抖出的这一机灵，竟然使他摔出了"史上最牛一跤"，以至影响世界数千年。18世纪，德国著名哲学家黑格尔还在说"只有那些永远躺在坑里从不仰望高空的人，才不会摔坑"；19世纪，英国最伟大的作家与艺术家之一，奥斯卡·王尔德也说"我们都生活在阴沟里，但仍有一些人还在仰望星空"；甚至到了21世纪的今天，世界各大景点都还在以多种方式不断警告游人：观景不走路，走路不观景！

又例如，由于他认为生和死没区别，有人便刁难道："那你为啥不去自杀呢？"他却机智地答道："既然没区别，我何必多此一举呢！"

除了上面的"试卷"之外，很可惜，泰勒斯没留下任何著作。他的众弟子也没有替导师整理出《泰式论语》等集锦，但是，富有哲理的"泰"式段子其实并不少。下面罗列几例，也许对你有所启发。

当被问到"如何才能有哲理地、正直地活着"时，他答道："不要做你讨厌别人做的事情。"这难道不是"己所不欲，勿施于人"的西方版吗？

当被问到"您见过的最奇怪的事是什么"时，他答道："长寿的暴君。"看来，他也认同"善有善报，恶有恶报"呢。

当被问到"你做出的科学发现，想得到何种回报"时，他答道："被后人记住并得到认可。"看来谁都想流芳百世呢。

当被问到"如何感谢命运女神"时，他答道："首先，她让我生而为人，而非畜生；其次，她让我生而为男人，而非女人；最后，她让我生而为希腊人，而不是蛮族人。"看来，外国也有大男子主义。

当被问到"何事最难，何事最易，何事最快乐"时，他答道："认识自己最难，给他人提建议最易，成功最快乐。"

当被问到"幸福有何指标"时，他答道："身体健康、头脑机智、天性善良。"

当被问到"自己的独特之处"时，他答道："别人为吃饭而生存，我为生存而吃饭。"此外，他还有若干经典语录，比如，过分执着，会带来毁灭；所谓无畏，其实就是跨越内心的恐惧；替他人担保者，祸不远也；寻找唯一智慧的东西，选择唯一美好的东西；请进，神明也在这儿，等等。

不过，非常奇怪的是，这位"上知天文，下晓地理"，甚至连日食都能预测的天才，竟然测不出自己该娶媳妇的时间。母亲第一次催促时，他掐指一算，胸有成竹道："太早了！"待到第二次被催促时，他才惊呼："妈呀，太晚啦！"于是，此君终生未婚，并于公元前547年去世，享年68岁。同年，古印度悉达多太子出家，走上了创立佛教之路。

泰勒斯虽未留下一儿半女，但是他的香火却流传至今。这应当归功于他的那个"非婚生儿子"——就是由泰勒斯与其弟子们共同创立的、改变了人类历史的米利都学派。该学派首创了理性主义精神、唯物主义传统和普遍性原则，即倡导人们用观测到的事实而不是古希腊神话来解释世界，从而破除了"神造万物"的迷信，激起了人类探索世界本源的强烈兴趣。在世界观方面，米利都学派也为人类点亮了一盏明灯，它认为任何事物都是有逻辑可循的，都是有根源的。该学派对人类的影响之大、之深，持续时间之长，实属罕见。后人若想研究苏格拉底以前的哲学家，那么，泰勒斯及其学派几乎无法回避。受其深刻影响的历史名人和重要学派，至少还包括赫拉克利特、斯多葛派哲学家和另一位神人。

该神人既是泰勒斯的哲学对手，也是他的数学同盟，还是他的忠实崇拜者。据说，公元前551年时，他还跋山涉水前去拜访泰勒斯，并听从其劝告前往埃及深造哲学和数学。这位神人既是影响人类的伟大科学家，也是荒唐狂热之人；既声称绝不杀生，却又杀人；既终生追求和谐，却又本身就是一个矛盾体；既发现了许多美，又彰显了许多丑；既把科学向前推进了一大步，又把神学拉进了科学，虽然后者好不容易才刚刚从前者中分离出来。此君还认为，"数"就是泰勒斯的惊天之问的答案，即世界的本原就是数，而不是水。总之，他是科学界少有的异类，是真理与荒诞的混合体。

各位欲知此神人是谁，他如何了得，更如何荒唐？嘿嘿，且听下回分解。

第二回

万物皆数好蹊跷，千古传奇成就高

上回书说过，当科学始祖泰勒斯像开天辟地的盘古一样，好不容易才把科学从神学中分离出来，哪知，紧接着却杀出了一位"共工氏"，他像怒撞不周山一样，差点又把科学之天给撞塌了，至少，他又把神学拉进了数学，或把数学推入了神学，而且还天衣无缝。幸好，经后世众多科学家"女娲"的共同努力，科学之天空才又阳光灿烂了。

不可否认的是，作为人类历史上少有的伟大科学家，此"共工氏"及其学派在科学研究，特别是数学研究方面的贡献堪称绝世奇迹！虽然功归功，过归过，正反两面都得说，但是，为该君立传还真不容易，甚至像最简单的生辰年月这样的事实，都显得扑朔迷离。

本来，此君于公元前580年生于萨摩斯岛，但他却坚称自己是古希腊众神之王宙斯的孙子，经五次转世投胎后而修成的正果。而且，他还振振有词地保证：他的第一世乃半神半人，名叫埃塔利得斯。那时，宙斯的儿子赫尔墨斯赐给了他一种神力，从此他就能记住历次投胎过程中所有前世今生的事情了。他还为此给出了旁证，说在古希腊的神话《五籁集》中还提到过他。他的第二世，名叫欧福尔玻斯，是一位英雄。在特洛伊战争中，被海伦的丈夫墨涅拉奥斯所杀。随后，他的灵魂不但上过天，还入过地，更去冥界拜访过阎王爷，还曾投胎到植物界和动物界去体验过生活，特别是还变成过豆子。他的第三世，名叫赫莫蒂默斯，是位平民。在此世中，为确保对过去记忆的完整性，他还曾去过太阳神庙，并在庙里认出了那个著名的盾牌，即墨涅拉奥斯从特洛伊返航时献祭给太阳神的盾牌，还拍着胸脯保证，这块盾牌除了正面的象牙外，其他部分差不多都已朽烂。他的第四世，名叫皮拉斯，是个地位低下的渔夫，所以只能出卖劳力。现在的自己，其实是在人间的第五次转世。

幸好，他没把自己编成唐僧那样，经十次转世才从金蝉子演变而来。否则，本回就只能写成枯燥乏味的家谱了。

为了加强神化效果，他还声称自己的身体可以感知过去的灵魂。有一次，他公开跳出来保护一条正被众人追打的狗，"这是我朋友的灵魂。"他大叫道，"我从它的吠叫中，听出了朋友的声音。"

许多来路不明的传说把他抬得更神奇。传说他的一条腿是用黄金打造的；有一次过河时，河神竟然都站起身来向他致敬；凭借超自然的力量，他只需轻抚熊和鹰等，就能驯服它们；他仅用声音就可控制任何动物；他能在月亮上写字。在同一时间，他能出现在两个不同的地方，并被不同的人看到。虽然该现象在今天的量子世界中确实可能，但在2 000多年前，只有神才能如此分身吧。

显然，此君如此处心积虑地装神弄鬼，并非是为了科学，而是要创建一个集宗教、政治和学术于一体的神秘社团。该社团的公开名称则是与他同名的学派；该社团的头目，当然就是他自己。

该社团称为"学派"，好像确实有道理。因为，一方面，其成员都是哲学信仰和政治理想相同的，并已在学术上颇有建树的数学家、天文学家、音乐家等；另一方面该社团确实进行了许多学术研究，且在哲学、数学和自然科学等方面还取得了不少举世瞩目的光辉成就。

但是，按现在的标准来判断，该"学派"怎么看都有点邪门儿。例如，其成员虽然男女平等、地位相同，但却要求一切财产充公。成员必须严格遵守许多荒唐的规矩。例如，禁食豆子；不得捡起掉在地上的东西；不准摸白公鸡；不得撕开面包；不得迈过门闩；不得用铁拨火；不得整吃面包；不得画花环；不得坐在漏斗上；不得吃动物的心脏；不得在大路上行走；屋内不得有燕子；不得在光亮处照镜子；穿鞋时必须先穿右脚；不得把热锅的印迹留在炭灰上，要把它抹掉；脱下睡衣后，要把它卷起，并抹平其上的印迹；新成员在前5年内，不得说话；新成员在听课时，必须躲进帘子中，不得看见教主的脸；成员要接受严格的训练，衣食简单，要自制、节欲、纯洁、服从；成员要宣誓永不泄露社团的秘密和学说，否则会被杀掉，确实至少有一位成员真的被杀掉了。

更恐怖的是，社团内对教主的个人崇拜几乎达到了疯癫的程度。追随者们坚信，教主是上天派来的，是绝对的精神领袖，甚至专门为他创作了一首赞美诗："皮塞斯，萨米安部落最美丽的母亲，太阳神阿波罗怀抱着她。于是，光芒万丈的×××（教主名）来到世上，他是宙斯最亲近的人！"总之，社团的所有人都必须忠诚于那个唯一的领袖，对，那就是他们的教主，本回的主人公。

读到此时，朋友们可能会怀疑，本书是在写科学家吗？的确，过去的书籍在介绍科学家故事时，基本上都会忽略科学家的负面消息，都会千篇一律地介绍他们如何刻苦，如何痴迷于科研，如何聪明绝顶等。反正，看过一篇科学家传记后，只需换掉姓名和成果名，另一篇传记基本上就可出炉了。如此一来，便把一部完整的科学史切割成了断断续续的、莫名其妙的英雄史了。这样做的负面影响其实不小，例如，让有志于成为科学家的青少年朋友误以为科学家高不可攀，于是望而生畏；让小有成就的年轻科学家们，不思进取，停留在鸡毛蒜皮的问题上，甚至只在乎论文篇数或相关荣誉；让普通百姓认为科学家们行为怪诞，不可理喻，甚至属于"非正常人类"等。

梵蒂冈博物馆的毕达哥拉斯半身像

前面描述的那些负面传说，其实以非常典型的例子回答了科学研究的一个重要问题，即科研动力从哪来？科学家也是人，不是神，任何人的行为都一定有动机。科研的动机，肯定不能完全排除功、名、利等"不雅"因素。当然，此处的"功"，既可能是当世功，也可能是百世功；这里的"利"，既可能是俗家利，也可能是千秋利；这里的"名"，既可能是暂时名，也可能是万世名。但是，本回主人公的科研动力，可能是人类历史上所有其他科学家都无法比拟的，因为，他和他创立的学派坚信：依靠数学可使灵魂升华，与上帝融为一体；万物都包含数，甚至万物都是数；上帝通过数来统治宇宙，方程式是神圣的秘密。换句话说，他们是以宗教的狂热来研究数学的，既然"数"是他们的"上帝"，当然就可以为它抛弃一切，甚至生命；也不惜为它做任何事情，甚至杀人。至此，也就不难理解为什么他们能在几千年前，就取得了如此辉煌的科研成果了。

其实，还有一点我们也不该再隐瞒了！那就是大多数科学分支，刚开始时几乎都与某种错误的信仰相联系，而正是这些信仰，才使得相关的研究具有"虚幻的"价值，才使得相关的"科学家"产生"科研"的动力。例如，天文学的原始动力，来自占星术；化学的原始动力，来自炼丹术等。本回主人公研究数学的动机也并不科学。至此，我们总算可以公布他的姓名了。是的，他就是伟大的思想家、哲学家、数学家、科学家毕达哥拉斯。他所创立的学派，就是毕达哥拉斯学派。

好了，下面终于可以轻松地、大张旗鼓地介绍这位千古奇才了。

毕达哥拉斯，出生于爱琴海萨摩斯岛的一个贵族家庭。他的"混血度"虽轻于第一回中介绍的泰勒斯，但是自幼聪明好学的他，也游历过当时全球十分发达的印度、巴比伦和埃及等，广泛吸收了美索不达米亚等地的文化，并在导师指导下，学习过几何学、自然科学、哲学、象形文字、埃及神话、历史和宗教等知识，这再一次显示了"知识混血"的重要性。

在传授知识方面，毕达哥拉斯明显领先于同时代的其他人。一方面，他认为妇女也有求知的权利，所以，他的演讲对妇女也是开放的。对此，月老给予了充分的肯定和褒奖，于是，为他安排了一场巧妙的师生恋，让他娶了年轻漂亮的西雅娜。这位"西施"还给老公写过传记呢，可惜已经失传。另一方面，他也愿意帮助穷人学知识。据说，为鼓励某穷汉学几何，他不但免去了对方的学费，还承诺此人：每学懂一个定理便能获奖3块银币。在金钱的诱惑下，这位老兄很快就发了财，但同时也对几何上瘾了，甚至为了恳请老师多教几个定理，他也仿效着承诺老师：每教一个定理，他就支付1块银币的学费。终于，毕老师奖励出去的银币，又都如数悄悄遛回来了。

毕达哥拉斯在教一班妇女。他学派的许多杰出成员都是女性，一些现代学者认为，他可能认为女性应该和男性一样接受哲学教育

在老毕的眼里，"数"绝不仅仅只是数，甚至主要的还不是数，而是某种暗示，某种有灵魂的东西。例如，"1"是数的第一原则，万物之母，也是智慧；"2"是对立和否定的原则，是意见；"3"是万物的形体和形式；"4"是正义，是宇宙创造者的象征；"5"是奇数和偶数，雄性与雌性的结合，也是婚姻；"6"是神的生命，是灵魂；"7"是机会；"8"是和谐，也是爱情和友谊；"9"是理性和强大；"10"包容了一切数目，是完满和美好。这种机械的对应，虽然牵强附会，但是，即使是在科学高度发达的今天，在全球各民族的文化中，也都还或多或少地保留着类似的痕迹。例如，至今西方世界还普遍认为"13"不吉利；在中国就更热闹了，像什么"8"就是发啦，"6"就是顺啦，"4"就是不吉利啦，红白喜事都要挑选黄道吉日啦，等等。

毕达哥拉斯及其学派对人类的科学贡献表现在许多方面，尤其是数学成果更令人叹为观止。

勾股定理是毕达哥拉斯的招牌成果。虽然该成果所描述的现象（勾三股四弦五）早就被古巴比伦人所知，而且我国公元前2世纪左右成书的数学著作《周髀算经》也有记载，但是，对此给出严格数学证明的第一人，很可能就是毕达哥拉斯。更重要的是，从此他开创了演绎推论思路。该思路对哲学和数学的影响，一直延续至今。演绎法甚至成为数学证

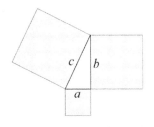

毕达哥拉斯定理：直角三角形两直角边(a和b)的平方之和等于斜边(c)的平方

明方法的主流之一。据说，为了庆祝这一成果，毕达哥拉斯宰杀了100头牛。该定理也被称为"毕达哥拉斯定理"，是初中生的必修内容。

然而，成也萧何，败也萧何。正是这个"毕达哥拉斯定理"，差点把整个毕达哥拉斯学派送上了西天，虽然最终被送上西天的是希帕索斯，但这仍然是一幕人间悲剧。故事是这样的，由于毕达哥拉斯学派咬定"万物都可用数来表示"，而当时全人类所知道的数却只是"有理数"，即都能表示为某两个整数相除，换句话说，"万物都可用有理数来表示"。但是，毕达哥拉斯学派的一个成员，希帕索斯，利用"毕达哥拉斯定理"进行演绎后，却惊讶地发现：边长为1的正方形的对角线长度，不能表示为任何两个整数相除。换句话说，按当时的理解，这就意味着"该对角线的长度不能用数来表示"，即他找到了一个彻底否定毕达哥拉斯学派数学信仰的反例，因此，"领导错了"。一时间，大家惊恐万状，束手无策，过去的所有认知全被推翻了！怎么办？再加上这位发现者泄露了该秘密，于是，按照毕达哥拉斯学派的"规矩"，可怜的希帕索斯竟然被处死了。唉，本该是一项伟大的发现（无理数$\sqrt{2}$的发现），却导致了一场悲剧。其实，现在看来，当初如果将"无理数"也看成是数，那么，"领导"就完全没必要恐慌了，甚至还应该感到高兴，因为这意味着他们发现了无理数。可惜，真实的历史中，没有"如果"式的假设。

毕达哥拉斯学派所取得的其他耳熟能详的成果，至少还包括：证明了"三角形内角之和等于180度"，它至今也是平面几何的核心定理；证明了"正多面体只有5种：正四面体、正六面体、正八面体、正十二面体和正二十面体"，它至今也是立体几何的核心定理；基本上完成了整数的分类，其中奇数、偶数、质数等家喻户晓。此外，毕达哥拉斯学派还首次找出了亲和数、完全数等具有某些奇特性质的整数，引领了相关研究数千年。

但丁在《天堂》中对天堂的描述结合了毕达哥拉斯的数字学

　　具体说来，如果两个整数，其中每一个数的真因子之和都恰好等于另一个数，那么这两个数就构成一对"亲和数"。例如，220与284，就是毕达哥拉斯最早发现的一对亲和数。因为220的真因子是1、2、4、5、10、11、20、22、44、55、110，而它们的和是284；284的真因子是1、2、4、71、142，其和恰好是220。此后，人类对亲和数的研究热情日益高涨，可惜始终再无收获，直到约2 000年后，才由法国的大数学家费马，于1636年发现了第二对亲和数，它们是17 962与18 416。两年后，另一位科学巨匠笛卡儿找出了第三对亲和数。又过了100多年，瑞士的大数学家欧拉才一口气找出了60对亲和数。再过了好几十年，一位年仅16岁的意大利男孩儿帕加尼尼，在1886年竟然找到了最靠近"毕达哥拉斯亲和数"的另一对亲和数，1 184与1 210。至今，人类找到的亲和数已超过1 200万对，并且还在继续努力地搜索中。

　　如果某整数的真因子之和就是该整数自己，那么就称它为"完全数"。换句话说，完全数就好像自己和自己是"一对"亲和数。毕达哥拉斯找到的最小的完全数是6，因为6=1+2+3。随后的两个完全数分别是28和496。与寻找亲和数的历史类似，完全数也像鸦片一样吸引着众多数学家为之癫狂。欧几里得出手了，欧拉出手了，早期的几乎所有著名数学家都在某种程度上出手了。可惜，直到1952年人们才仅仅找到12个完全数。即使是借助计算机的超强计算能力，直到1957年，已知的完全数也不过区区27个而已。截至2013年2月6日，人类也才找到48个完全数。

毕达哥拉斯及其学派为人类做出的贡献，绝不仅限于数学领域，而是横跨数学、音乐、美学、天文学、哲学等多个领域。

在音乐方面，他提出了"和谐"的概念，认为和谐音乐是由高低、长短、轻重等不同的音调，按一定数量比例组成。例如，用三条弦发出某一个乐音以及它的第五度音和第八度音时，这三条弦的长度之比为6：4：3；当琴弦被缩短一半时，那么，拨动琴弦的音调将提高8度。由于他首次发现了音乐的数学规则，故被称为"音乐鼻祖"。

中世纪毕氏音程木刻画，显示毕达哥拉斯正在设计钟和其他乐器

在美学方面，他发现了著名的黄金分割，提出了"美也是和谐"的观点。该观点既是古希腊艺术辩证思维的萌芽，也是"寓整齐于变化"的普遍艺术原则。因此，在西方美学史上，他也是最早探讨美的本质的人。

在天文学方面，他认为天体的运行也是一种和谐：各星球保持着和谐的距离，沿着各自的轨道以严格固定的速度运行，产生各种和谐的音调和旋律，即所谓"诸天音乐"或"天体音乐"。他坚信大地是圆形的，同时又抛弃了泰勒斯创建的米利都学派的"地心说"。他提出的"太阳、月亮和行星，都在做圆周运动"的思想长期被信奉，直到17世纪初，才被德国天文学家开普勒修正。在公元前5世纪之前，水星一直被误认为是两个不同的行星，因为它早晚交替出现在太阳两侧，而毕达哥拉斯却发现它们实际上是同一颗行星。

在哲学方面，他从5个苹果、5个手指等事物中，抽象出了"5"这个数。这在今天看来虽很平常，但在当时的哲学和应用数学界绝对是巨大的进步。因为，在应用数学方面，它使得算术成为可能；在哲学方面，它使人们相信数是构成物质世界的基础。

此外，毕达哥拉斯还描述了教育的特性："你能从别人那里学到知识，但传授知识的人，却不会因此而失去知识……"表面上看来，他是谈教育，但是，如果从今天信息论的观点出发，他其实是指出了信息的一个非常重要的特性：共享性。而物质和能量，都不具有这种共享性。

毕达哥拉斯的故事就介绍到这，但是，萦绕在我们心中的迷雾却久久难以消散。他到底是一个什么样的人呢？他不但生得传奇，死得更传奇。据说，他在80岁被政敌追杀的时候，本可以逃掉，只要他愿意跨过脚下的一片豆子地。但是，也许他坚信"自己的某次转世是豆子"，所以，宁死也不愿践踏自己的前世。对毕达哥拉斯的综合评价确实太难，但若从纯科学成果的角度去观察，结果却相当清晰。

毕达哥拉斯绝对是科学史上最重要的人物之一，他的思想不仅影响了柏拉图，而且还一直影响到文艺复兴时期的众多神学家、哲学家、艺术家和科学家等。例如，巴门尼德、苏格拉底、圣奥古斯丁、托马斯·阿奎那、笛卡儿、斯宾诺莎、康德等人类文明的代表人物，都在很大程度上受到了毕达哥拉斯的影响。

毕达哥拉斯学派"奉数为神"的行为吸引了众多科学精英，让他们以宗教般的狂热信仰为数学研究奉献了一切，而且几乎不图任何报酬。即使是毕达哥拉斯本人去世后，其门徒在更为艰难的情况下，又继续坚持了200多年！如此执着的追求，对数学研究的进步当然是难得的福音，在人类科学史上也属绝无仅有的现象。但是，类似于"毕达哥拉斯学派"这样的社团或组织，最好还是不要再出现。毕竟，科研的目的是造福人类，我们不能本末倒置。

毕达哥拉斯的坟墓，至今仍在意大利科多拿城中，供后人瞻仰。安息吧，毕达哥拉斯！

第三回

神学科学打擂台，医学战场最精彩

话说科学始祖泰勒斯，使出"降龙十八掌"后，顺势就是一记"海底捞月"，愣是从神学手中活生生地捞出了"科学"新地盘。神学当然不服，遂派毕达哥拉斯"拜数为神"，试图扳回一局，结果事与愿违：毕达哥拉斯的辉煌成果反而坚定了数学的"科学之母"地位。恼羞成怒的神学发誓要绝地反击，于是，在医学战场上摆开了擂台，要与科学公开叫板。

客观地说，神学的这一招相当阴损。因为，第一，自人类诞生以来，就一直把健康和疾病归因于神灵。例如，当时人们认为疾病就是恶魔、鬼神等超自然的东西钻进了人体，并通过病人的身体来说话和行动，因此，就需要巫医使用咒语、符咒、占卜、草药等魔法，从患者体内取出异物或驱赶病魔，从而治愈病人；或认为疾病是神赐之物，是病人冒犯了相关神灵后受到的惩罚，因此，也需要请巫医来祈祷，以获得神灵的宽恕，从而达到治病的效果；再或认为是具有魔法的人施行了咒语，招来了疾病，因此，需要魔法更强的人来破除这些咒语，以达到治病的效果。至今在某些国家，甚至是发达国家，也都还残留着这种错误的疾病观，巫医也仍未绝迹。换句话说，神学将擂台摆在了自家的"大本营"中，若无超级武功，谁敢前往攻擂找死！第二，那时的医生地位卑贱，其社会印象多为邋遢、不讲卫生、不检点、不道德、多嘴多舌等，甚至都没有明确的身份认同。换句话说，即使是行医者，都不确认自己是否有资格或责任去挑战神学。第三，那时医生们的医术确实很差，甚至在某些方面可能还真不如经验丰富的巫医，毕竟巫医也会钻研治病之术。换句话说，就算有几个不自量力的医生跳上了擂台，也会在瞬间被神学飞起一脚踢出圈外。第四，人类的疾病本来就错综复杂，即使到了今天，也还没有完全搞清所有疾病的真相，也没有包治百病的药，任何两个人也不可能生完全相同的病。换句话说，即使是包公现身来当裁判，他也难断"家务事"。例如，感冒属于自限性疾病，那么，治好这病的东西，到底是药呢，还是人体的自身免疫性？又例如，恺撒大帝都曾患过的癫痫等病，本来就是间歇性的，若病人康复时，刚好巫术结束，那么，这真的该归功于魔法吗？总之，面对如此擂台，神学几乎肯定可以"不战而屈人之兵"了。

果然，自毕达哥拉斯之后，150多年过去了，神学摆出的这个擂台上，始终风平浪静，"擂主"也大有独孤求败之感。

终于，到了公元前460年，一个男婴在古希腊的科斯岛低调地来到了人间。然后，他低调地成长，低调地完成了学业，低调地子承父业，当了一名低调的医生。最后，他低调地去世，甚至人们都不知道他到底活了多少岁，有的说享年83岁，也有的说享年90岁，更有的说他享寿逾百，反正都无从查证。然而，正是这位低调者，在神学摆出的擂台上，却只凭一套"组合拳"就把医学从神学和宗教的桎梏中解放了出来，也使自己成了"西方医学之父"。不错，他就是本回的主人公，医学家兼数学家——希波克拉底。

科斯岛上的医神庙

据推测，当天的情况可能是这样的。听说终于又来了新的攻擂者，大家一传十，十传百，百传千，很快就万人空巷。赌场老板更是忙得不亦乐乎，不断催促店小二加抄"擂主赢"的赌票。神学"擂主"满脸自信，望着台下的人山人海，向自己的支持者甩出一个个飞吻，也收获了阵阵惊呼。裁判一声哨响，只见台上"唰，唰，唰"闪过几道电光，紧接着便有人轰然倒下。顿时，纷乱的嘈杂声戛然而止，待到裁判读秒结束后，观众才惊讶地发现：天啦，"擂主"输啦，希大夫赢啦，医学赢啦！

那么这到底是咋回事儿呢？下面就让我们来回放一下当时的慢镜头吧。

希医师的第一记"左勾拳"，打在公元前430年，属于偶然得分。那年，雅典爆发了可怕的瘟疫，许多人突然发烧、呕吐、腹泻、抽筋，紧接着便满身脓疮、皮肤严重溃烂，随后就是接二连三的死亡。甚至连享有盛名的雅典将军伯里克利也被传染，惨遭不治。疫情迅速蔓延，死人越来越多，甚至都来不及掩埋。惊慌的人们，不知所措，纷纷逃命，有亲的投亲，无亲的靠友。昔日装神弄鬼宣称无病不治的巫医们跑得更快，早就作鸟兽状一轰而散了。然而，与此相反的是，本来正在外地担任国王御医的希波克拉底，听到消息后却冒着生命危险，奔赴重灾区。刚好而立之年的他，一面调查疫情，一面探寻病因，一面试验解救方法。经过大数据挖掘分析后，他很快就发现：虽然几乎每家都有人染病，但是，每天与火打交道的铁匠们却安然无恙。他由此设想，或许火可以防疫。于是，人们在全城各处燃起了火堆，果真瘟疫被扑灭了。从此，他赢得了社会的信任。

紧接着，希医生乘胜追击，打出了稳准狠的第二记"右勾拳"。既然"神赐疾病"已在那场瘟疫中露出了破绽，那么，疾病的成因到底是什么呢？为此，在深入研究的基础上，他在《人的本质》一书中提出了著名的"体液学说"，将人的气质与血液、黏液、黄疸、黑疸等4种体液的比例相关联。该学说不仅是一种病理学说，而且也是最早的气质与体质理论。该理论不但统治了西方医学界1 000多年，而且其影响一直延续至今。现在看来，该理论并不完全正确，所以，此处忽略其细节（这也是本书与常规"科学家传记"的另一区别：过时有误的科研成果，将不再复述，以避免误会和负面影响）。但是，"体液学说"的核心思想仍然颇具价值，以至于其中的气质类型、名称及分类等都一直被沿用至今。在一定的程度上看，希大夫的"体液学说"和其他理论，即使是在今天也是部分正确的，特别是在600多年后，盖伦发展了希波克拉底理论。该理论认为，人的疾病确实是由体内的某些失衡所造成的，所以，治病的最好方法就是恢复这些平衡；城市的朝向、土壤、气候、风向、水源、水质等自然环境，确实是影响这些失衡的重要外界因素，为此希教授撰写了专著《论风、水和地方》。例如，饮水不洁确实可能导致尿道结石；生病时确实会出现一些体液（发烧时，会出汗；感冒或胸部感染时，会流鼻涕、生痰；胃不舒服时，会反胃呕吐或腹泻；擦伤和割伤时，会出血等）；曾经在古希腊流行的黄疸病，确实是由疟疾等侵犯了产生体液的器官所致；癫痫病确实是脑部黏液堵塞的反应，为此希大夫撰写了《神圣的疾病》一书；伤口流血红肿时，确实有热的感觉；感冒时，就会发冷，甚至打寒战。希大夫对骨折的治疗方法确实合乎科学道理，为此后人将用于牵引和矫形等操作的臼床，称为"希波克拉底臼床"。希大夫坚持认为：重建病人"自然状态"的过程远比循规蹈矩的治病复杂得多；不同的病人有不同的平衡点，所以医生必须全面了解病人，包括其居住环境、饮食结构、谋生手段等，才能判断病情，开出处方。希医师的这些正确思路与做法使得他声名远扬，当然也就直接削弱了巫医的影响。

最终奠定医学的科学地位并让神学在希医生的有生之年不敢再对医学有非分之想的是他打出的第三拳"狂风扫落叶"，即《希波克拉底文集》。该文集总结凝练了希教授及其弟子的行医经验，并整理收集了当时250多年的众多医学成果：涵盖面广，上至哲学思考、知识的本质、医学在科学中的地位，下至诊治疾病、应对时疫、医疗保健、合理膳食，以及环境对健康的影响等；形式多样，包括教本、训诫、研

用希波克拉底装置复位脱臼肩部

究、笔记等；涉及的疾病种类繁多，包括发热、骨折、脱臼、不孕、痔疮、癫痫、传染性感染、血管疾病、口腔疾病、卫生问题、梦境异常等。该文集不但有助于行医治病，还有助于协调医患和同行之间的关系。简而言之，它在当时就是一本包罗万象的医学百科全书。该文集的完成，对希教授及其弟子们来说，绝对是一项难以想象的浩大工程。要知道，那时可没有网络，没有计算机，甚至连印刷术也没有，所有的文字都得一笔一画地写在"纸"上，而且，这些"纸"也还是极难书写的羊皮、兽皮、黏土等。从此，疾病的普遍性和自然属性得到了社会肯定，鬼神附身之说反而成了愚昧的象征，医学也就成了理性解释和处理疾病的科学。医生的社会形象，也改善为严肃、温和、安详、自然、无私、大方、谦虚、含蓄、庄重、积极、敏锐、顽强、深思熟虑、判断准确、应对自如、廉洁忠贞、临危镇定、外柔内刚等。

当然，在"打擂"过程中，神学也并非只是被动挨揍，而是千方百计地寻找还击机会。那时，尸体解剖为宗教与习俗所禁止，但希医师却冲破底线，偷偷进行了人体解剖，获得了许多关于人体结构的知识，从而在他最著名的外科著作《头颅创伤》中精准而详细地描绘了头颅损伤和裂缝等病例，提出了施行手术的方法。于是，他终于被抓住了把柄，并一度被关押入狱长达20年之久。很可惜的是，希医生死后，迷信死灰复燃，神学又再度凌驾于纯粹医学之上，特别是在欧洲漫长的黑暗中世纪，情况更糟。

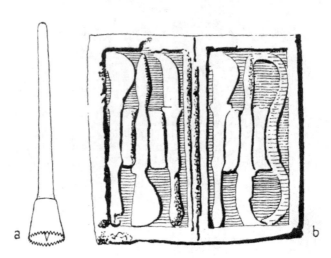

古希腊的一些外科手术工具，左边（a）是一根环锯，右边（b）是一套手术刀

在医学领域，希医生的目标显然不只是"攻擂"成功。他的许多医学理论和思想，至今仍然闪闪发光。

例如，与现代中医类似，他不但要治标，而且还要治本。他坚信，任何人都具有"自然治愈能力"，只要充分激发人的免疫性，许多疾病便可不治而愈。希医生认为，生病时体液的运动其实就是身体努力自愈的过程，所以，出汗、咳痰、呕吐和流脓等，都可看作是身体的抗争，或体液的"料理"。身体借助这些方式来清除、协调、净化那些引起疾病的过盛体液，而医生的任务就是催化该自然过程。所以，医生不该被疾病牵着鼻子走，相反，却应该基于对病情细致入微的观察，成为疾病的控制者。确实，很多疾病都是可以自行痊愈的，其中最典型的便是某些感冒。

仍然与现代中医类似，希医生不但要"治已病"，而且还要"治将病"，甚至更要"治未病"。他在《预后》一文中指出，医生不但要对症下药，还要根据病因，预告疾病的发展趋势、可能的后果或病人的康复情况等。"预后"一词也是他首次提出的，直到现在也还在医学中广泛使用。他还发现，人在40～60岁，最容易中风；有些疾病具有遗传性；发生黄疸时，如果肝硬化，那预后就是不良的；人在死亡前，会指甲发黑，嘴唇发青，眼睛模糊，手脚发冷，耳朵发冷且紧缩，他对垂危病人面容的这种具体描述也被后人称为"希波克拉底面容"。为了更好地"治未病"，他科学地将疾病分类为急性、慢性、区域性、流行性等，并分别采取相应的措施。他坚信，病情的发展是可预测的，医生应该通过对现有症状的观察做到对未来即将发生的状况心中有数，从而给出最佳的治疗方案。

非常有趣的是，若仔细对比，将不难发现：希医生在许多方面都很像中医。例如，中医诊病时，要"望、闻、问、切"；而希医生则要"视、触、叩、听"。希医生的"体液学说"，崇尚整体观念，不仅注重患者自身的盛衰平衡，更要考虑外部因素，这与《黄帝内经》中描述的五行、阴阳、虚实简直就是异曲同工。希医生重视的摄生因素、营养因素、气候因素、季节因素、生活习惯因素、体质因素等，这难道不正是中医的养生经吗？要知道，希医生的时代，正是中国的战国时期，也是中医理论的形成时期。至于中西医的源头为什么如此相似，这显然是一个谜，但可以肯定的是，希波克拉底们绝对没有刷过李时珍们的"朋友圈"。

希波克拉底的价值，不仅仅是其众多的医学成果，而且还包括普适性的研究方法。在行医过程中，他要求定期记录症状和体征，如脉搏、呼吸、体温、肤色、眼睛和嘴的外观、内脏触诊情况和排泄物情况等，且病史记录要清晰、客观和工整，以便今后治疗新患者时，可从中获取经验。这种健康医疗的大数据方法，对今天的许多科学研究也都还是至关重要的。

希医生不但要治病人，而且还要治医生和患者家属。一方面他强调，医生要努力追求完美；但另一方面，他又提醒说，医学永远也不会是完美的科学，对隐藏很深的疾病，医生既不能看到，也不能听到，只有靠推理追寻，因此，有时难免误诊。他认为，医生稍有失误是可以理解的，因为完全准确的诊治只存在于理论，现实极少见；但他又指出，误诊的主观原因是无知和蛮干，客观原因是有些疾病变化多端，极其复杂。因此，一个医生若想永不犯错误，就必须牢牢抓住事实，而且亲自不断地探究真相。

希医生不但要治人的病，而且还要治人的心。在他的论文集《箴言》中，辑录了许多至理名言。例如，人生矩促，技艺长存；机遇诚难得，试验有风险，决断更可贵；暴食伤身；无故困倦是疾病的前兆；与精美但不可口的饮食相比，简陋而可口的饮食更有益；寄希望于自然；医学的艺术，乃是一切艺术之中，最为卓越的艺术……又例如，世上只有两件事：一是去了解未知的事情，二是坚信别人声称的事情；前者即所谓科学，后者便是迷信。这些"希氏鸡汤"脍炙人口，至今仍给人以启示。

希医生不仅是一位医学家、思想家，他的数学成就也十分了得，以至于当时的权威评注家普罗克洛斯都以其5世纪的眼光，认为希教授"……做出了新月形的等面积正方形，并在几何学中做出了许多其他发现，是一位作图天才，如果曾经有过这种天才的话。"他的代表性数学成果，就是以他的名字命名的，至今仍在平面几何中还常被引用的"希波克拉底定理"：以直角三角形的两条直角边向外做两个半圆，以斜边向内做半圆，则三个半圆所围成的两个月牙型面积之和等于该直角三角形的面积。该定理是"化圆为方"研究的重要里程碑，而"化圆为方"问题，则是希腊智人学派提出的著名的几何作图三大问题之首。更奇怪的是，"化圆为方"问题提出的年份，刚好就是希波克拉底出生的年份，难道这仅仅是巧合吗？

布里斯班梅恩医学院前的希波克拉底雕像

希波克拉底之所以被后人广泛传颂几千年，并非因为他是医学家、数学家或思想家，而是因为他的那个振聋发聩的《希波克拉底誓言》。

在1948年的"世界医协大会"上，《希波克拉底誓言》被完善后，又重新命名为《日内瓦宣言》，并被当作国际医务道德规范。其实，《希波克拉底誓言》不仅属于医学界，更是所有职业道德的圣典，是全社会言行自律的榜样。在结束本回时，让我们共同来重温一下希波克拉底的神圣誓言，既作为对这位伟人的缅怀，也作为对我们自己的一次鞭策。

我宣誓：我要遵守如下誓约，矢志不渝。对传授医术的导师，我要像父母一样敬重。对门徒、儿子及导师的儿子，我要悉心传授医学知识。我要竭尽全力，采取我认为有利于病人的医疗措施，不伤害患者。我绝不把毒药开给任何人，也绝不授意别人使用它。我要清清白白地行医和生活。无论进入谁家，只是为了治病，不为所欲为，不接受贿赂，不勾引异性。对看到或听到不应外传的私生活，我决不泄露。我将检点吾身，不做任何害人的事情……

第四回

墨子显学耀神州，平民科圣写春秋

话说周武王姬发继位后，重用姜太公，发动了牧野之战，逼得殷纣王自焚于鹿台，从此商朝灭亡。聪明的周武王对前朝遗老并未赶尽杀绝，而是建立了广泛的联盟，甚至将殷商皇室的一支册封为宋国公。宋国君位代代相传，也代代演绎狗血宫廷剧。到了宋襄公时代，襄公之兄墨夷（目夷），就开始走下坡路了。滑呀滑，滑到春秋末，滑到战国初，墨夷的后代终于滑到了谷底：本来高贵的姓氏"墨夷"，也滑为平常的"墨"姓了，最后干脆滑成了农民。以至于像何时出生啦，在哪里出生啦，何时去世啦，在哪里去世啦等信息，都早已变得无关紧要了，反正能吃饱穿暖就已谢天谢地了。

在这支农民后代中，有一位名叫墨翟（dí）的人，格外与众不同。他天资聪慧，人虽穷，但志不短，更是热爱学习和善于科研。当牧童时，他挤时间学习；做木工时，更是多方面学习；既学习文化知识，也学习实践经验，大有"读万卷书，行万里路"的味道。他自信地称自己为"鄙人"，乐观地自诩为"上无君上之事，下无耕农之难"，即对上没有承担国君授予的职事，对下没有耕种的艰难，或更直白地说，那就是"无官一身轻，吃穿也不难"。因此，他也得到了乡亲们的尊敬，大家都称他为"布衣之士"，用现在的网络语言翻译出来，便是"草根达人"。据说，他的军事技术水平很高，已胜过当时的"工程院院士"鲁班。不过，他并不满足于做井底之蛙或池中之鱼，而是毫不迟疑地穿上草鞋，顺着滔滔东流的黄河，开始了拜访天下名师、学习治国之道的征程。

可惜由于经验不足，他错选了儒学专业，《诗》《书》《春秋》等成了必修课。一段时间后，墨同学发现自己并不喜欢该专业，尤其反感教材中对待天地、鬼神和命运的态度，反对过于铺张的葬礼和过于奢靡的礼乐。因此，他"背周道而行夏政"，要改孔子的"克己复礼"为"克己复夏"，更形象地说，就是要扔掉"周公"，而做"殷商"。后来，大约在30岁之前，他干脆放弃了儒学专业，自己开创了一门新学科，还举办了人类历史上第一所文、理、军、工兼备的综合性大学，并在各地聚众讲学，广收门徒，以激烈的言辞抨击儒家，不遗余力地反对各国的暴政和兼并战争。很快墨愤青就赢得了大批手工业者和下层士人的支持，并逐步形成了自己的墨家学派，成了儒家的主要反对者，自己也被尊为"墨子"。墨家学派的亲信弟子曾多达数百人，其声势之浩大，以至于宋昭公都得委任他为大夫，相当于宋国的部级干部。可是，好景不长，官运不畅，墨"部长"很快就又被贬为白丁了。

作为"民间外交人士"，墨说客热心于周游列国，"日夜不休，以自苦为极"，四处宣传其政治主张，并以天下为己任，立志救民于水火。他的行迹很广，东到齐、北到郑和卫，本打算还要去越国，但最终却因谈判破裂而未能成行。仅凭三寸不烂之舌，墨子一个人就组成了一支强大的"维和部队"，而且还真的成功阻止了多场战争。例如，让鲁阳文君放弃了攻打郑国的计划；在沙盘作战演练中战胜鲁班，因而让楚国放弃了攻宋的打算。墨子还多次到楚国访问，不但给楚惠王签名送书，而且还借机给君王洗脑，想让对方深刻理解战争的危害。楚王则打算收编墨子，为此，先聘他为"国家图书馆馆长"，但老墨没接受；后来又赐给他一块地产，也被墨子推辞。墨子见洗脑难成，就干脆离开了楚国。越王也想挖墨子来越国，不但高薪聘他为官员，还许给他五百里的封地。但是，墨子却得寸进尺，竟开出了"听我的劝告，按我的道理办事"的先决条件，以表示自己并不计较封地与爵禄，而是想实现政治抱负和思想主张。越王一盘算，风险太大，果断拒绝。

与毕达哥拉斯学派类似，如果按现在的标准也很难对墨子的墨家学派进行评判。一方面，该学派在军事学、哲学、几何学、物理学、数学和光学等领域的杰出成果惊天动地，当然可称得上是名副其实的"学派"。但是，另一方面，该学派也可以说是一支"非政府武装"，而且还是战斗力很强的武装，甚至不亚于敢死队，因为其成员几乎个个都是亡命徒。墨家学派是一个结构紧凑、纪律严明的团体：其最高领袖称为"矩子"，墨子当然是首任矩子；而其成员则称为"墨者"，代代下传。墨者都得身穿短衣脚穿草鞋，都得参加体力劳动，并以吃苦为荣。如果谁违背了这些原则，轻则开除，重则处死，而且将由矩子亲自执行其所谓的"墨子之法"。所有墨者都得绝对听命于矩子，哪怕是赴汤蹈火，也得死不旋踵。墨家的"家法"甚至大于"国法"。例如，墨家的第四代矩子腹，他的儿子在秦国杀了人，本该依国法处死，但秦惠王可怜腹的年事已高，又只有这么一个儿子，于是就赦免了其死刑。哪知腹却坚持要执行"家法"，生生地把自己的儿子给宰了。

由于墨子身上光环太多，特别是作为百家争鸣时代仅次于孔子的男二号，大家都知道他是杰出的思想家、哲学家、政治家、教育家和社会活动家等。但是，许多人可能不知道，墨子其实还是著名的科学家、数学家、物理学家、光学家和军事学家等。甚至还可以说，如果泰勒斯是"人类科学始祖"，那么，墨子就是中国的"科学始祖"；若说孔子是"文圣"，关公是"武圣"，那么，墨子就是中国的"科圣"。下面就来介绍墨子的一些也许是鲜为人知的科学事迹吧。

作为军事学家，墨元帅虽反对战争，但却研究了一整套军事理论，意在为弱国建立有效的自卫体系，以战争扼制战争，让强国不敢轻举妄动。墨子军事学主要包括"非攻"和"救守"两部分，前者反对强国的攻伐掠夺，后者支持弱国的自卫防守。在"非攻"中，墨子反复强调说，战争是凶事。例如，古者万国几乎都在攻战中消亡殆尽，好战而亡的统治者不可胜数。这无异于当头棒喝强国君主，警告他们不得企图以侵略战争来开疆拓土或吞并天下。墨子奉劝君王们要以德义服天下，以兼爱消弭祸乱。在"救守"中，墨子主张"深谋备御"，以积极的防御制止非正义战争，并专门著有《备城门》一书，教弱国如何构建以城池为核心的防御体系。简而言之，该体系包括三个方面：一是重视预防，力争有备无患；二是守中有攻，必要时可主动歼敌；三是提出了完整的防御战术原则和方法，例如，高临法、水攻法、穴攻法等当时颇为先进的防守技术。墨子的防御理论，在中国军事史中占有重要地位，以至于后世将一切牢固的防御都统称为"墨守"，这便是成语"墨守成规"的本源，不过后来被"转基因"了。墨子的防御理论恰好与孙子的进攻理论形成互补，对传统军事学的发展做出了不可替代的贡献。

作为逻辑学家，墨教授也是中国古代逻辑思想体系的重要开拓者。他自觉地运用了大量的逻辑推论方法，并首次提出了辩（推论）、类（分类）、故（根据、理由）等逻辑学概念，还总结出了演绎、归纳、类比等多种推理方法。他指出，思维的目的就是要探求客观事物间的必然联系，以及反映这些联系的形式，并用名（概念）、辞（判断）、说（推理）等表达出来。墨子建立的系列逻辑思维方法，形成了一套有条不紊、结构分明的体系。更重要的是，墨子还充分利用墨家组织的严密纪律性，在墨家广泛推广该体系，从而使得逻辑思维在墨家组织内形成了基本传统，以至于最终建成了中国第一个逻辑学体系，使墨家逻辑学与古希腊逻辑学、古印度因明学一起，并列成为世界三大逻辑体系。

作为宇宙学家，墨先生认为宇宙是一个连续整体，个体或局部都是从该整体中分离出来的，都是该整体的组成部分。以此为基础，墨子建立了自己的时空理论，把时间叫作"久"，把空间叫作"宇"，并给出了"久"和"宇"的定义。"久"为包括古今的一切时间，"宇"为包括东南西北的一切空间；时间和空间也都是连续不间断的。墨子认为，时空既是有限的，也是无限的：从整体上看，时空是无限的；从局部来看，时空则又是有限的。他还指出，连续的时空是由"时空元"组成的，这里的时空元，包括"始"和"端"，"始"是不可再分割的时间最小单位，"端"是不可再分割的空间最小单位。天啦，如果结合现代物理的普朗克常数理论，那么，墨子的这一量子思想莫非真的领先于当时的人类 2 000 多年！难怪墨子被西方科学界称为"东方的德谟克利特"。墨子还建立了自己的运动理论，他将时间、空间和物体运动统筹考虑，认为离开了时空的单纯运动是不存在的，在连续统一的宇宙中，物体运动可表现为"时间的先后差异"和"空间的位置迁移"。很明显，牛顿的"速度"概念在这里又呼之欲出了。

作为数学家，墨院士也是第一个从理性高度研究数学问题的中国科学家。他给出了一系列抽象而严密的数学概念、命题和定义，这一点非常重要，因为，数学的根基就在于相关概念的严格定义。据不完全统计，墨子给出了"倍"的定义，即原数加一次，这意味着他发现了乘法，虽然只是最简单的2乘；他给出了"平"的定义，即平者同高也，这几乎等于说，他发现了欧几里得几何中的"平行线间的公垂线相等"定理，而这又是平面几何中的最基本的概念之一；他给出了"同长"的定义，即同长者以正相尽也，这意味着他发现了抽象的物体长度概念，为随后的抽象数学研究奠定了基础；他给出了"中"的定义，即中者同长也，这意味着他已有了对称形的概念；他给出了"圆"的定义，即圆者一中同长也，这意味着他发现了圆规画圆的数学本质，这又与欧几里得几何学不谋而合，与现代数学中圆的定义完全一样；他给出了直线的定义，即三点共线即为直线，这次他又抓住了本质，几乎重复了现代数学中直线定义；他给出了正方形的定义，即四个角都为直角，四条边长度相等；他指出正方形可用直角曲尺来绘图和检验，这仍然不输于其晚辈欧几里得。此外，墨子还发现了十进制数的若干重要奥秘，他明确指出，在不同位数上的数字，其值是不同的。例如，个位数上的1，当然小于5；但是，在十位数上的1，就大于5了。

作为力学家，墨研究员不但澄清了若干基本概念，而且还有不少重大发现，并总结了许多重要的力学定理。例如，他给出了力的定义，"力者形之所以奋也"，即力就是使物体运动的原因，或使物体运动的作用。他还举例说，重物被高举，就是力的作用。墨子指出，物体受力后，也会产生反作用力，并举例说，两物体碰撞后，它们都会朝相反方向运动。墨子还给出了"动"与"止"的定义，他认为"动"就是被力推送的结果；更为重要的是，他提出"止，以久也，无久之不止，当牛非马也"，意指运动物体之所以停止，那是因为有阻力作用，若无阻力，物体就会永远运动不止。该观点分明就是牛顿的惯性定律嘛，这竟然又超越了同时代上千年。早在阿基米德之前200年，墨子就发现了杠杆原理，并给出了精辟的表述。他指出，称重时，秤杆之所以会平衡，是因为"本"短，而"标"长。这里的"本"即为阻力臂，"标"即为动力臂。此外，墨子还对杠杆、斜面、重心、滚动摩擦等力学问题进行了一系列研究，成果也颜丰。

作为光学家，墨博士是首位进行光学
实验，并对几何光学进行系统研究的科学
家，他奠定了中国几何光学，甚至可能是
世界几何光学的基础。以至于李约瑟在
《中国科学技术史》中也承认，墨子关于
光学的研究，"比我们所知的希腊为早"，
"印度亦不能比拟"。墨子探讨了光与影
的关系，细致观察了运动物体影像的变化

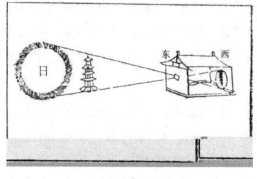

小孔成像原理

规律，提出了"景不徙"的观点：从表面上看，运动物体的影子也在随物而动，但实
际上，这是一种错觉。因为，当物体位置移动后，它在前一刻所形成的影像已经消失，
位移后所形成的影像已是新东西了，而不是原有影像运动到新的位置，若原有影像不
消失，那它就会永远待在原有位置。墨子的这一观点被后人继承，并由此提出了"飞
鸟之影未尝动"的哲学命题。墨子还探讨了物体的本影和副影问题，他指出：光源若
不是点光源，那从各点发射的光线就会产生重复照射，物体就会产生本影和副影；若
光源是点光源，则只有本影。墨子还做了小孔成像实验，明确指出：光是直线传播的，
物体通过小孔所形成的像是倒像。这是因为光线经物体再穿过小孔时，由于光的直线
传播，物体上方变成像的下方，而物体的下方则变成像的上方，因此，所成的像为倒
像。墨子还探讨了影像的大小与物体斜正、光源远近的关系，他指出：若物斜或光源远，
则影长而细；若物正或光源近，则影短而粗；若是反射光，则其影介于物与光源之间。
更出乎意料的是，墨子还对平面镜、凹面镜、凸面镜等进行了相当系统的研究，得出
了一系列重要成果。他指出：平面镜所形成的像，大小相同，远近对称，但左右倒换；
若两个平面镜相向而照，则会出现重复反射，形成无穷多个像。他还指出：凹面镜的
成像，是"中"之内形成正像；离"中"越远，所成像就越大；离"中"越近，所成
像就越小；在"中"处的像，与物一样大；在"中"之外，则形成倒像。这里的"中"，
为球面镜之球心。墨子虽混淆了球心与焦点这两个概念，但其结论与现代球面镜成像
原理基本相符。关于凸面镜，墨子发现，它只形成正像，且近镜者像大，远镜者像小。

作为声学家，墨老师发现井和缸都有放大声音的作用，并还对此巧加利用。例
如，他曾教导学生说：守城时，为预防敌人挖地道，可每隔30尺（周代，一尺合今
23.1cm）挖一井，然后置大缸于井中，缸口绷上薄牛皮，让耳聪者伏在缸上细听，以

检测敌方是否在挖地道，或在何方挖地道。墨子虽不懂声音共振机理，但这个防敌方法却很科学。

作为机械制造专家，墨总工程师精通多种工艺技巧，甚至堪比当时的巨匠公输班（鲁班）。据说，他曾花费3年时间，研制了一种能飞3天的木鸟，成为风筝的创始人。他还是造车达人，能很快造出载重300公斤的大车，他造的车又快又轻，还经久耐用。他利用杠杆原理，发明了一种名叫"桔槔"且使用至今的汲水工具，即在井旁架起一长杆，一端系水桶，一端坠大石，一起一落便可轻松汲水。看到山果浸泡后流出的色液，墨子就发明了坑布之法，并引导山民坑染布料。墨子几乎谙熟了当时的各种兵器、机械和建筑制造技术，并有不少创新。例如，他在《墨子》一书中，就详细介绍了城门的悬吊结构，多种防御设施的构造，云梯、辘轳、滑车、箭弩等攻守器械的制造工艺，以及水道和地道的建筑技术等。

墨子纪念馆，位于山东省滕州市

作为墨家创始人，墨子死于隐居之地鲁山县，其弟子遵命将其遗体简葬于狐驹山，只把一部《墨子》手稿作为陪藏品。终于，墨子成了一个"三无人员"：无准确出生地点，无准确出生时间，无准确去世时间。不过，墨子对自己的学说和事业却非常自信，曾慨然而呼"天下无人，子墨子之言犹在"，即墨子本人的语录将万寿无疆，哪怕直到地老天荒。既然墨矩子与鲁班有过"华山论剑"，因此，他们应该是同时代的人，而后者生于公元前507年，卒于公元前444年。所以，当墨子正忙于东方的"维和"时，西方的雅典人也正忙于摆脱斯巴达人的控制，并建立自己的政权。

墨子之所以能取得如此众多的科研成果，归根结底得益于他那科学的认识论。他以"耳目之实"的直观感觉为认识的主要来源，认为判断事物的有无，不能凭个人臆想，而要以能重复观察并检验的结果为依据；同时，他也未忽视理性认识的作用。他还把"事""实""利"综合起来，以间接经验、直接经验和社会效果为准绳，尽量排除个人主观成见。在名实关系上，他主张以实正名，名副其实。墨子还特别强调：感觉经验的真实性也有局限。例如，不能因为有人"尝见鬼神之物，闻鬼神之声"，就肯定"鬼神之有"的结论。墨子认为，人的知识来源有三个方面：闻知、说知和亲知。其中，"闻知"是指"循所闻而得其义"，即在听闻之后，要加以思索和研判，以别人的知识为基础，进而继承和发扬。"说知"包含推论和考察，即通过推论获得知识。他特别强调"闻所不知若已知，则两知之"，即由已有知识去推论未知知识。比如，由已知"炉火是热的"，去推知"所有的火都是热的"等。"亲知"是指亲身经历所得到的知识。当然，闻知、说知和亲知三个方面，还必须有机地结合在一起。

墨子的科学家故事讲完了，确实发人深省！

一个正宗农民，既挑水来又浇田，闲暇时间才做科研，结果却一鸣惊天。心中有科学家，处处皆是科学家，一切众生人人皆是科学家，科学家并不神秘，读者朋友，你其实也很有希望成为科学家哟！

另外，还有一点也很有启发，那就是与墨子在哲学等方面的成果相比，他的科学成果只不过是九牛之一毛而已。区区一个人，为何能如此既"上九天揽月"，又"下五洋捉鳖"，而且还游刃有余呢？看来，万事万物确实都是相通的，甚至一通百通。因此，各位科学家，特别是青年科学家们，其实你们不必在专业上太过束缚自己，也许你正在冥思苦想的难题，其实在另一领域内早就有答案了。他山之石，有时真的可以攻玉哟。伙计，加油，我看好你呢！

第五回

百科全书科学家，精测原子顶呱呱

说曹操，曹操就到。上回书刚说过墨子这位"东方德谟克利特"，现在按时间先后顺序，就正好轮到原版德谟克利特了。

话说，泰勒斯提出了惊天之问"世界的本质是什么？"他自问自答的"水"，但被否定了；毕达哥拉斯的答案"数"，也不及格；墨子的答案"始"和"端"，虽显靠谱，但又太空泛，不够具体。泰勒斯之后约120年，即公元前500年左右，又有一位哲学家留基伯，给出了一个更靠谱的答案"原子说"，它认为：世间万物都是由不可分割的原子组成，宇宙中有无穷多个原子，其大小、形状、重量等都各不相同；而且它们在虚空里，永远都处于旋涡式的运动中；原子像老子的"道"一样，不生不灭，既不能被毁灭，也不能被创造。按现代物理学的观点来看，留基伯的"原子说"，只能算是找到了"北"，还够不上里程碑。于是，我们只好再耐心等待，直到出现某位想象力特别丰富、思维特别严谨、知识面特别广泛、钻劲儿特别足的天才。

等呀等，又过了40多年，直到公元前460年，即希波克拉底诞生的那一年，由"原子"组成的本回主人公德谟克利特，才终于带着一串串大笑，降临到人间。因为，传说他的脸上始终都挂着笑容，所以没理由推测他不是笑着呱呱坠地。小德的出生，占尽了天时、地利和人和的优势。从天时上看，当时处于科技活动欣欣向荣的伯里克利时代，科学家受到空前追捧，所以，小德也立志"长大后要当科学家"；从地利上看，他出生在繁华的港口城市（阿布德拉），经济发达，文化丰富，所以，小德有足够的机会，可以融入世界先进文化中；从人和上看，小德生于富商之家，又是家中的幺儿（最小的孩子），更被父母视作掌上明珠，所以能获得顶级的教育机会。

德同学几乎无所不学，无所不问，简直恨不能"三人行必有我师"，而且，其导师一个比一个牛，甚至有些导师竟然是国王赏赐给他父亲的。除了常规的学习外，波斯术士教他神学；加勒底星相学家教他天文学；巴比伦僧侣教他预测日食和月食；埃及数学家教他几何学；尼罗河上的能工巧匠在现场教他设计灌溉系统；雅典高人教他学习哲学和艺术；原子论奠基人留基伯亲自教他宇宙学；在雅典，著名哲学家阿纳克萨哥拉斯给他上过课；苏格拉底的演讲，他也没少听；同龄好友希波克拉底，则经常与他进行头脑风暴，彼此互相启发；他还自学了东方文化等知识。就这样，学习上了瘾的他，还嫌不够，后来干脆变卖了家产，多次前往埃及、巴比伦、印度、埃塞俄比亚、红海等地游学，足迹横跨亚、非、欧三大洲，总计时间长达十九年，几乎花光了所有钱财。为此，他差点被法庭以"挥霍祖宗财产罪"判刑，幸好法官尊重知识，尊重人才，尤其尊重科学家，所以，对他的这种"败家行为"，不但没有惩罚，反而给予了重奖，因为德谟克利特在法庭上自豪地为自己辩解道：在同辈人中，我漫游了地球的绝大部分，我探索了最遥远的东西，我看见了最多的土地和国家，我听过了最多的权威讲演，我能勾画几何图形并加以证明，没有人能超过我，哪怕他是为埃及丈量土地的专家……为了证明自己的真本领，德谟克利特当庭宣读了他的名著《宇宙大系统》，最终，他的学识和雄辩征服了法官和全场听众，并成了本市的伟人，活着时就被塑了铜像。

德谟克利特不但见多识广，而且做事非常用心。他既从过政，也经过商，但后来终于意识到自己的兴趣其实是在做学问，所以，他的一生，基本上都奉献给了学术研究。他经常把自己忘记在小屋里，甚至有一次，家里的牛从眼前被偷走，他竟然都没发现。为了培养自己的想象力，他经常撰写"荒诞"文章，经常解剖恶心的动物尸体，经常行为疯癫，经常去荒凉处久久发呆，甚至在月黑风高之夜，独自溜达到坟场，想以此激发自己的想象力。看来，王阳明躺在棺材里悟道的做法，也许正是受到了德谟克利特的启发呢。据说，为了"使感性的目光，不致蒙蔽理智的敏锐"，德谟克利特竟然弄瞎了自己的眼睛！若想知道德谟克利特的知识到底有多渊博，那么，请你先做一次深呼吸，然后跟我一起憋足气，努力读出他的称得上"家"的学科领域，它们分别是哲学、艺术、医学、数学、政治、法律、地理、逻辑学、物理学、天文学、心理学、伦理学、教育学、修辞学、军事学、生物学、宇宙学、语义学、认识论、动植物学等。德谟克利特的知识不但面很广，而且还很深。比如，在哲学领域，他几乎通晓哲学的每一个分支；在数学领域，他提出了圆锥体、棱锥体、球体等体积的计算方法。此外，他还是出色的画家、音乐家、雕塑家和诗人。若用"著作等身"去描述德谟克利特，那么将"有不及，而无过之"，他的代表性著作就多达52种。反正，他是古希腊的第一位"百科全书式"的人物。

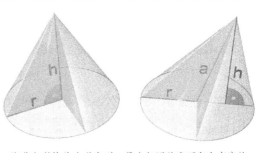

德谟克利特首次观察到，具有相同的底面积和高度的圆锥和棱锥的体积分别是圆柱或棱柱的三分之一

从人文角度看，德谟克利特的价值在于：在他之前，所有科学研究，都仅以大自然为对象，而他却首次把研究对象转向了社会和人类，由此，社会科学才向前跨出了重要一步，树立了首个里程碑。因为，他开启了新的人生观、价值观，并留下了很多关于人生价值的格言，至今意义非凡。比如他说，没有快乐的活着，其实并非真正的

活着，而是漫长的死亡；别让舌头抢先于你的思维；别想无所不知，否则将一无所知；医学治疗身体疾病，哲学解除灵魂烦恼；幸福并不遥远，它就在你心中；只与相信真理、爱好真理者谈真理，对昏庸者，则要用其他办法对付；一个智者的友谊，要比所有愚者的友谊更有价值；被财富支配的人，永远也不会公正；理想的实现只能靠实干，不能靠空谈；只愿说而不愿听，其实也是一种贪婪；愚人通过不幸而获得智慧；心灵要习惯于从自身吸取快乐；言辞是行动的影子；要么做一个好人，要么仿效好人；连一个好友都没有的人，根本不值得活着；寻善须费尽千辛万苦，而作恶则不找自来；追求美而不亵渎美，这种爱才属正当；忘了自己的缺点，就会产生骄傲自满；智慧有三果：一是思考周到，二是语言得当，三是行为公正；凡事都有规矩；身体的美，若不与聪明才智相结合，则只是某种动物性的东西；智慧最宝贵，胜过其他一切；说真话是一种义务；赞美好事是对的，但赞美坏事则是骗子的奸佞行为；语言是生活的化身；应该努力思考问题，而不是只填充知识；依德行事，而非空谈道德；即使独处时，也别说坏话或做坏事，在自己面前应比在别人面前更知耻。

德谟克利特的学说，对现代科学的启蒙和发展起到了关键作用，直到今天也一直倍受推崇。甚至可以说，若没有德谟克利特，就没有现代自然科学。

算了，别跑题了，还是言归正传吧。若要给德谟克利特写简史，肯定不能回避他的"原子论"，但这又面临着一个难题，那就是如何既要介绍他的核心思想，又要去掉已过时的内容，更不能重复那些已证明是错误的东西。毕竟当年的德谟克利特，是在一无设备、二无参考资料、三无科研经费的条件下，仅凭自己的超强想象力所做出的哲学猜想而已。

科学研究离不开两条腿：先迈出的那条腿，叫"大胆猜测"；紧跟着的那条腿，叫"小心求证"。而"小心求证"的准则主要有两个：其一，"大胆猜测"的东西是否能自圆其说；其二，能否解释已发现的所有现象，若出现了矛盾，那"大胆猜测"的东西很可能就错了，为此，要么将其抛弃，要么对其改进。其实，除了像数学等极少数精确科学之外，绝大部分的科学成果都会不断地被后人改进，最著名的例子便是爱因斯坦对牛

德谟克利特，卢卡·焦尔达诺（Luca Giordano）作于1690年

顿成果的修正。所以，德谟克利特在2 000多年前所做的"大胆猜测"，当然也会被现代科学家们所纠错、继承和发展。

本书不打算重复德谟克利特学说中已被证实和证伪的部分，而是聚焦于至今仍然似是而非的那些"大胆猜测"，此举意在彰显德博士的超强想象力。因为，想象力是每位科学家的基本功，而德院士显然树立了一个顶级榜样。实际上，若忽略时代背景，那么下面的内容，将更像是新出品的好莱坞科幻大片。

德氏大片的开幕场景是这样的：在那茫茫苍苍的浩瀚大宇宙中，四周一片寂静，只有"原子"与虚空，像亚当和夏娃一样，彼此大眼瞪着小眼。"原子"是一种最后的、不可再分的物质微粒；虚空是绝对的空无，是"原子"运动的场所。除了"亚当"之名外，"原子"还有另一个别名，叫"存在"；虚空除了叫"夏娃"之外，也还有另一个别名，叫"非存在"。这里的"非存在"不等于不存在，只是相对于充实的"原子"而言，虚空更缺充实性而已。故，"非存在"与存在都是实实在在的。由于太过寂寞，"亚当"和"夏娃"决定缔造万物，于是，"原子"一个纵身就跳进了虚空，然后开始了永远的漩涡式运动，终于，世间一切事物便由此产生了。换句话说，所谓的事物产生，就是"原子"的结合；世界的任何变化都是由"原子"引起的结合和分离。"原子"在形式上是多样的，数量上是无限的，彼此间并无本质区别，没有"内部形态"，只有形状、体积和序列的不同。一切物体的不同，皆因构成它们的"原子"在数量、形状和排列上不同而已。"原子"是万物的本原，运动是"原子"固有的属性。"原子"永远运动于无限的虚空之中，若它们互相结合，就会产生各种不同的复合物；若"原子"与虚空分离，物体便归于消灭。所以，万事万物的生杀予夺大权，都掌握在"亚当"和"夏娃"手中，取决于相关"原子"是结合还是分离。

在德氏大片的冗长演员表中，没有神的名字。因为，在"原子论"里，压根儿就没给神留下任何生存空间，更不需要它饰演任何角色。德同志认为，在残酷而奇妙的自然现象面前，原始人类由于恐惧和无知，只好臆造出神来解释一切的未知现象。但是，该科幻片中却有大量灵魂的镜头。德氏甚至认为，人的灵魂也是由最活跃、最精微的"原子"构成，因此，灵魂也是一种物体。"原子"分离后，物体就消灭了，人也就死了，灵魂当然也就随之消灭。换句话说，人的死亡其实就是组成人体的"原子"集团的崩解，既然死亡是自然的、不可避免的、自然之身的解体，而人的灵魂也是会死的，那么就不存在所谓的来世了。片中还认为，人的幸与不幸都居于灵魂之中，善与恶也来自于灵魂。

关于天体演化，德氏科幻是这样猜测的：宇宙中有无数个世界，它们在不断地生成与灭亡。例如，在一部分"原子"形成的原始旋涡运动中，较大的"原子"被赶到旋涡中心，较小的被赶到外围；中心的"原子"相互聚集，便形成了球状结合体，于是，地球、月亮和太阳等便应运而生。人所存在的世界，无非是众多世界之一，甚至可以说，人就是一个小宇宙。2 000多年后，德谟克利特的这个"天体演化说"，在18世纪被康德和拉普拉斯等发展成为近代宇宙理论，再后来，霍金等奇人又抓起了接力棒，奔向未来。

关于人的感知和意识等悬而未决的问题，科幻大片是这样猜测的：构成事物的"原子"群不断流射出事物的影像，这些影像作用于人的感官和心灵，便产生了人的感觉和思想。片中甚至还区分了感性认识和理性认识，认为前者是认识的初级阶段，人的感官并不能感知一切事物，例如，"原子"和虚空就不能被感官所认识。当感性认识在最微小的领域内不能再看、再听、再嗅、再摸的时候，就需要理性认识来帮助，因为理性是更精致的工具。科幻片还把感性认识称为"暧昧的认识"，把理性认识称为"真理的认识"，因为在德谟克利特这位编剧看来，"原子"之间并无本质区别，被感知的各种事物的颜色、味道等，都只是习惯，只是人们主观的想法而已。

该科幻片始终认为，世界上的一切事物，都是相互联系的，都受因果必然性和客观规律的制约。"原子"在虚空中相互碰撞所形成的旋涡运动，是一切事物形成的原因，故可称之为必然性。在强调必然性时，编剧否定了偶然性，这个镜头显然穿了帮，与事实不符。比如，今天的赛博世界，就是一个由偶然性主导的世界，你可预测天上的月亮会往哪跑，但却难测身边的白兔会吃哪棵草。

为了避免不必要的误解，必须对德谟克利特自编、自演、自导的这部神奇科幻大片，做如下三点说明。首先，德谟克利特认为物体是可分的，但又不能无限可分，总有一个尽头，这个尽头就是坚固而实在的"原子"。他所说的"原子"，其实与今天的原子只是"七分神似，三分形似"而已。然而，正是这七分神似，在文艺

德谟克利特在灵魂之座上沉思，亚历山大·德尔霍姆（Alexandre Delhomme）作于1868年

复兴后,让法国学者伽森狄等将"原子论"从千年睡梦中唤醒,然后,又在笛卡儿和博斯科维奇等的否定下,在波义耳和道尔顿等的肯定下,终于成长为近代原子论,大大提升了人类世界观,为现代科学进入快车道立下了汗马功劳。其次,之所以又要强调只是"三分形似",那是因为德谟克利特说得很清楚,他的"原子"是不可分割的;而今天的原子,却可以多重分解,比如,原子可分解为原子核和电子,原子核又可再分解为质子和中子等。再次,由于人类至今也不知到底是否存在"不可分解的粒子",所以,为严谨计,在上面介绍科幻大片时,我们始终都用双引号"原子"来特指德谟克利特的原子,以区别于各位教材中的原子。

"原子"科幻大片演完了,由"原子"组成的编剧德谟克利特,也终于在公元前370年分解了。同年去世的还有中国的楚肃王和魏武侯等,斯巴达在与底比斯的战争中也遭惨败。同年出生的人物至少有在埃及诞生的著名数学家希帕蒂娅。

德谟克利特以90岁的高龄,结束了自己传奇的一生。虽然柏拉图等对他不屑一顾,但据说他还是带着笑容与世长辞的。衷心爱戴他的希腊人民,为他举行了隆重葬礼。

他为整个人类所做的贡献,肯定会永照千秋。

第六回

大数据望闻问切，秦医圣起死回生

请问：中国医圣是谁？

您可能脱口而出：神农，尝百草的那个神农呗！

错！因为神农只是传说人物，更不可能是科学家。但是，该神话的内容，却相当科学。不但科学，而且还属现代科学的热门，即大数据科学，包括大数据的采集、挖掘、应用及优化等。

真的，不是开玩笑，医学确实是大数据科学的一个重要应用领域。病例收集，等于建立数据库；药性鉴定，等于大数据清洗；疾病诊断，等于大数据挖掘；治病过程，则更是典型的大数据应用和优化等。

当人类还拖着尾巴的时候，豺狼虎豹等天敌就开始扮演"医生"角色了。它们随时都对人类进行大数据采集和分析，知道哪几种人好对付，例如，若发现对方是软弱无力的武大郎，那么，将信息输入经验数据库一对比，马上就挖掘出结果：吃掉他！于是，人群中的一个病号，就这样被"治好"了。

后来，病人们开始自己给自己瞧病：健康时，就随时关注同伴的经验，并整理成数据库，记在脑中；生病时，便根据病征，照猫画虎，比如，去啃食某种树皮，虽然其味道确实很苦。如今，许多动物也都学会这种大数据治病法，例如，为了医治消化不良，鸡婆婆们就会故意啄食几粒小石子。

再后来，巫医登场了，大数据疗法也就被抛弃了，因为，任何病症都可以用同一道咒语轻松搞定。至于是否真能治病，那就得看病人的造化了：心理暗示强的人，可能真的就康复了；运气不好的人，也就只好前往阎王殿报到了，当然，这也可看成，又一病号被"治好"了。

终于到了神农时代，科学的大数据疗法又再次被重用。不管神农是否真有其人，也不管他是否就是炎帝，人类开始有意识地、专门地、主动地建立药物数据库这件事本身，就是一个巨大的进步，哪怕是不得不通过"尝百草"等危险方法来进行大数据清洗。回忆一下神农的传说，许多细节都非常耐人寻味。作为三皇之一的神农，天生就是大数据专家，对小概率事件特别敏感，例如，偶然看见鸟儿衔种，他就发展了农业。在采集药物大数据方面，神农更具两大优势。

神农氏画像

其一，他有神赐的解毒茶，若遇不测，便可马上饮茶救命，因此，就可反复品尝毒草，反复测试，直到最终建成所需的药物数据库，标出百草的药性。用大数据科学的行话来说，那就是神农的经验经过了反复学习、反复优化，因此，其挖掘结果就更加精准，其大数据挖掘算法也就更加成熟。他尝呀尝，尝完一山又一山，尝罢一坡又一坡，不但尝出了可食用的五谷杂粮，还尝出了哪些草苦，哪些草甜；哪些辣，哪些酸；哪些热，哪些寒；哪些平，哪些淡；哪些温，哪些咸；哪些能充饥，哪些能祛病等。据说，最多的时候，他一天就中毒70多次！

其二，也是神农最重要的优势。据说，他通体透明，五脏六腑都清晰可见。因此，吃下药草后，他用肉眼就可观察药效反应，看血管是否扩张，与肚里的食物是否相克，中毒的内部症状怎样等，从而可确保每次的试验结果，都得到精准记录，为后续的医治提供经验。用大数据科学的行话来说，神农能够获得完整的反馈信息，从而可以及时微调和迭代，迅速总结经验或吸取教训等。因此，他发现了若干重要的大数据规律，比如，酸味开胃，甜味滋补，苦味性凉，辣味性热；食物中毒可致呕吐、腹疼、昏迷，甚至死亡；某些动物的肢体和内脏，则有特殊疗效；患哪些病，可用哪些药等。

可惜，如此得天独厚的大数据专家，也终因误食剧毒断肠草，而为祖国的医药事业献出了宝贵的生命，享年9 000岁。其实，神话归神话，但是它却揭示了这样一个重要事实，那就是人类已开始大规模、多渠道地建立医药大数据库了。只不过，这些数据库及相应的大数据挖掘算法被当成祖传秘方，甚至传男不传女，因而也就无法形成真正的、规范化的医学，也当然不会出现医学家，直到本回的主人公出山，才终于"柳暗花明又一村"，中国的"医圣"才总算亮相了。

这位"医圣"的绰号，几乎无人不知；但他的本名，却鲜为人知。即使我将他的姓氏名号等信息全部都告诉你，你也许仍然莫名其妙。实际上，他姓姬，氏秦，名缓，字越人，号卢医。为简便计，下面就按现代规矩称他为"秦缓"吧。

秦缓，公元前407年出生在春秋战国时齐国的渤海郡郑（今任丘市）。那一年，世界好像不太安宁：齐伐卫，郑伐韩，魏国灭中山；鲁穆公登基，魏文侯变法；斯巴达海军惨败，古希腊悲剧大师欧里庇得斯去世等。也是在这一年，20岁的柏拉图，拜苏格拉底为师并成为其忠实信徒。

秦缓的父母很平常，家族也很平常，平常得几乎没留下任何历史痕迹。其实，秦缓自己也本该很平常，因为他只是在某个微不足道的"宾馆"里，担任一个小小的"经理"而已。哪知天上突然掉馅饼，还真砸中了咱们的秦经理。一位名叫长桑君的住店客人，神神秘秘对他说："我有秘藏医方，但却年老无子，你想学吗？""扑通"一声，秦经理一个响头就拜定了恩师，好像生怕对方反悔似的。从此，长桑君大夫尽心地教，秦徒弟尽力地学。祖传秘方到手了，诊病技巧学会了，药剂研制出师了，多年的经验继承下来了。总之，一句话，导师的病例、处方等数据库都复制下来了，数据挖掘算法也掌握了，新数据采集和清洗机理也吃透了。

天资聪颖的秦缓毕业后，医术虽已炉火纯青，但仍然十分勤奋，既虚心吸取前人经验，又努力改良民间偏方，对老师更是孝敬有加，直到为长桑君养老送终后，才开始大展拳脚。

首先，他广收弟子。只要人品好、愿吃苦、爱学习的人，他都毫无保留地教，从而打破了以往医学界父传子的传统，这实际上为中医成为一门科学分支，奠定了决定性的基础。设想一下，如果秦医生只把自己的绝招当秘方，那么，他的医学成就很可能早就被遗忘了；《难经》《外经》和《内经》等传世佳作，根本就不会问世；他自己也不可能成为"医圣"，中国医学的诞生时间，也许更会被大大推迟。事实也证明，正是因为秦老师无私地教授学生，他的徒弟子阳、子豹、子越等人才能把导师的学说发扬光大，并最终形成了影响千年的中医学派。

其次，为了积累更多的典型病例，增长实践经验，丰富医疗数据库，秦老师决定带领弟子们，游医天下，巡诊列国。不管是男女老少、高低贵贱，只要患病，他都尽力救治。什么样的病多，他就重点医治什么样的病；急需解决什么样的病患，他就专攻什么样的难关。例如，当游医到秦国都城咸阳时，他见儿童发病率很高，就认真研究病因，当上了儿科大夫，治好了许多疑难杂症；当游医到东周京城洛阳时，他发现老年病肆虐，就开始专攻老年病，使不少老人摆脱了耳聋、眼花等老年病症的痛苦；当游医到赵国都城邯郸时，他发现许多妇女都在病菌感染中挣扎，于是又转向妇科，创造了许多妙手回春的奇迹。据不完全统计，从46岁去赵国行医开始，他一生几乎都在云游四海，济世救人。他50岁左右到齐国都城临淄，为齐桓公（蔡桓公）测病；52岁在魏国京城大梁（今开封市），给魏惠王开方；57岁到秦都咸阳；甚至90岁左右，还去周都洛阳出诊。最令人感动的是，就在去世的当年，98岁高龄的他竟然再度前往秦都咸阳，在那里看小儿科。反正，无论是内科、外科、妇科、儿科、五官科，他都大胆创新；无论是医、药、技等，他都刻苦钻研。秦郎中绝对称得上是一位学识渊博、医术高明的"全科大夫"。

再次，大数据治病的关键，是要获得全面准确的疾病信息，这也就是今天为什么大家一进医院就必须先要进行各种各样的化验、透视和检测等的原因。但是，在秦郎之前，不但没有CT、验血仪、听诊器等设备，甚至连切脉都不会。当时的原始切脉法很笨，称为"三部九候诊法"，必须按切病人的全身，包括头部、颈部、上肢、下肢及躯体的多处脉搏，不但耗时耗力，而且还容易出现矛盾信息，让医师不知所措。秦大夫基于大数据分析，通过对前人做法的优化，大胆断定：手腕一处的脉搏就完全足以替代其他各处。他还提出了相应的脉诊理论，从而开启了中医的先河，奠定了现代切脉法的基础。然后，秦大夫再接再厉，建立了一整套望闻问切的完整中医诊断法。至今，这些基本功仍然是区分名师和庸医的试金石。

各位看官，你肯定瞧过中医，但你也许不知道望闻问切的具体含义，下面的内容甚至可能让你大吃一惊。

所谓"望"，也称"望诊"，当然不是欣赏病人的颜值，而是像人工智能图像识别那样，对患者的面部、舌质、舌苔等处进行神、色、形、态、象等信息的采集和对比，以此测知患者内脏的病变。因为，由大数据挖掘的经验已知，脏腑阴阳气血的变异，必然会在体表有所反映。例如，眼睛是否有神；眼白是否有异；舌头是否过红；舌苔是否过厚，其色白或黄；口腔是否有炎症，颜色是否过红或过白；鼻子是否发炎，鼻涕稀或稠，颜色黄或白；有无耳鸣或耳炎等。若望见眼有毛病，那肝就有问题；舌有异，则心脏就不好；口腔有问题，则脾就不好；鼻子有状况，肺就不好；耳朵不正常，肾就不好；眼白过红，则心火就太旺；舌头过红，就需养心降火；舌苔黄，脾胃就火大；舌苔白，脾胃就偏寒等。

东汉石刻，神医扁鹊被描绘成一只有人头的鸟，用针刺治疗病人

所谓"闻"，也称"闻诊"，当然不是要闻出她身上的香水品牌，而是要听其声，嗅其味。特别是要认真倾听患者语言气息的高低、强弱、清浊、缓急等变化，以分辨病情的虚实、寒热等。

所谓"问"，也称"问诊"，是指询问症状，当然不是要与病人侃大山，而是要了解患者的病因、病史（包括家族病史）、发病经过、治疗过程、主要痛苦、自觉症状、饮食喜恶等情况，然后，再结合望、切、闻等三诊的情况，综合分析，给出判断。形象说来，"问"的重点，包括以下几个方面：一问寒热，二问汗；三问头身，四问便；五问饮食，六问胸；七聋八渴俱当辨；九问旧病，十问因；再兼服药参机变，妇人尤必问经期，迟速闭崩皆可见；再添片语告儿科，天花麻疹全占验。

所谓"切"，也称"切诊"，当然不是"剁手党"，而是切脉，通过腕脉的搏动情况，辨别脏腑功能的盛衰，气血津精的虚滞。正常脉象应该是：不浮不沉，不迟不数，从容和缓，柔和有力，流利均匀，节律一致，一息搏动四至五次。正如"幸福的家庭都相似，不幸的家庭各有不同"一样，病变的脉象也种类繁多，至少包括浮脉、沉脉、迟脉、数脉、细脉、微脉、弱脉、实脉、洪脉、弦脉、紧脉、滑脉、涩脉、濡脉、芤脉、结脉……此处之所以罗列如此众多病变脉象，当然不是要你背诵它们的具体内容和相应的病理特征，而是要告诉你：脉诊确实博大精深，绝不只是"左手摸右手"那么乏味。

最后，大数据医疗的最后一关，就是对症下药或手到病除。咱们的秦医生可不是只会望闻问切的"砖家"，他更掌握了让病魔哭爹喊娘的"十八武艺"。只见他左手一挥，针灸就出鞘；右手一点，按摩显奇效；若遇危重病人，干脆直接上麻醉，然后就开刀。张三来了灌汤液，李四上场敷药膏；如果病魔不服气，嘿嘿，一个霹雳闪电，砭刺已然出大招。传得最神奇的一个段子甚至说，秦医生还能换心。千年瞎话大概是这样的：鲁国的路人甲和赵国的路人乙，一起在秦郎中的"国际"诊所相遇。他们本以为无大病，可秦大夫却对路人甲说："你虽志气强，但却身体弱，虽有计谋，但却不果断"，又对路人乙说："你的志气弱，身体却很好，虽无谋虑，却过于执着"。然后，秦大夫同时对他俩说："若把你们的心脏互换，就能平衡，病也就好了。"于是，秦大夫让他们喝了麻醉药酒，砍开他们前胸，闭着眼睛就找到了心脏，然后将它们交换场地，并给他们喂了神药。一袋烟功夫，二人便醒了，就像没事儿人一样，辞别秦先生，就回家了。

掌握了大数据医疗系统的秦大夫，在中医界可谓"海阔凭鱼跃，天高任鸟飞"。那位看官要问啦，他到底有多牛？这样说吧，他既能将死人看活，也能将活人看死！

什么叫"将死人看活"呢？这里的"看"，当然指"看病"的看，就是把死人医活。若不信，请听下面两故事。

故事1说，秦大夫游医到虢国，听说该国太子刚刚暴亡，还没火化。于是，他赶紧来到太平间，声称能让太子复活。"人死哪有复生的道理"，太监摇着头，以为秦先生悲伤过度，精神失常了。秦医生则长叹说："若不信，可再次诊视太子，应该能听到他耳鸣，看见他鼻肿，并且他的大腿及阴部还有余温。"太监闻言，立即入宫禀报，国君大惊，亲自出来迎接秦先生。

扁鹊墓，位于济南北郊鹊山西麓

老秦说："太子之病，叫休克。他虽面色全无，失去知觉，形静如死，其实并没死。"于是，秦大夫命弟子协助，用针砭急救，刺太子三阳五会诸穴。不久，太子果然醒来。秦大夫又适当增减药剂，太子就坐了起来；再用汤剂调理阴阳，二十多天后，太子就又活蹦乱跳了。

这事经传播后，秦大夫起死回生的名声就响彻寰宇了。秦郎中却坦言，并非是自己把死人救活，而是病人根本没死，"我只不过用适当的方法，把太子从垂死中挽救过来而已"。

故事2说，秦郎中到晋国出诊，正碰上该国大夫赵简子由于"专国事"用脑过度，突然昏倒，已5天不省人事了。家人十分害怕，急忙求救于秦教授。切脉后，秦教授自信道："赵简子的脉搏正常，不必大惊小怪！3日之内，定让他康复。"果然，只用了60小时，赵简子就苏醒了。

什么叫"将活人看死"呢？这里的"看"，指"看见"或"预见"，就是看见某人就知道他将要病死。实际上，大数据科学本身，就有很强的预测能力，所以，作为大数据科学领域的院士，秦缓自然就能预知某些疾病的趋势。况且，他本来就很重视疾病预防，力图将病魔扼杀于萌芽中，其前提当然是患者要积极配合。

故事是这样的。大约在公元前357年，当马其顿国王腓力二世正忙于迎娶奥林帕丝公主时，秦先生在齐国的都城偶然遇见了该国国君齐桓公。双方一碰面，秦医生大吃一惊，脱口道："伙计，你有病！虽为肌肤表面的小病，但得赶紧治，否则后果不堪设想。"齐桓公听罢哈哈大笑："你才有病！哪有这样拉生意的，是穷疯了吧，医托也不至于如此直白嘛。"然后，就匆匆打道回府了。10天后，秦医生又对齐桓公说："您的病已入肌肉里，赶紧治吧，否则会恶化。"桓公不悦。又过了10天，双方聊天时，秦大夫再次提醒说："您的病已入肠胃，再不治，我就没辙了。"齐恒公仍不理睬。又过了10天，齐桓公想邀秦医生喝茶，这次大夫果断拒绝道："皮肤外的小病，可贴膏药治之；肌肉里的中病，可用针灸治之；就算肠胃里的大病，仍可用火剂汤治之；但是，一旦病入骨髓，我老秦也无力回天了，你还是赶紧准备后事吧。"果然，过了5天，齐桓公全身疼痛，终于鞠躬尽瘁，倒在了工作岗位上。

有专家认为，齐桓公的这个故事很可能也是古人瞎编的，意在提醒政治家：别盲目自信，更不能封杀批评意见。不过，无论真假，以上故事却留下了两个常用成语：起死回生和讳疾忌医。

对疾病，秦医生虽料事如神，但对自己的生死，他却预测不准。一次，秦武王扭了腰，疼痛难忍，其御用太医李醯（音西）左治不好，右治也不行。武王无奈，遂请98岁高龄的秦缓入宫一试。只见秦缓切脉后，突然发力，朝腰间只是一推一拿，随着"咔嚓"一声脆响，腰病就康复了。武王大喜，想封秦缓为总太医。李醯知道后，害怕失宠，就派刺客暗杀了秦缓。可惜呀，一代上古神医，就这样冤死他乡，化为喜鹊飞上了天堂。时年正是公元前310年，也是古希腊天文学家、数学家阿里斯塔克斯的诞生之年。

临潼的扁鹊墓，现已经开辟为扁鹊纪念馆

对了，差点忘了交代，百姓们给秦缓取的绰号叫"扁鹊"，意在感谢他像喜鹊那样，飞到哪就给哪里的人民带去安康，带去喜讯。

第七回

欧几里得创几何，演绎逻辑奏凯歌

关于"几何"一词，中国人最熟悉的，恐怕当数曹操名篇《短歌行》的第一句："对酒当歌，人生几何！"

那么，该"几何"与数学几何，是一回事吗？许多人也许不屑一答，认为那压根儿就牛头不对马嘴！但是，对不起，它们确实还真是一回事。只不过，一个在文学里卖弄风骚，一个在数学里诱人推敲。实际上，数学的"几何"一词，在英文里叫Geometry，它是从希腊语演变而来的，原指土地测量。设想一下，古代某酸秀才，询问家仆的测地结果时，他难道不会问出"家有薄田几何"吗？所以，根据该情景喜剧，明朝的徐光启就把Geometry翻译成了几何学。真的，若不信，

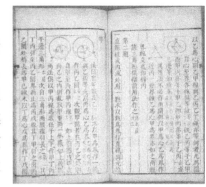

利玛窦口译，徐光启笔受《几何原本》，明万历时期刊本

你可直接去问徐老先生。其实，几何学是一门研究形的科学，以视觉思维为主导。除了众多理论与实用价值外，它还特能培养人的想象力。因此，下面就请各位充分发挥自己的想象力，把几何学想象成一个婴儿，看看他的成长过程到底能有多么精彩！

第一幕，受孕。听说有机会投胎于几何学，哇，不得了啦，众"精虫"就像打了鸡血似的，你追我赶，拼命往前跑。彼此之间不但斗速度，也斗智慧，可谓是"八仙过海，各显神通"，谁都想成为与卵子结合的那个唯一胜利者。看，冲刺阶段到了，最有竞争力的"精虫"果然出现了。它们有的来自欧洲，有的来自亚洲；有的乘龙，从水中来；有的骑虎，在陆上相互PK，谁都想更快。

暂时领先的"精虫"是尼罗河水。只见它凶猛地冲呀冲，每年都要冲垮堤岸，造成洪水泛滥，把河套中的土地淹没。从大约4 000年前开始，沿岸居民，在退水后就反复测量地界，重新划分田产。天长日久，地主们就学会了如何测算各形土地，从而也就有了原始几何学的概念。后来，这些知识又借助商人之口，传到了希腊，甚至全球。因此有人说，平面几何是由尼罗河水冲出来的。

难分伯仲的"精虫"是古埃及的金字塔。每当有法老去世，它就借助造陵的机会，逼迫工匠们把一块块巨石精确地切割成不同的立体模块，然后运到工地，再天衣无缝地组装成雄伟的金字塔。不但要求横平竖直，而且还要与多个星座遥相呼应。因此又有人说，立体几何是由金字塔堆出来的。

紧随其后的"精虫"是艺术，它们早在公元前1 000年，在我国黑陶文化时期，就以菱形、正方形、圆内接正方形等几何图形绘制在出土陶器上了。

不甘落后的"精虫"是实用生存技巧，特别是涉及测绘、建筑、天文、工艺等方面的技巧。它们虽然动身早，但却拖累多。实际上，早在文字诞生前，原始人类就知道了许多几何要素，例如，从猎物的形状和大小、自家洞穴的方位、猎场的距离等抽象出了点、线、直线、长度、角度、面积、体积、平行线、三角形、四边形等几何概念。最早记载几何知识的文字材料，至少包括公元前2 000—公元前1 800年，出现在埃及的莱因德纸草书；约公元前1 890年的莫斯科纸草书；公元前1 900年，出现在古巴比伦的泥石板等。其中，莫斯科纸草书上，甚至给出了计算棱台体积的公式。有关几何学的零星成果也就更多了，例如，埃及人在毕达哥拉斯之前1 500年，就知道了毕达哥拉斯定理（勾股定理）；而巴比伦人竟然已有三角函数表；古努比亚人曾建立了一套包括太阳钟在内的几何系统等。

第二幕，催产。既然几何学将可能君临数学天下，当然也就甭愁找不到催产婆。实际上，前面各回已经介绍过的"科学始祖"泰勒斯、"数神"毕达哥拉斯、"中国科圣"墨子和"百科全书"德谟克利特等，都是几何学的著名催产婆。此外，几何学还有其他重要的催产婆。

一号催产婆，柏拉图。此兄可不得了啦，他是西方哲学乃至整个西方文化中，最伟大的哲学家和思想家之一。此兄的师徒更不得了啦，他与其导师苏格拉底、学生亚里士多德，并称为"希腊三贤"。他创造或发展的概念多如牛毛，像什么柏拉图思想呀，柏拉图主义呀，柏拉图式爱情等。不过，本书只想聚焦于他的"几何学催产婆"角色，因为，他对数学特别是几何学的发展，起到了核心推动作用，是几何学名副其实的"学术催产婆"。

大约是在不惑之年，柏拉图创办了一所民办大学——柏拉图学院，专门讲授数学特别是几何学。在该学院里，课堂教学完全就是师生对话，因此要求学生具有高度的抽象思维能力。学习几何，被认为是寻求真理的最佳途径，柏拉图甚至声称"上帝就是几何学家"。柏拉图学院门口，也赫然竖立着一块大牌子，上书"不懂几何者，不得入内！"据说，这是柏拉图亲自立下的校规，目的是让学生们知道他对数学的重视。柏拉图的这个观点，不但是学院的主导思想，而且也越来越被当时的社会所认可，以至于普通市民们都成了数学爱好者。本回的主人公，年轻的欧几里得更不例外，他自信地闯入柏拉图学院后，就全身心地沉浸在数学王国里，哪儿也不去、什么也不干，终于将自己与几何学融为一体，甚至让后世都不再区分谁是欧几里得本人，谁是欧几里得几何学了。反正，统一简称为"欧氏"就行了，所以，欧几里得的简史，就是其代表作《几何原本》的简史，或者说是欧氏几何学的简史。

二号催产婆是埃及托勒密王朝的始祖，托勒密一世。此君虽为希腊人，但却自称为"埃及法老"。作为异族统治者，他不但没有扼杀被统治国家（埃及）的文化传统，甚至还修建了不少埃及神庙，而且还把众多国际专家吸引到自己身边，有力地促进了埃及与希腊文化的全面融合，以至于如今见到的古埃及著作，大多出于该时期的希腊人之手。比如，托勒密王亲自从希腊高薪挖来了年仅30岁的欧几里得，并帮助他在这里完成了不朽巨著《几何原本》，欧几里得后来被尊称为"几何学之父"。更加难能可贵的是，托勒密国王本人，还带头虚心学习欧几里得几何学，虽然满脑子糨糊，一个定理也没学会，但却留下了君臣之间的如下千古师生佳话。

据说，托勒密国王被几何证明折腾得快要疯掉的时候，便向欧几里得央求道："除了《几何原本》之外，难道就没有学习几何的其他捷径了吗？"欧老师双手一摊："抱歉，陛下，虽然进城有两条路，一条是供平民步行的小路，另一条是供皇家行车的大路。但在几何学里，大家都只能走同一条路。"欧几里得的这句名言，后来演化成了"求知无坦途"，并被传诵几千年。因此，托勒密一世，当然是欧几里得几何学的"政治催生婆"。托勒密与欧几里得的共赢，再一次证明了这样一个重要事实：开明的政治环境，是产生杰出科学家的重要时势。因此，一方面，既不是英雄造时势，也不是时势造英雄；但另一方面，却既是英雄造时势，也是时势造英雄。当英雄和时势形成良性互动时，人类社会就发展甚至跃进，否则，就停滞甚至倒退。

三号催产婆便是欧几里得的妻子。相关的调侃故事更好玩。谁都清楚，要想学好几何学，超强的逻辑推理能力必不可少：基于区区几个公理，所有其他繁杂的定理和公式，便都能被一清二楚地、符合逻辑地证明出来。欧几里得之所以在这方面如此出众，在很大程度上其实得益于欧太太的日常训练。例如，在一次家庭"实弹演习"中，夫人打响了"第一枪"，恼火道："收起你那些乱七八糟的几何图形吧，难道它们能带来面包和牛肉！"一脸轻敌的欧教授，迅速反击说："真乃妇人之见！你知道吗，我现在写的东西，到后世将价值连城！"欧太太拊掌大笑："真是一个书呆子，难道本世就让我们饿死，来世再价值连城吗？"于是，欧同学又上了一堂免费的逻辑课，赶紧向夫人称臣服输。正是经过一次次这样的日常训练，欧教授的逻辑思维能力就"嗖嗖"地蹿上去了：早先只是学士水平，很快就硕士和博士了，最终写出了《几何原本》，达到了院士水平。因此，欧太太绝对是几何学的"贴身催产婆"。

第三幕，出世。怀胎数千年后，欧几里得几何学终于即将分娩了。据说，那是公元前338年的某天，但见数学天空霞光万丈，龙凤飞舞，伴随着阵阵扑鼻的馨香，在悦耳动听的天籁之音里，《几何原本》终于从欧几里得笔下，徐徐诞生了！小家伙刚刚着地，就"噌，噌，噌"向上蹿出了三丈来高。然后，她向左迈出五步，天啦，每一步都踏出一朵莲花，莲花上各结出一条"公理"；接着，她再向右迈出五步，哇，又踏出了五个"公设"。这时，她右手指天，左手指地，念出了那句振聋发聩的偈句："天上地下唯我独尊。"话音刚落，23个定义和467个命题，就齐刷刷地跪倒在她面前，同声高呼："万物非主，几何是主！"

回头再看那五个公理时，好家伙，瞬间就长成了擎天柱，个个精神抖擞，整齐地排成一列。它们分别是：等于同量的量彼此相等；等量加等量，其和相等；等量减等量，其差相等；彼此能完全重合的物体是全等的；整体大于部分。哇，简直不证自明呀，连傻瓜都清楚！

而那五个公设，同样也见风就长，早已化为了东海定海神针，个个眉清目秀，一点也不含糊，镇定自若地支撑着整个"欧氏几何大厦"。每个公设，也都有自己的内容，它们分别是：过两点能画且只能画一条直线；线段（有限直线）可无限延长；以任一点为圆心，任意长为半径，都可画一圆；凡是直角都相等；同一平面内，一条直线和另外两条直线相交，若在直线同侧的两个内角之和小于180°，则这两条直线经无限延长后，在这一侧一定相交，换句话说，平面上不平行的两条直线，最终一定相交。

俗话说，外行看热闹，内行看门道。列位看官，你们肯定都是内行，而且还是大内行，但是，咱也得给外行唠叨几句，说说欧几里得几何学的玄妙所在。在欧先生之前，人类虽已积累众多几何学成果，但却有一个重大缺陷，那就是没有系统性，只有若干片断而零碎的知识：公理与公理之间，各唱各的调；证明与证明之间，各吹各的号；公式和定理之间的逻辑关系，那更是乱七八糟。形象地说，在几何世界里，遍地都是天女散花的珍珠，斩不断，理还乱。而欧几里得则巧妙地仅用五个公设（现在称为公理）搓成的一根"五股细线"，就将几何世界的全部珍珠，串成了一副闪闪发光的项链，其结构之紧凑、逻辑之清晰、条理之明白、体系之健全，简直堪称神来之笔！而那根"五股细线"更是妙不可言，多一股则太粗，少一股则太细，长一寸则有余，短一寸则不足，简直堪称天作地合。

欧几里得《几何原本》现存最古老的一个碎片，发现于埃及的奥克西林库斯（Oxyrhynchus），
可追溯到公元100年左右

　　欧几里得几何学的启迪意义在于，它开创了人造学科之先河，仅仅基于极少数的几个公设，就建成了一整套完美的数学演绎知识体系，不但能自圆其说，而且还前后贯通。仿照欧几里得的思路，后人们至今已建立了名目繁多的"几何学"，比如非欧几何、罗氏几何、黎曼几何、解析几何、射影几何、仿射几何、代数几何、微分几何、计算几何、平面几何、立体几何，以及某些名称中未带"几何"两字的几何，包括拓扑学和号称"自然界几何学"的分形等。当然，在没有特指的情况下，若一提起几何学，那便毫无疑问指的就是欧几里得几何学，或简称欧氏几何。

　　从科学方法论上看，欧教授首创了分析法、综合法和反证法。其中，分析法，是先假设结论成立，再分析其先决条件，由此完成证明步骤；综合法，是从已证明的事实出发，逐步推导出要证明的结果；反证法，是在保留命题的假设下，否定结论，或从结论的反面出发，推导出矛盾，从而证实原来命题的正确性。欧氏几何的所有定理，都是从一些确定的、不证自明的基本命题（即公理）中演绎出来的。在演绎推理中，定理的每个证明或以公理为前提，或以某些已被证明的定理为前提，最后给出结论。这一严密的逻辑推理方法，如今已成为建立任何知识体系的标准方式，不仅广泛应用于数学，而且还应用于科学、神学、哲学和伦理学等领域，对后世产生了深远的影响。牛顿的《数学原理》一书，就是仿照《几何原本》的形式而写成的。此外，像哥白尼、伽利略、开普勒、笛卡儿、牛顿、罗素、怀特海等伟人，都从《几何原本》中吸取了丰富的营养，从而取得了巨大成就。

　　在人类的科学思想史中，欧几里得也是一盏指路明灯。他首次使数学理论系统化，并使几何学成了一门独立的学科。他对许多疑难命题和定理给出了开创性的论证和解释，甚至欧氏几何中的某些缺陷，也成了后人攀越科学高峰不可缺少的台阶。总之，从正反两方面来看，《几何原本》都推动了数学思想的进步，为人类认识自然提供了更为有效的工具。甚至有人认为，欧几里得是催生西方科学的一个主要因素，因为，科学绝不只是把众多成果堆集在一起，而是要一方面将经验与试验相结合，另一方面则需要细心的分析和演绎推理。从该角度来看，最好的榜样显然就是欧几里得的《几何原本》。

《几何原本》1573版

此外，欧几里得的《几何原本》，也被认为是历史上最成功的教科书。自它问世之后，以往的几何教材就都黯然失色，甚至很快就被遗忘了。而在过去长达2000多年的时间中，《几何原本》却一直盛行不衰，被世界各地广泛使用，直到今天，也仍然是小学、中学，甚至大学的必修课。

关于阅读《几何原本》的好处，古今中外的众多科学家已帮我们做了精美的整理，例如，徐光启就认为，它能让读者"去其浮气，练其精心；丰其技法，激其巧思……能精此书者，无一事不可精；好学此书者，无一事不可学。"爱因斯坦更直白地说："若欧几里得都未能激发你的科学热情，那你肯定不是天才科学家。"牛顿则认为，"欧氏几何学的简洁美，正是它之所以完美的核心所在。"

细心的读者可能已经注意到，本回说书到此，竟然都还没涉及主人公的生辰八字等常规信息。其实，并非我们不想写，而是不知道该咋写，因为它们本身就是空白。欧几里得先生，甚至没给后人留下一张生前肖像，以至于后世画家们不得不把丰富的想象当作欧氏模特儿。至今，人们只知道，欧几里得生于雅典，这个当时的古希腊文明中心城市；

牛津大学自然历史博物馆的欧几里得雕像，作者约瑟夫·达勒姆，19世纪

他从小就是柏拉图的崇拜者，一直就梦想进入"柏拉图学院"；他常常对几何图形表现出浓厚的兴趣，喜欢用木棍在地上画写各种图形。欧几里得也像偶像柏拉图那样，在基于《几何原本》形成了理论体系之后，就创办了自己的学校，广收门徒，积极宣传欧氏几何的科学观点。而且，他还真培养出了一大批杰出科学家，比如，下一回将要介绍的"力学之父"阿基米德，就是欧几里得的徒孙。

还有一点必须指出，那就是：别以为欧几里得的贡献只限于几何学，他的成果还多着呢，涉及科学的方方面面！他研究了无理数理论；开创了古典数论，并找出了4个重要的完全数（有关完全数的情况，请见本书第二回）；给出了至今仍然是最好的最大公约数算法，称为欧几里得算法；完成了许多关于透视、圆锥曲线、球面几何等方面的杰出成就。他撰写的专著至少有《现象》《光学》《已知数》《纠错集》《推论集》《曲面轨迹》《音乐要素》《反射光学》《圆锥曲线论》《观测天文学》《图形的分割》等。可以说，欧几里得的研究领域之广，论著之多，几乎可以用满天繁星来形容，只是因为他的《几何原本》太像太阳了，太阳一出来，繁星就不见了！

好了，有关欧先生的新版简史，就写到此。最后，本酸秀才还想请教各位一个问题：如果您是老师，要给本回判分的话，那么请问，得分几何呀？

第八回

大树下面难长草，阿基米德运气好

史上有两位泡澡明星，而且还都与皇冠有关。一位是泡掉了唐玄宗皇冠的杨贵妃，另一位就是泡湿了叙拉古皇冠的阿基米德，他也是本回的主角。

首先请大家注意：自从阿基米德以后，不知何故，西方科学就偃旗息鼓了，科学家也销声匿迹了。科学界的这种万马齐喑状况，持续了 1 800 多年，直到哥白尼冒死创立"日心说"后，魔咒才终于被打破，科学的第二个春天，才总算到来了。本回虽不打算详细探讨科学"返贫"的原因，但是，还是想提请大家关注阿基米德所处的特殊时代，毕竟从他以后，科学的死对头——神学却"致富"了。迷信甚嚣尘上了，人类的思想和言论被宗教禁锢了，西方"战国"时代开始了，唯心的哲学占上风了，生产力的发展停滞了。总之，除了人类的智商并未倒退外，有利于科学发展的诸多因素，基本上都受损了。而阿基米德则刚好上演了一出古希腊文明落幕的压轴戏，并在数学、物理、力学等领域掀起了一个个高潮，赢得了阵阵掌声，并被尊称为"力学之父"。但是，无奈啊，夕阳无限好，只是近黄昏；金秋收获多，隆冬却难过。算了，还是书归正传吧。

话说，那是公元前287年的某一天，亚里士多德的弟子，古希腊生物学家、逻辑学家提奥弗拉斯特，在雅典极不甘心地撒手人寰，因为，他的若干重大科学成果即将问世，而且，科学的末班车也即将错过。这个时候，一个宛如提奥弗拉斯特的男孩降生到叙拉古附近的一个小村庄里。

男孩睁眼一看，哇，运气真好，竟然"投胎"到了一个贵族家庭，父亲不但是富得流油的超级富豪，而且还是学识渊博、为人谦逊的学者，身兼数学家和天文学家等职。更难得的是，他家还是皇亲国戚，与叙拉古的赫农国王有着血浓于水的关系。给儿子取个什么名字呢？科学家老爸左思右想："咱家不缺名了，也不缺利了，更不缺权了，那还缺什么呢？哦，对！咱家缺思想，缺一个大思想家"。于是，他就管儿子叫"大思想家"，音译成中文后，就是众所周知的"阿基米德"了。

果然，这位"大思想家"没让爹妈失望，从小就善于思考，喜欢辩论，对数学、天文学，特别是几何学，产生了浓厚兴趣。但是，在"天时"方面，我们的"大思想家"有点不幸。因为，当时古希腊的辉煌文化已开始衰退，世界文化中心正逐渐转向埃及的亚历山大城。更不利的是，世界局势很紧张：在意大利半岛，罗马共和国正在兴起并不断扩张；在北非，新霸主国家迦太基，也磨刀霍霍；家乡叙拉古城，大有羊入狼群之感，被许多势力虎视眈眈地盯着。于是，11岁的阿基米德就被父亲送到了亚历山大城的少年班留学，师从欧几里得的俩弟子埃拉托塞和卡农，从而很幸运地成了欧氏的徒孙，占尽了"人和"优势，并长期与亚历山大的学者保持紧密联系，甚至成了亚历山大学派的核心成员。在"地利"优势方面，阿基米德也称心如意，因为，他的留学之地位于尼罗河口，是当时世界的知识中心、文化中心和贸易中心，那里有雄伟的博物馆和图书馆，并且学者云集，人才荟萃，被誉为"智慧之都"，特别是在文学、数学、医学、天文学等方面更为发达。在这里，咱们的"大思想家"，零距离接触到了许多真正的大思想家，甚至还多次聆听过欧几里得的教诲，兼收并蓄了东方和古希腊的优秀文化，为随后自己也成为大思想家奠定了坚实的基础。

其实，关于阿基米德的生平，并没有详细的历史记载。许多故事，甚至包括技术应用方面的故事，也都是后人一厢情愿演绎出来的。但是，有关他所取得的科学成果，却准确无误，其原因很简单：成果太超前，后人压根儿就演绎不出来。

据说，阿基米德在亚历山大城待了许多年，直到公元前240年，快到"知天命"年龄的他，才回到祖国，担任其国王赫农的顾问，帮助国王解决各种科学和技术难题，特别是生产实践、军事技术和日常生活中的难题。

第一个难题，就是皇冠的成色鉴定问题。传说，叙拉古国王定做了一顶纯金皇冠，但如何才能既不破坏皇冠，又能判定已交货作品确实是纯金的，确实未被工匠们"狸猫换太子"呢？于是，国王便将这个"烫盘子"扔给了阿基米德。当时老阿就傻眼啦，这怎么可能完成呀！如果皇冠是标准的几何形状，还可用立体几何知识求出其体积，然后再除以其重量，从而得到比重，并以此判断真伪。但是，如何才能求出任意形状的体积呢？他想呀想，吃饭时在想，走路时也想，睡觉时还在想。实在想累了，干脆就去洗浴店泡个澡，当然仍是一边泡澡，一边想。偶然一起身，他却发现满盆的温水变少了；再蹲入水中，咦，浴缸里的水又满了。多次反复，都是如此。这是咋回事呢？这一会儿多出来，一会儿又少出去的温水是哪来的呢？摸着自己满腹知识的大肚子，"大思想家"突然狂呼："找到啦，找到啦！"他连衣服都顾不上穿，就裸奔着测量皇冠去了。原来，那浴盆中水量体积变化之差，就刚好是阿胖子自己的体积。于是，只需照猫画虎，让皇冠也泡一次澡就知其体积了。这次泡澡的意义，绝不只是引发了史上最著名的裸奔事件，也不是鉴定了皇冠的真伪，而是发现了静力学的一个基本定律——浮力定律，又称为阿基米德原理，即物体在液体中所获得的浮力等于它所排出液体的重量。至今，该定律还是中学物理课的核心内容之一。虽然400多年后，曹冲小朋友也独立发现了这个现象，但是，他却仅仅是用之于称象而已，并未将其总结成普遍规律。这便是科学和技术的重大差别之一，比如，我们的造纸术并未发展成为材料科学；火药也未能发展成能源科学；就算是对技术发明有所推广，我们也只是把活字印刷术改进得更加精巧而已。

第二个难题，就是巨轮搬运的问题。阿基米德发现了杠杆原理，即要使杠杆平衡，作用在杠杆上的两个力矩大小必须相等；或等价地说，动力×动力臂＝阻力×阻力臂。传说，老阿就放出狠话："若能给我一个支点，我就可撬动地球。"国王听后大惊，赶紧找来"砖家"咨询，才知道：哦，原来这个支点不能在地球上，正如任何大力士都举不起自己一样。于是，国王咬定"这小子肯定在吹牛"，因为他知道我在地球上找不出这样的支点嘛。满心不服的国王，打算教训一下阿基米德，于是，眉头一皱，计上心来。"啪"一下，国王就把一个自认为最烫手的"盘子"扔给了对方。原来，叙拉古城刚造的一艘巨船要下海，国王便命阿基米德一个人将此船拖入水中，"你不是连地球都能搬动吗"，国王无不得意地笑道。哪知，手无缚鸡之力的阿基米德却爽快地接受了这个任务。但见他，"嘞，嘞，嘞"，利用杠杆原理，很快就造出了一组滑轮，当着国王和众人，面不改色心不跳，轻轻松松就拉动了巨轮。佩服得五体投地的国王，马上下令："从现在起，我要求所有臣民，无论阿基米德说什么，都要相信他！"至今，杠杆原理也仍然是全球中学生的必修内容。其实，这个故事又揭示了科学和技术的另一个重大区别：科学可以指导若干种技术，比如，杠杆原理不仅可用于杠杆，还可以用于各种滑轮、螺丝、齿轮、水泵，甚至螺旋推进器等。所以，我们不但要有意识地把技术发明提升为科学，而且，也更要用心地将科学转化为各种技术，以解决不同的具体问题。

除了被动接受国王提出的难题之外，阿基米德更喜欢主动利用自己的科学成果，积极地去发现问题和解决问题。公元前218年，弱小的祖国遭到了强大的罗马帝国的侵略，大家都踊跃报名当兵，年近古稀的阿基米德也不服老，争着要去当兵。"老先生，您的年龄太大了，不适合当兵"，军官婉言谢绝道。"谁说年龄大了就不能当兵？就算不能当士兵，当个"将军"总行吧！"于是，阿基米德就当上了"将军"，而且还真的狠狠"将"了敌方好几次"军"！

一次，罗马军队包围了他所在的城市，还占领了海港，阿基米德眼见国土危急，就绞尽脑汁，利用杠杆原理发明了多种武器，来阻挡敌军前进。他制造出了名叫"石弩"的抛石机，把大石块投向敌方的战舰；制造出了发射机，把长矛射向侵略者，使得敌人不敢靠近城墙；研制了巨大的起重机，将敌舰吊到半空中，然后重重摔下，使其粉身碎骨。罗马士兵被打得心惊胆战，草木皆兵，一见到有绳索或木头从城里扔出，就惊呼"阿基米德来了",随之抱头鼠窜。从此,敌方便认定:阿基米德是神话中的"百手巨人"。

又一次,叙拉古城遭到了罗马军队的偷袭,而此时青壮年和士兵们都上前线去了,城里只剩老弱病残和小孩,情况万分危险。阿基米德急中生智,利用光学原理想出了一个绝杀计。他让每家都拿出自己的镜子,一齐到海岸边,然后,用镜子把强烈的阳光,反射到敌舰主帆上。千百面镜子的反光,一旦聚焦在船帆上后,马上就着火了,火势趁着风力,越烧越旺。不知底细的罗马人,就这样被阿基米德的"光学武器"吓跑了。后来,连罗马将军也都不得不苦笑着承认:这是一场罗马舰队与阿基米德个人之间的战争。

阿基米德用于烧毁罗马船只的镜子的艺术诠释

说书到此,大家也许觉得,阿基米德咋不像科学家,反而更像技术专家呀!列位看官别急,下面就来介绍他的真实科研成果了,由此你将看到一位伟大的哲学家、数学家、力学家、物理学家、天文学家、静态力学和流体静力学的奠基人,看到又一位百科全书式的科学家。

阿基米德享有"数学之神"的称号,并与高斯和牛顿一起被称为人类最伟大的三位数学家。不过若从历史影响方面来看,还应首推阿基米德。他的方法论,已十分接近现代微积分,只差提出"极限"概念的这最后一哆嗦了。他对无穷小的研究,甚至超前时代上千年。他对趋近观念做了有效运用,巧妙借助"逼近法",求出了球、圆、椭圆、螺线、抛物线等面积,给出了球、椭球、抛物面体等体积。他还利用割圆法,即圆的内接多边形与外切多边形边数增多,面积逐渐接近的方法,在人类历史上,首

次求得了 π 值的精确范围。他的几何著作，被尊为"希腊数学的顶峰"，因为，他把欧几里得的严格推理法与柏拉图的丰富想象和谐地结合在一起，达到了至善至美的境界。他还创造了一套简化的方法来标记大数，突破了当时用希腊字母计数，不能超过 10 000 的局限，从而为后续的数学研究，开辟了广阔天地。为纪念他在螺旋形曲线方面的贡献，至今人们仍将这些曲线称为"阿基米德螺线"。他还提出了著名的阿基米德公理，即对任何非零自然数 a 和 b，若 $a<b$，则必有自然数 n，使得 $n \cdot a>b$。甚至在他的敌人为他树立的墓碑上，也都还刻着他的代表性成果：圆柱内切球体的体积，等于圆柱体积的 2/3。

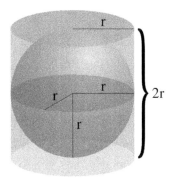

圆柱内切球体的体积，是圆柱体积的 2/3。应阿基米德的要求，在其墓碑上刻了一个圆柱体和一个圆柱体内切球

还有一个名叫"阿基米德悖论"的数学命题，也很好玩，大家若有兴趣，也可以自己烧烧脑，看看玄机到底在哪！话说，阿基米德同一只乌龟赛跑，双方的速度分别是 10 米每秒和 1 米每秒。刚开始时，龟在老阿前面 100 米处。如果老阿跑了 10 秒，那他就跑了 100 米，乌龟就跑了 10 米，这时乌龟还是领先 10 米。老阿若再继续跑完余下的 10 米，那么乌龟则跑了 1 米，又领先了 1 米。如此循环下去，结论竟然是：阿基米德始终都赶不上乌龟。这显然是不对的，但是，逻辑推理却错在哪里呢？其实，"阿基米德悖论"并不属于阿基米德，而只是以此纪念他在极限思想方面的贡献而已。这也从另一个方面说明了，作为数学家，阿基米德对后世的影响之大。

作为天文学家，阿基米德的贡献也令人咂舌！他认为地球是圆球状的，并围绕着太阳旋转，这一观点比哥白尼的"日心说"要早 1 800 多年。幸好这时还没教皇，否则他早就被判有罪了。他还运用水力，制作了一座天象仪，不但能模拟太阳、行星和月亮的运行，还能表演和准确预测月食和日食现象。他发明了一种用于天文学测量的十字测角器，能测算太阳的倾地角度。

在力学方面，作为"力学之父"的阿基米德，确立了静力学和流体静力学的基本原理；发现了杠杆原理和浮力定律（阿基米德原理）；给出了许多求几何图形重心的方法；还给出了正抛物旋转体浮在液体中的平衡稳定判据等。

阿基米德流传至今的著作，多达 10 余种，主要集中在计算曲边图形的面积和曲面立方体的体积方面，其体例深受欧几里得《几何原本》的影响，先是假设，再以严谨的逻辑推论加以证明。

《论球和圆柱》，推出了圆面积和圆柱面积、体积的50多个命题，其中的微积分思想呼之欲出。例如，他证明了球的体积是一个圆锥体积的4倍，这个圆锥的底等于球的大圆，高等于球的半径；还证明了，如果等边圆柱中有一个内切球，则圆柱的全面积和它的体积，分别为球的表面积和体积的1.5倍；还提出了著名的"阿基米德公理"。

《圆的度量》，利用圆的外切与内接96边形，求出了圆周率π取值范围为22/7>π>223/71，这是人类首次明确指出误差限度的π值；还证明了圆面积等于以圆周长为底的、半径为高的、等腰三角形的面积，其证明方法是穷竭法，超前历史上千年，也几乎接近微积分了。

《论螺线》，明确了螺线的定义，给出了螺线的计算方法，导出了几何级数和算术级数求和的几何方法。

《论锥体与球体》，确定了由抛物线和双曲线其轴旋转而成的锥形体的体积，以及椭圆绕其长轴和短轴旋转而成的球形体的体积。

《平面图形的平衡或重心》，是关于力学的最早的科学论著，提出了杠杆的思想，解决了许多确定平面图形和立体图形的重心问题。

《论浮体》，是流体静力学的第一部专著，把数学推理成功运用于分析浮体的平衡上，并用数学公式表示浮体平衡的规律；书中还研究了旋转抛物体在流体中的稳定性。

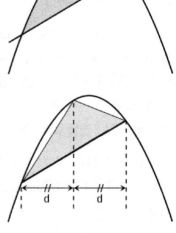

正如阿基米德所证明的那样，上图中抛物线段的面积等于下图中内接三角形的面积的4/3

《数沙者》，专注于计算方法和计算理论，即要计算充满宇宙大球体内的砂粒数量。阿基米德运用奇特的想象，建立了新的量级计数法，确定了新单位，提出了表示任何大数的模式，这等于快要发现对数运算了。

《抛物线求积法》，研究了曲线图形求积问题，证明了任何由直线和直角圆锥体的截面所包围的弓形，其面积都是其同底同高的三角形面积的4/3。阿基米德还用力学权重方法，再次验证这个结论，使数学与力学有机地结合了起来。

《阿基米德方法》，是一封私人书信，论述了如何根据力学原理，去发现解决问题的方法。他把这种方法，看作是严格证明前的一种试探性工作，得到结果后，还要用归谬法去证明它。

《群牛问题》，竟然已涉及8个未知数的二次不定方程！

甚至，连阿基米德的牺牲，也都颇具科学家的范儿。那是公元前212年的某一天，苦苦支撑了三年之久的叙拉古城，终于被强大的罗马军队攻破了。虽然敌方统帅三令五申"不得伤害阿基米德半根毫毛"，但是，在那个没有微信的年代，有谁见过这位"大熊猫"的照片呢，哪怕是黑白照片也没一张！于是，悲剧就不可避免了。

阿基米德之死

据说，一个罗马士兵夺门而入时，看见一个傻老头正对着地上的几何图形发呆。士兵刚想迎面去抓他时，老头却突然狂吼道："别弄坏了我的圆！"士兵勃然大怒，顺手就是一刀。可惜呀，如此璀璨的科学巨星，75岁的阿基米德就这样去世了。

第九回

宦官蔡伦变纸神，尚方宝剑成标准

上回书解，自阿基米德以后，西方科学的发展就几乎戛然而止，整个断档了1 800多年。那本书该怎么写呢？总不能让人类文明史的约1/3都成了科学空白吧，否则，若无适度间隔的里程碑，科学发展的轨迹也就不清楚了！幸好，西方不亮东方亮，虽然亮度不一样。因此，在西方科学断档期内，本书就以150年为间隔，在尊重扎堆儿和低潮的事实基础上，选择不同历史阶段的代表性科学家来标示科学的轨迹。虽然其中有个别科学家所树的路标实在不怎么醒目，但是，有路标总比纯空白好一点嘛。其实，即使是这样，也会出现年代间隔很不均匀的情况，例如，从上一回到本回的主角蔡伦，就大跨度地跳跃了约300年。

在介绍蔡伦之前，很有必要再强调一次：不能简单地把科学和技术统称为"科技"。形象地说，如果把科学看成马，那么，技术便是驴；虽然马与驴的基因高度重合，甚至还能结婚生骡子；但是，驴唇却终究对不上马嘴。各位读者朋友若有兴趣的话，可自行通过字典认真研读它们的定义，此处就不再重复了。其实，科学和技术之间的差别非常巨大。

1）科学与技术的目的不同。前者侧重于回答"是什么""怎么样"和"为什么"，试图发现客观过程的因果性、规律性，从而提高人类的认识水平；后者则侧重于回答"做什么"和"怎么做"，试图追求满足需要的功利性。换句话说，一旦科学与技术被混为"科技"，那么，科学就背上了功利的包袱，科学家也就从意识上被束缚了，不得不追求"短平快"，当然，重大科学突破就几乎不可能了。回忆一下，如果毕达哥拉斯学派或墨家学派没有长达百余年的、毫无功利的不懈努力，他们会取得如此重大的科学成果吗？

2）科学与技术的任务不同。前者要认识自然、探索客观真理、揭示事物的本质规律，它是人类改造自然的行动指南；后者则是生产力，是改造自然、创造财富、存储知识、获取信息的手段。换句话说，科学不是直接的生产力，但是，当科学成熟到一定程度后，便可转化出若干技术，甚至是先进技术，随之便可由技术创造出生产力。重大科学成果，几乎不可能立即转化为技术，更不该由原创科学家来完成后续的技术转化工作，否则就是扬短避长。

3）科学与技术的形态不同。前者是一元性的知识，它将纷繁复杂的现象，统一于某一种本质；从众多的假说中，筛选出一种定论，使其简洁明了。后者则将某一种科学知识，转化为多种技术设施、工艺、手段等，从相同的原理中做出多种类型的设计方案。例如，由杠杆原理这一科学成果，就可设计出滑轮、螺丝、螺旋桨等，看起来完全不同的技术。换句话说，如果某项重要技术的科学原理还不清楚的话，那可能意味着一次重大科学发现的机会，千万别轻易忽略。假若当年中华祖先由指南针这项技术，深入挖掘出了磁力线科学理论的话，那么，人类历史可能就会重新改写。

4）选题方向不同。前者，从已有的科学理论与实验结果的矛盾、已有科学理论自身的矛盾、多种科学假说争鸣等科学发展自身的逻辑中去寻找、发现和选择研究课题，目的是从中发现新现象和新规律。后者，则要从国民经济发展、国防建设需要、人类生活水平提高等实际需要中发现和选择所研究的课题，要求能付诸实施并产生一定的实际效益。

5）成果形式不同。科学成果，是观念形态的东西，主要是科学发现、科学预见、科学原理等，属于由物质向精神转化的范畴，其成果形式主要有专著、论文、研究报告等。技术成果，是知识形态与物质形态的有机结合，它更多地表现为由精神向物质的转化，其成果形式主要有技术样品、技术模型、技术规程、设计图纸等。

6）评价标准不同。对科学，要进行真理性评价，即判断其真假、对错；对技术，则要进行价值性评价，特别是要有发明或创新。

7）管理方式不同。科学的管理是柔性的、松散的，科学是无国界的，它的知识是公有的、共享的，属于全人类。技术的管理，则是通过专利法来实施的，这种管理是严格的，在一定时期甚至是保密的。技术是有国界的，是不能随意输出的。科学无专利，而技术则有专利，有知识产权。

8）对当事者素质的要求不同。科学家需要深厚的基础知识和专业知识、活跃的理论思维，科学家必须善于观察和发现问题，勤于思考，长于推理，甘于寂寞，专心致志地去做学问、做实验。而技术专家，不但要有精深的专业知识，而且还要有较强的动手能力和综合能力、灵通的信息来源、丰富的实践经验、顽强的攻关精神，以及一定的组织才能等。

当然，不可否认，科学与技术的联系实在太紧密，以致于它们经常被混淆。科学与技术之间，既相互依赖，又相互转化；既相互促进，又互为动力；既相互交织，又相互渗透。总之，科学与技术是彼此最为接近的"邻居"，所以，本书在选择里程碑人物时，若实在没有合适的科学家，我们就只好选择有极大影响的技术专家来代替。本回的主角蔡伦便是第一个例子，他显然不是严格意义上的科学家，但是，像造纸术这样对人类文明有如此重大影响的技术成果，无论如何都该是一个里程碑。

前面之所以要做大量的铺垫，那是因为在随后1 500年的里程碑人物中将有许多位技术专家，所以，在这里就一次性地把背景说清楚。而且，我还想借机纠正一下至今仍然很严重的"科技"误解。

好了，闲话少说，书归正传：有请蔡先生登场。

蔡伦人物雕塑，位于耒阳市蔡侯祠

蔡伦的出生日期不详，大约是在公元61年（或63年），即东汉永平四年。但是，他的阉割日期却是准确的，公元75年，当汉明帝去世时蔡伦也被去势了。蔡伦成为太监时，刘炟却登基成为皇帝了，即后来的汉章帝。少年蔡伦在入官前，其文化知识水平本来就较高，生活经验丰富，所以，很快便获得了相关领导的重视和提拔。蔡伦的一生，几乎都奉献给了东汉官廷剧，而且还是一号配角演员。若要撰写太监简史的话，蔡伦的这一段将十分精彩。因为，蔡伦得意时，那家伙，真可谓是权倾朝野，生杀予夺随心所欲；失意时，好可怜，遭千人唾万人骂，最后，于公元121年悲惨地被迫服毒自尽，并被皇家定为罪人，甚至其发明创造的业绩档案等也都被彻底销毁，以至于今天为他写科学小传时，几乎无史料可用。更神奇的是，在冤死30多年后，又突然来了个剧情大反转，蔡伦竟然又被平反昭雪了。可惜，本书只打算撰写科学家蔡伦，更准确地说是技术专家蔡伦的小传，所以，下面将略去所有官廷剧的细节，而只聚焦于他担任尚方令（副部级）期间的两项代表性职务发明：造纸术和尚方宝剑铸造术。

俗话说，人生有三苦：打铁、撑船、磨豆腐。而蔡伦就正好出身于一个铁匠世家，祖祖辈辈都以打铁为生，日夜在铁炉旁忍受炎热，就像在地狱中受火刑一样。因此，蔡伦从小耳濡目染的情形便可能是这样的。在家中的一间破房子里，屋中央放着个大火炉，炉边架着个大风箱，炉膛中燃烧着大火焰。需要锻打的铁料，先在火炉中被烧得通红，再移到大铁墩上，由大师傅掌主锤，助手握大锤，"叮当，叮当"地反复锻打，直到火星四溅，铁料不再通红。然后，又将半成品放入火中重新烧软，再拿出来锻打。如此反复，直到铁料被打造成满意的形状，或几块铁料被完全揉打成一体为止。经验丰富的铁匠，右手握小锤，左手握铁钳，在锻打过程中，凭目测经验，不断翻动铁料，从而将方铁打成圆铁，或粗铁打成细铁等。总之，打铁成功与否的关键在于：铁料和炉炭的质量是否上乘，锻打是否充分，火候（温度控制）是否得当等。

蔡侯纪念园内的人物故事雕塑

　　在上一段落中，为啥要如此详细地描述打铁过程呢？嘿嘿，因为，有关蔡伦如何造纸的史料只有不足20字的篇幅，所以，我们就只好发挥合理的想象和推理，来寻找蔡伦造纸的灵感源泉了。按今天已知的古法造纸术可知：打铁过程，在某种程度上与造纸过程，其实很相像！只不过，造纸时反复捶打的不再是铁料，而是树皮、麻头、碎布、渔网等原料；造纸不再是在火中捶打，而是在水中反复捶打和搅拌，直到将原料捣成细浆，而且越细越好；成型时，不再靠淬火，而是用细筛过滤等。

　　蔡伦造纸灵感的另一来源，可能仍然归功于童年时代的家庭经历。因为，他的父亲擅长冶铸，以至于长期与朝廷铁官保持着紧密的业务联系，甚至将宝贝儿子都送入了宫中当太监，所以，小蔡伦也许非常熟悉这样的场景：金汤一样的铁水，被浇铸在事先备好的模具中，待铁水冷却后，铁器便铸成了。如果铁水被偶尔泼在了地面，那么，待它冷却凝固后，一块平滑的铁板就出现了。这难道与纸浆变为纸板，不是很相似吗？况且，蔡伦并非文盲，他聪明伶俐，智商和情商都很高，甚至是满腹经纶，很有才学，他曾读过《周礼》和《论语》，尤其对周边的生产、生活环境很感兴趣。放学后，他经常在冶炼炉旁，看一看；在铸造房里，待一待；在种麻地里，摸一摸；或在养蚕棚内，玩一玩等。

总之，早在入宫前，蔡伦的潜意识里可能就已经打下了造纸术和铸剑术的烙印，只待合适的机会来激活其深潜的意识就行了。

这个机会，终于来到了。某天，身居尚方令的蔡伦，看见幼年皇帝阅读沉重的竹简奏本时好不辛苦，甚至几乎累倒。于是，心疼主子的蔡伦灵机一动，马上就发现了一个拍马屁的天赐良机：造出一种又轻便、容量又大的奏书专用纸张，把主子从繁重的竹简中解放出来。心动不如行动，这位尚方令，利用职务之便马上就设立了一个"国家级重大科研课题"。他让工匠们切断并捣碎精心挑选的树皮、破麻布、旧渔网等，然后把它们放入大水池中浸泡。数日后，碎料中的杂物烂掉了，而不易腐烂的纤维却保留下来了。再将浸泡过的原料捞起，放入石臼中，反复搅拌，直到变成浓稠的浆状物为止。最后，用竹篾将稠浆挑起，干燥后便可揭下纸来。经反复试验，"课题组"终于研制出了既轻薄柔韧，又取材容易、来源广泛、价格低廉的纸张。公元105年，他将造纸方法写成人类的首份纸质奏折，并呈献给皇帝，得到了一个大大的赞。汉和帝马上诏令天下：朝廷内外立即使用并推广该项成果。由于当时流行全国的造纸法都是蔡伦发明的，人们便把这种纸称为"蔡侯纸"。很快，蔡伦的造纸术便沿丝绸之路经中亚、西欧向全世界传播，为人类文明的传承和发展做出了不可磨灭的贡献。如今，蔡伦的造纸术也已成为中国的"四大发明"之一。由于纸张对人类文明的进步做出了杰出贡献，千百年来发明者蔡伦也备受尊崇，被奉为"纸神"。

当然，史学界至今仍在争论：纸张的最早发明者到底是不是蔡伦，并且不少专家，还拿出了强有力的反驳证据。例如，1986年，在甘肃天水放马滩的一个西汉墓里，出土了一张纸，这张纸又薄又软，纸面平整光滑，上面还有墨绘的图形。因此，便有专家认定：早在蔡伦之前的西汉时期，中国就已造出了麻质植物纤维纸张。但是，从技术角度来看，此类争议意义不大，特别是在没有专利法的古代更是如此，因为，本回前面已说过：技术具有明显的功利性。换句话说，同类技术到底是谁最先发明其实并不重要，重要的是，到底是谁将该技术大规模推广并产生功利效果。从这一点上看，显然没有任何其他"纸张发明者"有资格与蔡伦相提并论。况且，与科学不同的是，任何技术（包括造纸术）的发明几乎都是循序渐进的，都会吸取前人的经验和教训；任何技术的发展过程，也都很难"断代"，即本代技术与上代技术之间的界线都不会很分明，都有不少重叠之处。退一万步来说，即使某项专利技术有明确的发明者，但是，若该项专利始终都无人问津的话，那么，这难道不等于压根儿就没此项技术发明吗？如果真有谁非要一根筋追到底，那么结论将是：所有技术的发明者，都很可能是作为人类祖先的那第一只猴子。

蔡侯祠内蔡伦衣冠冢

不过，非常有趣的是，蔡伦本来是想用纸张来代替当朝皇帝的竹简奏书，但该目的却并未达到，东汉随后的所有皇家公文都仍然沿用竹简。直到东晋权臣桓玄执政（公元402—404年）时，皇家公文才正式改用为纸张。换句话说，"蔡侯纸"是在蔡公公之后300年，才完全代替了竹简成为御用书写载体。但另一方面，蔡伦却抓住了多次良机，很快在东汉掀起了用纸高潮。例如，当朝皇太后想将内廷所藏的众多经传，重新校订和抄写。于是，蔡伦便主动承担了该任务，把档案库中的竹简资料转换成了纸质版本，为纸张的新应用树立了全国榜样，大大推进了全社会的用纸习惯，价廉物美的纸张在民间很快就代替了竹简，使纸质书籍成了传播文化的最有力工具。经推广后，"蔡侯纸"的普及程度，终于达到了"自是天下莫不从用焉"的地步。

作为当时全球最高水平的技术专家，蔡伦的贡献绝不只是造纸术，他还以"尚方令"的身份研制了另一样东西，至今仍然家喻户晓，那就是象征最高权力的、能先斩后奏的"尚方宝剑"。其实，尚方宝剑就是指尚方制作的宝剑，它也是皇帝的御用宝剑；而蔡伦则是尚方的首长——尚方令。

18世纪清代的版画，描绘了蔡伦造纸

传说，有一次小皇帝玩剑时，竟然一不小心就把剑给搞断了。从外表上看，虽然此剑非常漂亮：剑长七尺，花纹细凿；一面是腾飞的蛟龙，一面是展翅的凤凰；剑柄更饰有北斗七星，以应天象之形。但是，它显然只是"银样镴枪头"，用现代的话来说，此剑很可能是生铁铸造的脆剑。惊讶于如此劣质的铸造技术，蔡伦便主动请缨担任尚方令，负责为皇家锻造刀剑和御用器物。凡是帝后们喜欢的东西，他都在尚方精制。以至于《后汉书·蔡伦传》记载说：蔡伦任尚方令期间，曾"监作秘划及诸器械，莫不精工坚密，为后世法"。翻译成白话便是：蔡伦兢兢业业，全身心投入到技术研发和工艺改良中，制造出了一大批精密、先进的器物，水准极高，为后世树立了难以超越的标准，长期处于技术顶峰地位。由于在"尚方"这个皇宫作坊中，汇聚了天下的能工巧匠，代表当时制造业的最高水准，因此，它为蔡伦提供了一个极好的创新平台，也使得蔡伦可以井喷式地展示自己的个性、爱好，及过人的技术天才等。

为研制出高质量的宝剑，蔡伦苦读相关书籍，认真观察试验结果，深入接触生产实践，每有空闲就闭门谢客，亲自到作坊做技术调查，学习和总结工匠们积累的经验。再加上从小就受足了"冶铸专家"老爸的熏陶，蔡公公对当时的金属冶炼及加工、铸造、机械制造工艺等的飞速发展，起到了不小的推动作用，甚至已能以沙铁为料，经多次锻打而百炼成钢。因此，蔡伦亲自打造的"尚方宝剑"，其实已经是钢剑，而非铁剑了。故"蔡伦剑"比以往的任何宝剑都具有更好的韧性、可锻轧性、可延压性等，总之，具有更好的机械性，当然就响当当地"为后世法"了。

第十回

川剧张衡大变脸，文圣科仙随意演

各位看官，告诉你一个大秘密：历史上曾有两位名叫张衡的大牛，一个可列入"神仙传"的头版，另一个则可列入"科仙传"的封面；而且，前者比后者只年轻九岁。

神仙版的张衡可不得了啦，从俗人角度来说，他乃汉朝开国元老张良之后，张道陵之长子，张鲁、张卫、张愧之父，反正，他们全家好像要承包中华名人史册似的。从神仙角度来说，他父亲是天师道的第一代天师，他自己则是第二代天师，反正，好像"神仙传"就该是他家的家谱一样。可惜，本书只写科学家，否则你就会看到一篇玄妙绝伦的张"神仙"小传。

好了，下面言归正传，只关注张"科仙"小传了。

传说，天庭改革后，众神的积极性空前高涨，你追我赶，生怕自己落后了似的。文曲星更是深感压力山大，只靠昔日的诗词歌赋，已很难舞文弄墨了。于是，他便主动请缨要下凡到人间，一方面进修科学知识，另一方面促进文理结合。终于，在蔡伦入宫后的第三年，即公元78年，文曲星自选投胎到南阳县石桥镇的一户世家豪门。祖父张堪被称为"圣童"，从小志高力行，曾被东汉开国皇帝刘秀任命为蜀郡太守，并在那里大展拳脚，立下了汗马功劳，被民谣歌颂为"张君为政，乐不可支"。

阎王爷明知文曲星的算术很差，连父母的寿数都计算不清楚，但却始终不点破玄机，只在一旁阴笑着，斜视那认真翻阅生死簿的文曲星。果然，文曲星投胎的爹妈，很快就双双早亡了，只留下可怜巴巴的孤儿。幸好，在去世前，父母已给他取了一个响亮的名字——张衡。

被"不会算术"坑惨了的小衡衡，虽不知父母给自己取名"张衡"的含义，但却下定决心，这辈子要文理双修，全面均衡发展，真正做到"衡"，不能再被偏科坑第二次了。于是，他以祖父张堪为榜样，终生刻苦向学，终于成就了一位举世无双的哲学家、科学家、数学家、文学家、发明家、天文学家、地震学家、地理学家、制图学家、机械制造专家、画家等。反正，这家那家，无论琢磨什么，他都会在那方面取得重大成果，从而成为那什么家；在不同的年龄阶段，配合不同的外部环境，该成为什么家时，他就川剧一变脸，瞬间便成为那什么家。

幼年时，孤苦伶仃的小张衡，不因天资聪慧而骄傲，而是始终都对自己高标准严要求，发誓要依靠勤奋努力，改变贫困的家境。他埋头学习，不舍昼夜；不但苦干，而且还加巧干。他独辟蹊径，回避了当时盛行的贵族学校"名师一对一"做法，只根据自己的经济情况，采取了一边打工、一边游学的"生存学习两不误"方法。大约16

岁时，他告别家人，只身闯荡江湖。按常规，他本该直奔当时堪称政治中心、经济中心和文化中心的都城洛阳，但是，他却再一次剑走偏锋，出人意料地去了西安，并在那里一待就是三年。期间，张衡踏遍了广阔的渭河平原，今天登览华山，明天征服终南山，后天又考察民情风俗。无论是长安的宫廷建筑，还是乡村的牛羊猪狗，反正任何东西都能引起他的极大兴趣，被他仔细观察。他甚至声称"一物不知，实以为耻"，游到兴致处，就干脆泼墨狂草，宛如已是傲视群雄的大文豪。公元95年，即《新约圣经》成书的那一年，衣不蔽体的张衡经灞桥路过骊山时，突然诗兴大发，随手就来了一篇《温泉赋》："……览中域之珍怪兮，无斯水之神灵。控汤谷于瀛洲兮，洗日月乎中营。荫高山之北延兮，处幽屏以闲清……"哪知此赋竟一炮走红，不但当时就被广泛传播而且流传千年，至今仍颇受诗界推崇。张衡就这样，写写游游，游游写写；打工到哪里，就把诗词歌赋写到哪里，当然也就把崇拜者们吸引到哪里。他这种随时记录切身感受的方法，不但锻炼了文字能力，还提高了观察能力，更加强了逻辑思维能力。

张衡博物馆，位于河南南阳

有了足够自信的张衡，终于昂首挺胸来到了帝都洛阳。可惜，因为缺少县郡的推荐，满腹经纶的张衡，仍然不能进入官办大学学习。于是，他只好分秒必争，到处拜谒"菩提老祖式"的乡野大师，并像当年孙悟空那样醉心于偷师学艺，几乎达到了"焉所不学，亦何不师；闻一善言，不胜其喜"的地步。反正，在求知若渴方面，他一点也不逊色于当年孔子"三人行，则必有我师；择其善者而从之，择其不善者而改之"的情况。经过五六年的精心修业，他早已博览群书，不但"通五经、贯六艺"，在必修课方面已远远超过了当时的太学生水平，而且还广泛掌握了天文、地理、气象、历算等课外知识。张衡特别注意培养自己的独立见解，从不轻易被其他因素所干扰，而且还敢于向硬骨头挑战。当时的"院士级专家"杨雄出版了一本高难度的学术著作《太玄经》。该书仿《易经》体裁而成，道理艰深，文字难懂，即使是"博导级"的学者们也很少有敢于问津者。而张衡却如痴如醉，夜以继日地阅读此书，常常为杨雄的深刻哲理赞叹不已，并从中坚定了自己的信念：必须按事物的本来面目去认识自然，而不是随意人为地增加或减少；事物不是固定不变的，而是会发展的。

功夫不负有心人，张衡这匹千里马，终于被伯乐相中了。当时的南阳长官对他极力举荐，紧接着多地府衙争相邀请他出任官职，一条坦荡的仕途终于摆在他面前了。作为一名无权无势的穷书生，能得到如此抬举，实为相当不易，更是莫大的荣幸。若非兼具公认的品德和才学，以及超凡出众的本领，那绝对是不可能的。可出乎意料的是，张衡竟然婉拒了这些天上掉下来的大馅饼，并继续如饥似渴地学习、学习、再学习。因为，他认为出山的条件还未成熟，仍需拓宽知识面。

公元100年，当罗马帝国进入鼎盛时期时，张衡这条卧龙终于开始腾飞了。他的第一站是出任南阳主簿，负责文字秘书工作。这对前世的文曲星来说，简直易如反掌。兴奋之余，他脱口而出就唱响了那首五言诗《同声歌》。这首通俗诗歌，对后世文学影响之大，至今还在我国五言诗谱上占有重要地位。随后，张主簿的赋瘾就一发不可收拾了，搞对象时，写《定情赋》，让心上人恨不能马上嫁给他；思念家乡时，写《南都赋》，情意绵绵，呼之欲出；歌颂新生活时，写《二京赋》，宛若诗歌版的清明上河图，其中"夫水所以载舟，亦所以覆舟也"一句，早已成为家喻户晓的警世名言；心怀怨恨时，写《怒篇》，令读者也跟着咬牙切齿；郁闷时，写《四愁诗》，感情浓郁，动人心弦，既有楚辞之痕，又留《诗经》之迹，首开了我国七言诗的先河；有退隐之意时，又写《归田赋》，播下了魏晋朝代抒情赋的种子；忧国忧民时，写《思玄赋》，用幽深微妙的哲学思辨，讲透了扑朔迷离的福祸相因。

东汉的西王母陶器雕像，张衡在《思玄赋》中提到

总之，张主簿这位承前启后的赋家，嘴巴一张，除了诗，就是赋，好像连正常的话都不会说了似的。终于，张衡与司马相如、杨雄、班固等一起，被合称为"汉赋四大家"。甚至，张衡在大赋方面，远超司马相如的《子虚赋》，近取班固的名篇《两都赋》；在骚赋方面，则上追屈原的《离骚》，下踪班固的《幽通》；在七体方面，则与

傅毅的《七激》并驾齐驱；在文赋方面，比肩东方朔的《答客难》等。

除了汉赋之外，这位凡间文曲星的绘画也十分了得，他与赵岐、刘褒、蔡鱼、刘旦、杨鲁并称为"东汉六大画家"。

《历代名画记》甚至杜撰了这样一个故事。有一次，特别喜欢画怪兽的抽象派画家张衡，在深潭旁发现了一种怪兽，其头像人，身子像猪，状貌非常丑陋，鬼见了都害怕，所以名为"骇神"。张画家赶紧掏出纸和笔，正欲写生，那斯却迅速跳进水里，消失得无影无踪了。原来，该怪兽最怕被人画像。于是，第二次，张诗人空手来到潭边，见那怪兽又出水面时，便两手相拱，不动身子，却偷偷用脚趾在地上画下了它的尊容。从此，人们将该潭叫"画兽潭"。

张画师还结合地理学研究，绘制过一幅地形图，标画了全国的主要山川，形象展现了各处的地理风貌。这幅画不仅在地理学上有重要价值，同时也作为艺术珍品，在绘画史上占有重要地位。以至于500多年后，唐代张彦远的《历代名画记》还称赞张衡"高才过人，性巧，明天象，善画"，并说："衡尝作地形图，至唐犹存。"

当然，文曲星非常明白，本世投胎之目的，绝不是要显摆自己的文采或画技。所以，一旦时机成熟，文艺青年张衡就马上华丽转身成为科学家张衡了。原来，在东汉时期，朝廷设置了一个特殊的官位，名叫太史令，主要负责天象观察、制定历法、祭祀礼仪、占卜吉凶、求医问药等富有科技含量的工作。形象地说，太史就相当于今天的科学院加社科院，张衡有幸出任"院长"，并在该位置上前后共待了长达14年之久，充分发挥了用武之地，并最终修成了"科仙"。

先看数学家张衡。据《后汉书》说，张太史曾写过一部《算罔论》，专述其在数学方面的成就。可惜，此书早已失传，故很难完整地恢复出他的原创性数学工作。不过，从正反两方面的反应来看，张衡的数学成就还是很有影响的。正的方面，900多年后的公元1009年，即契丹萧太后死亡的当年，张衡因其数学方面的卓越贡献，竟被北宋追封为"西鄂伯"。反的方面，约100年后，魏晋时期的伟大数学家、中国古典数学奠基人刘徽，在《九章算术·少广》中对"张衡算"作了注记与严厉批评。若非很有影响的结果，肯定很难在百年后，还能进入顶级数学家刘徽的法眼。不过，有一点是公认的，张衡研究过球的体积、球的外切立方体体积和内接立方体体积。他还是中国第一位求得 π 近似值的学者，虽其结果是较为粗糙的3.16（即 $\sqrt{10}$ ），比300年前阿基米德的3.14还差。不过，在张衡的一生中，数学成就肯定占有相当重要的地位，因为，他的墓志铭上就刻着"数术穷天地，制作齐造化"。前一句称赞其数学和天文学成果，后一句则称赞其制造水平。

再来看看天文学家张衡。其实，天文学也是如今确切知道的，张衡的主要成果所在领域。甚至可以说，张衡始终都将其眼光投向辽阔的苍穹，一生都在探索宇宙的本原，追问世界的终极存在。也正因为他在天文学方面的卓越表现，联合国天文组织于1970年将月球背面的一个环形山命名为"张衡环形山"，又于1977年将小行星1802命名为"张衡星"。2003年，国际小行星中心为纪念张衡及其诞生地，将小行星9092命名为"南阳星"。

在宇宙的起源方面，虽然至今人类还在探索中，但是张衡的观点显然深受道家学说的影响，而且与现代的大爆炸理论还真有不少相似之处呢。他认为宇宙并非生来如此，而是有其产生和演化过程，还很明确地将演化过程分为三阶段：无形无色、幽清寂寞的"道之根"阶段，相当于大爆炸前的阶段；无形无速、混沌不分的"道之干"阶段，相当于宇宙刚刚爆炸的粒子汤阶段；"元气剖判，刚柔始分，清浊异位，天成于外，地定于内"的"道之实"阶段，相当于大爆炸后，开始产生物质的阶段。

在宇宙的无限性方面，张衡早就像爱因斯坦那样，把时间和空间联系在一起了，而不是把它们相互割裂。他认为"宇之表无极，宙之端无穷"，即宇宙在空间上没边界，在时间上没起点。该观点显然不同于杨雄的"阖天为宇，辟宇为宙"，即空间是有限的，时间也是有起点的。别忘了，张衡可是杨雄的忠实拥护者哟，他一直研读偶像的《太玄经》，并深受杨雄的影响，但他并未盲从，这是值得肯定的精神，也是科学家必需的独立之精神。

在解释月食机理方面，张衡认为"月，光生于日之所照；魄生于日之所蔽。当日则光盈，就日则光尽也。众星被耀，因水转光。当日之冲，光常不合者，蔽于地也，是谓虚。在星星微，月过则食。"翻译成白话便是：月亮本身并不发光，而是太阳光照到月上后，才产生了光亮；月亮之所以会出现盈缺现象，是因为月的某些部分，并未照到日光；当月和日正相对时，就出现满月；当月向日靠近时，月亮亏缺，直至完全看不见。从现在的角度来看，该解释显然很科学。

在计算日月的角直径方面，张数学家的结果是：整个天周的1/736。换算成现代通用角度单位，即为29′21″，它与近代天文测量所得的平均角直径值31′59″和31′5″相比，误差仅有2′左右。以2 000年前的观测条件而论，该测值可谓相当精确了。

在认识天体运动方面，张画家坚信，天体运行是有规律的，并提出了四个极有价值的见解。第一，日月和五星是在天地间运行，距地的远近各有不同。第二，各天体的速度也不同。第三，他还试图将异速的原因解释为"近天则迟，远天则速"。按现代观点来看，张画家的解释显然不严谨。不过，若仅从视觉的感知速度而非物理速度来看，画家的解释还是可取的。第四，按照众星的距离与速度，张画家将行星分成两类：一类属阴，包括水星和金星；另一类属阳，包括火星、木星和土星。

关于流星和陨星，张哲学家认为"星坠至地则石也"，对陨石的本质给出了较正确的解释。同时，他还探讨了陨星产生的原因，认为是与日、月、星的衰败有关。该解释虽然较含糊，但从某种意义上看，流星和陨星确实可看成原母体肢解后的碎片，因此，也可算作某种衰败吧。

在日历的推演方面，张数学家发现，一周天为三百六十五度又四分之一度。该结论几乎等同于近代的测量值，即地球绕日一圈历时365天5小时48分46秒。张太史还正确解释了为什么冬季的夜长，夏季的夜短；为什么春分和秋分时，昼夜的时长相同等。张诗人仔细观察的恒星更多达2 500个，与今人肉眼所知略近。

介绍张衡，当然绝少不了浑天仪和地动仪，因为，在老百姓心中它们已成为张衡的代名词。先说浑天仪吧。

据说，张诗人接任太史令后，立即登上观象台，仰观星空，但却发现仪器太陈旧，不堪应用。于是，他决定新造观天仪。终于，在他的精心设计和制造下，浑天仪就诞生了。

所谓浑天仪，其实就是天体运行模拟器。细心的读者也许还记得，早在300年前，阿基米德就做过类似的事情。至于他们俩到底谁优谁劣，显然无法评判，因为，谁都未留下样品或具体设计图纸。不过，张衡的浑天仪，在当时的京都洛阳确实引起了轰动，参观者络绎不绝，有的表示赞赏，更多的人则表示怀疑。于是，张衡邀请大家晚上再聚，并将来客分为两组：一组在屋里，观看浑天仪，并不断向屋外报告仪器所示的天象，例如，某星正从某处升起等；另一组则在屋外观察实际星空，验证仪器的报告情况。果然，浑天仪的模拟结果与真实星空相吻合，令来者真心佩服这"巧夺天工的伟大发明"。

位于首都机场T3楼出港入口的景观原型是张衡创造的世界第一台自动演示恒星
和太阳视运动的仪器——漏水转浑天仪

在尚未知晓"行星围绕太阳转"的情况下，竟能造出浑天仪来，绝对称得上是远见卓识的发明。而且，从工艺角度来看，制造浑天仪也还需要相当的技巧。例如，为解决"漏壶旋转浑天仪的力量不均匀"问题，张太史发明了两级刻漏法，因此，也顺便改进了当时计时器的准确度。以至于随后数百年来，他的这种思路不断被后人采纳并改进，从而造出了计时精度更高的三级、四级等多级刻漏。

张画家的浑天仪，不但实用，而且也很美观。浑天仪的主体是直径约四尺的铜球，其上刻有二十八宿、黄道、天赤道、南北极、二十四节气等；再有一套转动机械与漏壶相结合，以漏壶流水控制主体，使它与天球同步，以显示星空的周期视运动。此外，浑天仪还有另一个配件，名为瑞轮，它其实是一种机械日历，从每月初一起每天生一叶片，月半后每天落一叶片，于是，便形成了"随月盈虚，依历开落"的妙趣画景。

再来看看地动仪，它是由凡间文曲星，在孙悟空大闹天宫那一年研制而成的。真的，有书为证：唐玄奘于贞观三年（公元629年）出发取经，于三年后遇见孙悟空，而此时孙悟空已被压在五指山下500年，故大闹天宫应为公元132年，刚好是张衡地动仪诞生之年。当然这只是玩笑而已。

位于加利福尼亚的空间与科学中心展出的
张衡的候风地动仪的复制品

无论是否与孙悟空有关，反正张衡所处的时代确实地震频发。据《后汉书·五行志》记载，自和帝永元四年（公元92年）到安帝延光四年（公元125年）的30多年间，共发生了26次大地震。灾区面积之大，有时甚至横跨几十个郡，引起山崩地裂，房屋倒塌，江河泛滥。这就是作为太史令的张衡，研制地动仪的需求动力。同时，多次地震的亲身体验，也有助于激发张诗人的科研灵感。

虽然人类很早就知道了地震这回事，比如发生于周幽王二年（公元前780年）的地震，就有比较可靠的史料记载。但是，真正拿专用仪器来观测地震的人，张衡绝对是第一个。若与1856年意大利人路吉·帕米里的地震仪相比，张衡更是在时间上领先了1 700多年。从功能上说，地动仪其实就是一台远程地震监测仪。从外形和原理上说，虽然各种观点争论不休，毕竟相关资料早已失传，不过有一点是肯定的，那就是张衡的地动仪有八个方位，各对应于一条口含铜珠的龙，在每条龙嘴的下方，又有一只蟾蜍张嘴接珠。若某方向有地震发生，则该方向的龙珠便会落入其下的蟾蜍口中，从而有助于及早采取救灾措施。

张衡的地动仪是否准确呢？毕竟地震并不每天都发生，更无法像前面的浑天仪那样可以轻易验证。两年后，公元134年12月13日，现实考验终于来了：地动仪的一条龙，突然吐出了珠；而当天京师洛阳，却毫无震感。于是，有人便议论纷纷，讥笑地动仪不灵，只不过"屠龙之技"而已。结果，五天后，陇西（今甘肃省天水地区）快马来报，证实了那天确实发生过地震。陇西距洛阳1 000余里，地动仪竟能标示无误，足见其测震的灵敏之高。

张衡的其他科学贡献还有很多，比如，造出了带导航的指南车；研制了能计算行驶距离的计程车；完成了能模仿鸟类高空翱翔的独飞木雕（回忆一下本书第四回可知，墨子也曾做过类似的"飞机"哟，可见人类对飞行是多么的渴望呀）。只可惜，张衡的许多科学著作和成果均已失传，但诗歌却传下了不少。其原因虽多，但有一点值得注意，那就是当时没有一套完整的公共科学体系，科学成果难以传承，这也许是中国科学相对落后的另一重要原因吧。

无论作为科学家、画家还是诗人，张衡都是相当成功的。不过，作为官员，张衡却是失败的，即使是为人类做过如此众多的贡献，他却在太史令这个"芝麻官"位置上停留了14年之久，始终得不到升迁。对此，他的回答竟然是："君子不患位之不尊，而患德之不崇；不耻禄之不厚，而耻知之不博"。也许1 300多年后，王阳明对待功名的态度"世人以不第为耻，我以不第而动心为耻"，正是从张画家那里学来的吧。

确实，作为下凡的文曲星，张衡何必在乎官位之类的过眼烟云呢。

果然，公元139年，即罗马皇帝哈德良修建圣天使堡陵墓的那一年，已修炼成"科仙"的张衡返回了"天庭"，享年62岁。

第十一回

天文理论集大成，世界地图终诞生

与张衡的情况类似，世界上有两位著名的托勒密。

一位是皇帝版的托勒密，细心的读者也许还记得，此君可是欧氏几何的"催产婆"哟，就是刺激欧几里得说出千古名言"求知无坦途"的那位埃及法老。若按中国的人伦道德来看，此君建立的托勒密王朝可热闹啦！一帮马其顿人，侵占了埃及之后，摇身一变就成了埃及法老；接着再用300年的时间，把埃及全盘希腊化，直到公元前30年被恺撒大帝的后代所灭为止。期间，王室成员乱伦和互害的情况简直叫人眼花缭乱：兄娶妹，姐嫁弟；堂亲重表亲，表亲添堂亲。反正，血亲之中有姻亲，姻亲里面含血亲；你杀我，我宰他，争抢皇位唱大戏，紧张之情，赛过击鼓传花。最过分的可能要数"亡国之君埃及艳后"了，她先后与两个亲弟弟结婚，并分别与他们上演"二圣临朝"；然后，干脆与情人恺撒联手，赶走老公，独坐江山；最后，与自己的私生子托勒密十五世（小恺撒）一起，再度上演了"不垂帘，就听政"，终于葬送了托勒密王朝。可惜本书只是科学家简史，否则，你将看到一篇疯狂演绎的托勒密野史。

另一位是科学家版的托勒密，天文学家、地理学家、光学家和占星学家克罗狄斯·托勒密。此君生于公元90年，比张衡年轻约一轮（12岁），更比皇帝版的托勒密年轻约400岁。或者说，当埃及版的"慈禧"哭着垮台60年后，科学家版的托勒密哭着降生到了罗马帝国统治下的新埃及。不过，关于这位科学家的生平情况，相关史料少得可怜。只知道其父母都是希腊人，他本人则大器晚成，37岁时才到埃及港口城市亚历山大求学，从事天文观测和大地丈量等工作，并在藏书最多的亚历山大图书馆里疯狂吸收营养，直到年过花甲的公元151年。罗马"国图"的丰富藏书，对托勒密的成功起到了决定性的作用，以至于他被许多人误解为"只不过是古埃及、古希腊科学文献的编辑者而已"，甚至误认为他的代表作《天文学大成》（13卷）"只不过抄袭了希帕恰斯的成果而已"，他的另一部代表作《地理学》（8卷）"只是马里努斯著作的翻版而已"等。这些误解可能源于19世纪初法国数学家、历史学家德朗布尔的名著《古代天文学史》，幸好现在已平反了。但是，不可否认的是，托勒密确实是古典"地心说"的集大成者。当然，"集大成者"与"大编辑"完全不能相提并论，正如说"孔子是儒学的集大成者"并不等于"孔子是儒学的总编辑"一样。

若想刨出科学家托勒密的其他八卦，就只能靠破译密码了。

关于他的学术生涯，可做这样的推理：既然其处女作《天文学大成》中的天文记录日期，始于公元127年3月26日，止于公元141年2月2日，因此，他的第一部著作应该完成于50岁左右。但是，随后在他去世前的短短28年间，这位宝刀不老的"老黄忠"像变戏法一样，竟然一气完成了《地理学》（8卷）、《光学》（5卷）、《占星四书》（4卷）、《谐和论》（3卷）、《行星假说》（2卷）、《恒星之象》（2卷）、《实用天文表》《日晷论》《平球论》《体积论》《元素论》等巨著。

关于他的血脉传承，可做这样的推理：既然他的名字叫Claudius Ptolemaeus，那么，他名字后半部分的Ptolemaeus（托勒密），表明他是埃及居民，且祖上是希腊人或希腊化的某族人；前半部分的Claudius（克罗狄斯），则表明他拥有罗马公民权，相当于那时的"北京户口"，这很可能是罗马皇帝克罗狄斯（Claudius）赐给他祖上的。

托勒密的《地理学》，15世纪初的拉丁文手稿

至于他的师傅是谁，只能做这样的推断：首先，他师傅绝不是菩提老祖，不过，他曾使用过一位名叫"塞翁（Theon）"的人的行星观测资料，这位"失马"的洋"塞翁"，难道就是他的老师？此外，他的多部著作都题赠给了"赛鲁斯（Syrus）"，这人又是谁，是导师，还是老婆，或别的亲朋好友？还有，他的《地理学》一书中多次使用并修订了一位名叫"马里努斯"的人的资料，莫非他师傅姓"马"？

不过，与两位互不搭界的张衡不同的是，这两位托勒密之间可能还真有一点"八竿子能打着"的关系呢。因为，埃及艳后的父亲托勒密十二世，与科学家托勒密确实是同族，所以还攀得上一星半点的皇亲国戚。至于这种"血浓于水"的关系，是否给科学家带来过什么好处，我们不得而知，但至少没带来杀身之祸，在嗜杀成性的皇族中，这也算相当不易了。

好了，下面忘掉皇帝版的托勒密吧，只关注科学家版的托氏。

其实，张衡与托勒密还有一点非常相似。那就是，他们成名的因素之一都与绘画有关。

回忆一下，张衡之所以能成为"东汉六大画家"之首，主要归功于他绘制过一幅

"地形图"，其实就是首幅"中国地图"，或更准确地说，是一幅"中国部分区域山水图"。但是，由于张衡的这幅地图早已失传，而且其绘制方法等细节也不得而知，所以不便做科学评价。不过，地图的重要性却是不可否认的，因为地图是人类描绘和概括世界的梦，既有宗教梦，也有财富梦，还有探险梦。这些梦，无不包含着求知欲望、权力意志和生存竞争等因素。

拿着浑天仪模型的托勒密，乔斯·范根特和佩德罗·贝鲁格特的作品，1476

再看托勒密绘制的人类首套"世界地图"。它确实相当不得了，君若不信，请听下面细细道来。

首先，托勒密建立了一套比较完整的地理学体系及地图的制图方法，包括圆锥投影法、球面投影法、确定经纬线的数学方法等。这些方法影响世界约1 400多年，直到公元1554年左右，人类才找到了更好的办法。

其次，托勒密划时代地列出了当时人类已知的、欧亚非三大洲的8 000多个地理位置一览表，建立了纬度和经度网，给每个地理位置都注明了经纬度坐标，该做法一直延续到今天。他还研制了测量经纬度的、类似于张衡浑天仪的"星盘"，发明了著名的角距测量仪。

最后，托勒密还具体给出了27幅世界地图和26幅局部区域图，称为"托勒密地图"，其覆盖范围非常辽阔，西起摩洛哥，东到中国。这些图以平面方式来展示地球，介绍了各地的山川、景物、民族等简况，记录了各地间的距离和道路，描述了358个重要城市，从此，人类才有了整体的"世界"认知。托勒密对世界的俯瞰极大地推进了人类航海活动，因此，他也是当之无愧的"世界地图之父"。

由此可见，托勒密的地图其实不仅仅是地图，而是集理论、方法和结果于一体的完整系统。当然，由于客观条件的限制，托勒密的这些地图肯定存在不少错误，甚至还是严重错误。但非常有趣的是，这些地图中的某些错误却歪打正着，导致了美妙的结果。例如，地图中所标示的从欧洲到亚洲的横贯大西洋的洋面距离被严重缩短了。于是，1 300多年后，这激发了哥伦布冒险从西面驶往亚洲的野心，结果却意外发现了美洲。否则，仅凭当时的航海水平，无论是谁，也不敢横渡大西洋，虽然哥伦布至死也以为到达了托勒密地图上的"亚洲"。当然，这也从另一侧面表明了，在上千年之间，托勒密地图的不可替代性。

托勒密的最重要科学成果，其实是以专著《天文学大成》（以下简称《大成》）为代表的宇宙结构学说，即"地心说"。该成果的正反两面影响之大，误会之深，争论之激烈，在人类科学史上均属罕见。甚至到今天，以《时间简史》作者霍金为代表的许多著名科学家还在努力为《大成》"平反"。因此，下面有必要对过去近2 000年来，《大成》经历的各种遭遇来一次较客观的"复盘"。各位看官也好再次体会一下，科学从神学中分离出来是多么艰难，科学发展的道路又是多么曲折，甚至其剧情一点儿也不亚于惊险的好莱坞大片。君若不信，请跟我们一起走进历史剧。

第一幕是喜剧。因为，托勒密的《大成》其实只是一部科学著作，更准确地说，它是一本应用数学著作，它在各星球做圆周运动的假设下，从地球的视角出发给出了相关星球运动的视觉效果，从而建立了"托勒密天体模型"。在当时比较粗糙的观测精度下，托勒密模型确实圆满解释了行星的运动状况，不但在航海等活动中取得了成功应用，而且还能预言行星的大致位置，当然也就被人们广泛信奉了上千年之久。此外，《大成》中"星体围绕某中心做匀角速运动"的假设，既符合当时占主导思想的柏拉图假设，也适用于亚里士多德的物理学。因此，有了柏拉图和亚里士多德这两位圣人的背书后，托勒密模型也就更容易被接受了。还有，《大成》既然是从地球的视角出发，因此也就暗含了"地球不动"这个假设，正如飞机中的你也感觉不到自己在动一样，而这一点对当时的人们来说，也是一个令人安慰的假设。

托勒密天体模型，还具有两个重要的科学价值。首先，《大成》肯定了大地是悬空球体，从而否定了"大地有支柱"的观点，因此，像"共工氏撞倒不周山"之类的故事，也就只能回归文艺界了。其次，《大成》断定"日月是离人类较近的一群天体"，并且"还从恒星中区分出了行星"，这是把太阳系从众星体中识别出来的关键步骤，是人类宇宙观的一次大飞跃。

第二幕是悲剧，准确地说，是科学的悲剧。虽然托勒密在生前就多次声称：他的天文学体系并不具有物理真实性，而只是一个计算天体位置的数学方案。但是，由于《大成》中"地球不动"的假设符合基督教的信仰，于是，在托勒密去世后约1 000年，"地心说"竟被教会贴上了"不可怀疑的真理"的标签，并以此作为其教义中描绘天堂、人间、地狱景象的科学证据。从此以后的近千年，教会便开始全力以赴地维护"地心说真理"了，以至于任何不同的观点都会被毫不留情地打成异端邪说：轻者，将会像伽利略那样被罗马梵蒂冈宗教裁判所判处软禁，并被迫认错；重者，则会像布鲁诺那样被活活烧死在罗马鲜花广场。"地心说"悲剧以及最终的科学胜利，再一次证明了这样一个真理：不允许批评的"真理"都是伪真理。无论该"真理"披的是科学、哲学、宗教的外衣；也无论维护伪真理的力量是多么强大、手段多么残忍，伪真理就是伪真理，最终必以失败而告终。

第三幕是闹剧。关于如何评价托勒密"地心说"的历史功过，真可谓是仁者见仁，智者见智。反方认为：托勒密的"地心说"继承并发展了亚里士多德的"地心说"，而后者确实认为"宇宙的运动是上帝推动的"，并且"地球静静地屹立在宇宙中心"，于是便推知托勒密的"地心说"中"也有神的位置"，从而才会被教会利用，因此，托勒密就该对中世纪的黑暗和科学的停滞负责。持有该观点的最具代表性的人物是大名鼎鼎的《中国科学技术史》作者李约瑟，他的"亚里士多德和托勒密僵硬的同心水晶球概念，曾束缚欧洲天文学思想一千多年"的说法，至今仍在许多中文著作中被反复援引。支持托勒密一方的观点则认为：首先，托勒密并未采纳亚里士多德的"水晶球体系"，也从未赞同过这种体系；其次，即使是这个水晶球学说，直到13世纪也仍被罗马教会视为异端，多次被禁止在大学里讲授；因此，无论是托勒密还是亚里士多德，都不可能"束缚欧洲天文学思想1 000多年"。为托勒密"平反"的最著名人物是当代物理学家霍金，他在其代表作《大设计》一书中认为：无论是托勒密的"地心说"，还是哥白尼的"日心说"，其实都是正确的，只是它们的视角不同而已，根本就没有所谓的"日心说推翻了地心说"这回事儿。实际上，根据牛顿万有引力定律，完全可以把物理中的任何一个星体，比如月亮，当成不变的"中心"，而建立起相应的"月心说"等。当然，必须承认，"日心说"确实比"地心说"简洁明了，而且还能解释更多的现象。

当然，关于托勒密的闹剧，绝不仅仅是上述正反两方的争论，即使是在教会内部，《大成》也经历了冰火两重天。由于在托勒密的地心体系中，天体是按固有规律运动的，从而也就否认了上帝的自由意志。所以，其实在很长一段时间里，托勒密学说并未被教会容纳。1215年，教会还禁止在大学里讲授该学说。一直到格列高利九世于1227年当上了教皇后，他才精心改造并利用了托勒密学说，宣布"地球居于宇宙中心"绝非偶然，而是上帝要把人类放在该中心让人类去管理天地万物。其实，从这时起，《大成》才变成了神学的理论支柱，此时离托勒密去世的公元168年，已过了1 000多年。

其实，除了《大成》外，托勒密的几乎所有科学成果在中世纪教会的导演下，都上演了各种各样的悲剧和闹剧。因为，托勒密去世后，西罗马很快就灭亡了，希腊的理性科学随之便被欧洲教会的神学所取代。于是，托勒密的天文地理等成果便在本土湮灭了。幸好，当时阿拉伯世界承袭并翻译了许多希腊学术著作，1 000多年后，当文艺复兴时代来临时，包括《大成》等在内的许多伟大科学著作才得以"少小离家老大归"。

第四幕是正剧。无论是悲剧、喜剧或闹剧，托勒密的《大成》其实还是以正剧为主。实际上，在他身后不久，《大成》就成了天文学的标准教材。公元4世纪，就出现了帕普斯对《大成》的评注本；约在公元800年，就出现了阿拉伯文译本；1160年左右，出现了从希腊文翻译过来的拉丁文译本；1175年，又出现了从阿拉伯文翻译过来的拉丁文译本等。这些译本连同阿拉伯的一些以《大成》为基础的新论著，在13世纪大大提高了人类天文学的水平。而在此前漫长的中世纪，西方的天文学进展主要出现在阿拉伯世界；而阿拉伯的天文学家，更是大大受益于托勒密

16世纪的托勒密画像

的《大成》。换句话说，抛开教会的"真理"标签不论，从纯科学角度来看，《大成》仍统治了天文界长达13个世纪，对全世界天文学的发展也起到了关键性的推动作用，甚至直到16世纪的开普勒时代，《大成》也都是天文学家的必读百科全书。由于《大成》(13卷)的内容太多，无法在此做过多的介绍，仅仅是关于恒星的位置和亮度星表，托勒密就提供了多达1022颗恒星的信息。此外，1 800多年后，托勒密的"星体运行模型"，还启发尼尔斯·玻尔于1913年提出了"玻尔原子模型"。

在结束本回前，我们还必须指出，托勒密绝不只是"上知天文，下晓地理"，他的研究领域至少还横跨了数学、音乐、占卜、物理等。

在光学方面，托勒密也称得上是"古希腊科学的压轴大师"，因为，此后欧洲的科学便坠入了千年沉寂之中。托勒密发现了物体镜像的三条重要定理：1）镜中的物象，处于人眼与镜面反射点连线的延长线上；2）镜中物象，处于物体与镜面垂直线的延长线上；3）视线的入射角与反射角相等。这三条定理，至今也是中学教材中的必修内容。此外，托勒密还研究了许多非平面镜的反射规律，包括球凸镜、球凹镜等。他还研究了光的折射、反射，大气折射效应，以及光的颜色等。

托勒密的光学著作，对后世也有相当持久的影响。他的《光学》一书，至少为11世纪初著名的阿拉伯学者伊本·海赛木撰写光学巨著《光学论》，提供了从形式到内容，再到实验等方面的灵感。而后者则成了中世纪晚期的标准论著，深受其影响的大人物至少有罗吉尔·培根、达·芬奇、开普勒等。

托勒密也是一位伟大的数学家，其数学能力可与阿基米德媲美。他在天体运行模型中进行的匀速点设置技巧，充分体现了其数学应用能力。在纯数学方面，他提出了著名的托勒密定理，即圆内接四边形的两组对边乘积之和等于两条对角线的乘积。该定理至今也还保留在数学教材中。他还生成了三角函数计算所需要的若干弦表，利用圆周运动组合解释了天体视动等。

公元168年，享年78岁的托勒密终于去世了。俗话说"盖棺定论"，但对托勒密来说，显然是"盖棺"容易，"定论"难。真心希望本回能给托勒密一个客观定论，以便让这位伟大的科学家早日安息。

第十二回

盖伦解剖人成神，血液循环神成人

盖伦是谁？上网一搜索，天啦，查无此人！

一位古典医学的集大成者，一位古罗马最著名的解剖学家和哲学家，一位仅次于希波克拉底的"西方第二医圣"，一位"认知心理学之父"，一位"人格论"先驱，一位"张仲景式"的西医鼻祖；一位对随后2 000年的解剖学、生理学、病理学、药物学和神经学以及哲学和逻辑学等都产生了深远影响的奇才。总之，一个伟大的科学里程碑就这样莫名其妙地消失了，幸好还有纸质史料，本书才有机会填补该空白。

公元129年9月22日，也就是东汉许慎完成巨著《说文解字》的那一年，克劳迪亚斯·盖伦，生于帕加玛城（现土耳其境内）。虽然那时还没网络，但是，在罗马"五贤帝"的统治之下，帕加玛城却相当开放，甚至达到了学术繁荣的"黄金时代"，城内图书馆的典藏之丰，几乎可与亚历山大城媲美。在这里几乎同时诞生了两位科学巨匠：托勒密和盖伦，他们的年龄差不足40岁。

盖伦很幸运，不但出生于一个好时代，也出生于一个好家庭。父亲是一位很有修养的建筑师，也很富有。因此，从少年时代起，小盖伦就在父亲指导下，广泛地学习了哲学、数学、逻辑学、几何学、天文学、修辞学、占星术、农业和建筑业等知识。盖伦对父亲始终都极为尊敬，但对母亲却很敌视，甚至埋怨道："她简直就是个泼妇，不但殴打仆人，还总对父亲大喊大叫，甚至动手打架，比苏格拉底的老婆还过分"。父亲给儿子取名为"盖伦"，本意是想让他安静、平和，然而，他却继承了母亲的暴躁基因，甚至，使盖伦最先远近闻名的不是其学业成果，而是其坏脾气。

"坏脾气"盖伦的学习经历大概是这样的。盖伦14岁时进入帕加玛的一所学校，开始系统地学习柏拉图学派、亚里士多德学派和斯多亚学派的哲学。17岁时，据说父亲在梦中接受神的命令，让儿子专攻医学。于是，在希波克拉底学派名医萨提洛斯的指导下，盖伦潜心苦读了四年医书，特别是精通了解剖学知识。20岁时，父亲骤然去世，暴脾气的母子又难以和谐共处，于是，盖伦便开始了长达九年的游学生涯，直到29岁时，才回到了家乡帕加玛。

学成后，他的工作简历大概是这样的。30岁时，盖伦出任某角斗场的外科医生，负责抢救从角斗场上抬下来的、生命垂危的"斯巴达克斯"们。角斗士鲜血淋漓的众多残肢断臂，再加上没有"病患矛盾"的心理压力，使得盖伦可以放开手脚施展已经积累的解剖学才能；同时，角斗场中的丰富"病源"，又反过来给盖伦提供了足够的人体解剖机会，甚至使他两年后，发现了胸部肌肉和横膈膜与呼吸运动之间的关系，发现了喉返神经与发声之间的关系。盖伦还用活猪做实验，证实了自己在奴隶身上发现的人体解剖学关系。盖伦这位"庖丁"，甚至将外科创伤称为"透入身体的窗户"，并通过这些"窗户"，窥视了人体结构的许多奥秘。在谴责惨无人道的角斗制度的同时，若从纯科学角度看，盖伦在角斗场的五年外科工作成果确实是值得肯定的。

盖伦在解剖一只猴子

作为医生，盖伦首次声名鹊起的时间是他32岁那年。当时，他刚到罗马，在街头摆地摊，一边行医，一边演说，还一边当众进行动物解剖。恐怖的尸体，引来了里三层、外三层的好奇看客；盖伦精彩的演讲，又把看客粘在了地摊圈内；当然，妙手回春的高明医术，最终让他生意兴隆。其实，在古罗马时期，外科医生的社会地位几乎等同于理发匠，而且，像"放血"等许多"外科手术"，确实也是理发师的本行。幸好，咱们的盖医生还有一个哲学家头衔，所以，便可鹤立鸡群。在他转行为内科大夫后，很快就成了罗马文化和医学界的红人，甚至还医治过两位皇帝、多位执政官，以及不少社会名流等。盖医生不但"治已病"，还"治未病"。与中医类似，他也经常采用食疗、沐浴、疗养、护理和静脉放血等疗法。至今，他制备的多种草药还仍被冠以"盖伦"之名呢。不过，盖医生那粗暴的脾气，让别的郎中对他"欲除之而后快"。终于，在罗马城得意了四年多之后，盖伦不得不在公元166年，以逃避帕提亚大瘟疫为借口溜之大吉，再次回到了家乡。

公元168年，准备讨伐高卢的罗马皇帝奥勒留又想起了盖伦，并试图将其召回罗马，让他随军出征。在遭到盖伦的婉拒后，皇帝只好让他留在康茂德王子身边，在皇宫里担任侍从医生。已到不惑之年的盖伦这回学乖了，一改锋芒毕露的作风，保持低调，并潜心著书立说，终于成了一位高产作家。据说，从此以后，盖伦与皇家就保持着密切联系，并多次治好了皇族成员的疑难杂症。在公元180年3月，当奥勒留皇帝在日耳曼前线病逝后，盖伦仍为继位的皇帝康茂德服务，直到公元192年新皇被杀，罗马帝国开始衰败并进入战乱频繁、民不聊生的"三世纪危机"时期。

以上工作简历基本上是可信的，因为它们都出自盖伦的半自传性著作。但是，关于盖伦的死亡日期却无从查对，这也许是因为他自己无法记录自己的死亡吧。不过，一般估计，他的死亡时间是在公元210—216年之间。所以，盖伦享年80多岁，也该算是寿星了吧。对了，还有一点八卦，那就是盖伦终身未娶，而且，在其涉及的众多医学分支中唯独不含妇科，这难道也是受其母亲的影响？

盖伦生前是人，而且刚死的时候，他也是人，因为他死后不久，罗马帝国就分裂成东西两半，并进入了中世纪"黑暗时代"，与其他普通人一样，盖伦的名字连同他的著作和科学成果也都被黑暗湮没了。但是，后来奇迹却发生了，盖伦竟然变成了"神"，而且还分别是"科学之神"和"宗教之神"。

先来看看"科学之神"盖伦吧。

大约是在盖伦去世300年后，即公元4世纪，拜占庭帝国开始热衷于古希腊文化，尤其是哲学和医学。于是，盖伦的数百部著作便凤凰涅槃，被翻译成阿拉伯文，经波斯传遍伊斯兰世界，深刻影响了阿拉伯医学。盖伦的学说被当作医学教材，甚至被神化为"盖伦主义"，被简化为摘要、条目和指南，却删除了盖伦当初的探索、怀疑和实践经验。在被教条化后，后世崇拜者们只是盲目地重复了盖伦的解剖学结论，却不谈他的解剖方法。由于罗马时期禁止人体解剖，所以，盖伦的许多解剖学结论其实都是不准确的，甚至是错误的，因为这些结论主要来自于解剖山羊、猴子、猿类等活体动物实验。更可笑的是，曾经有段时间，盖伦的解剖图册甚至被当成了"医学真理"：当图册分明与尸体不一致时，歪嘴"专家"却宁愿将其解释为"现在的人长得与盖伦时代不一样了"。例如，图册上说"人的大腿骨是弯的"，可尸体大腿却明明是直的，于是，"歪嘴"便解释说"后人穿裤子时，把大腿穿直了"。还有一个段子说，关于"马到底有几颗牙"的问题，两位著名教授展开了激烈的学术论战，他们都纷纷翻箱倒柜查找盖伦的"语录"，却没人掰开马嘴亲自数一数！

大约是在盖伦去世900年后，即公元11世纪，阿拉伯医学传入欧洲，使得盖伦的学说"出口转内销"，再一次回到了故乡并被译为拉丁文，成为医学经典和教科书，其医学统治地位一直维持到17世纪，历时1 500余年。

盖伦在家乡帕加玛的现代雕像

将盖伦著作当成"真理"当然不对，但是盖伦的思想确实非常超前，他也确实取得了非常伟大的成果。

他发现了心脏的重要作用，从而建立了血液的运动理论。他认为心脏是静脉系统的主体，血液从肝脏出来后进入心脏，再入肺脏，并在那里排除了废气、废物，从而成为鲜红的动脉血。动脉血通过动脉系统，分布到全身，特别是部分动脉血进入大脑后，通过神经系统从而使人产生思想。他认定心理或心灵发生作用的关键，不在于心脏而在于大脑。当然，盖伦错误地认为：无论是在静脉或动脉中，血液都只以单程直线运动方式往返活动，而非循环运动。

他发现了肝脏的造血功能，认为肝是生命的源泉，是血液活动的中心。已被消化的营养物质由肠道送入肝脏，并在那里转变成深色的静脉血。血液从肝脏出发，沿静脉系统分布到全身，并将营养送至身体各部分被加以吸收。

在解剖学、生理学、病理学及医疗学等方面，他也是硕果累累：认识到了神经起源于脊髓，首次对骨骼肌肉进行了细致的观察和记录，系统描述了人体的许多解剖结构，特别是发现了人体的消化系统、呼吸系统和神经系统。他提出了"气质"概念，并用"气质"代替了希波克拉底体液理论中的"人格"，形成了四种气质学说，该分类方式在心理学中一直沿用至今。他还深入探究了植物、动物和矿物的药用价值，至少记载了植物药540种、动物药物180种、矿物药物100种等。

他已注意到精神与躯体之间可以相互影响，精神的扰乱会引起身体症状。因此，他首次区分了精神疾病和躯体疾病，并强调：对精神疾病，不能按一般的躯体疾病来处理，不能给病人服用一般的药物；否则，不但没疗效，反而会加重病情。特别是针对精神疾病，医生必须学会逻辑推理，学会反思，学会用"心眼"辅助"肉眼"，从脉搏、尿液甚至表情等线索来推断，然后进行排除，最后直达病源。总之，精神疾病更需要个案处理。比如，他首次采用心理疗法医治了一位演员的相思病；靠编"瞎话"治好了一个老人的抑郁症；利用"侦探"手法，在家长配合下，治愈了一个儿童的焦虑症等。

在揭示医学的哲学本质方面，盖伦也是奠基者，甚至有一种评价说：与其说盖伦是一位医学家，还不如说他是一位哲学家。在身心关系问题上，盖伦认为"身与心，既是一个医学问题，也是一个哲学问题"，他深化了柏拉图的"灵魂三分理论"，将理智、精神、欲望分别对应于大脑、心脏、肝脏三个器官；在对大自然的解释方面，盖伦继承了柏拉图的目的论，部分接受了斯多亚的因果论。盖伦坚持认为"最好的医生，应该同时也是哲学家"，若要掌握医疗艺术，就必须学习三门哲学：1）逻辑学，知道怎样去思考；2）物理学，知道自然是咋回事；3）伦理学，知道怎样去做事。

除了具体的成果外，盖伦对科学还有许多其他贡献。

以他为先驱开创的解剖学，最终将巫医彻底赶下了历史舞台，从此，医学才正式进入了科学殿堂，成了现代科学大家庭的一员。从技术层面讲，现代医学的启蒙，也与人体解剖密切相关。

他发明的许多医学名词，至今仍被广泛使用，例如，physiology（生理学），phthisis（肺结核），atrophy（萎缩），anastomosis（吻合），haematopoietic（造血的），anaesthesia（麻醉），aseptic（无毒的）等。

他的医学系统，以常识为基础形成了一个严密的逻辑整体，还广泛吸纳了其他医学观点，并成功地将医学、哲学、宗教等联系起来，使得其医学体系牢不可破。

关于盖伦一生到底写了多少本书也是一个谜，有说500本的，有说300本的，也有说150本的。因为，有一场大火将他的许多著作都付之一炬了。但是，无论是多少本，流传至今的著作也仍有130余本。单看其著作之巨，涵盖医学、哲学、语言学等涉及面之广，就已是一个奇迹了。他既有敏锐的观察能力，也有很强的实践能力。据说，他才思泉涌时根本来不及记录自己的想法，于是，只好聘请20多个速写快手来同时记录他的话。

本书第三回中曾经说过，当初中医和西医基本上"同源"，但如今显然已经"异出"，而中医和西医的第一个重要分水岭，非盖伦等创立的"解剖学"莫属。非常巧合的是，盖伦与张仲景之间具有很强的可比性。他们不仅生活在相同的年代，盖伦仅年长20岁，且也分别在古希腊医学和中医学的范畴内，被尊为"医圣"，并各领风骚上千年。他们的医学理论和实践也有许多相似之处，当然更有不少重大区别，详见本书第十四回。若对他们进行全面比较，便可概览中西医学的不同发展轨迹。

再来看看"宗教之神"盖伦。

由于历史的客观局限性，盖伦的解剖学和生理学具有显著的"目的论"特色，他认为人体的各种解剖构造和生理功能，都是"大自然"有目的地创造和安排的，即所谓的"大自然不做徒劳无功之事"。比如，手上的肌肉和骨骼，都执行事先安排好的功能。同时，他在著作中还把"大自然"人格化，使用"她"作为"大自然"的昵称。哪知，这一切刚好符合了"上帝造人"的教义，因此，在盖伦去世很久后，当欧洲进入黑暗的中世纪时，盖伦的学说竟然得到了教廷的力挺，他本人也更被尊为"医学教皇"。教会像保卫《圣经》一样来保卫他的著作，要求任何人都不得发表违背盖伦学说的言论。

终于，在1553年，即盖伦去世1 300多年后，可怜的塞维图斯竟被罗马教廷活活烧死在了火刑柱上，原因是他"发表了违反盖伦主张的异端邪说"。事实上，这位受害者只是说"血液从右心室进入左心室前，必须先通过肺"而已。

随着文艺复兴时代的科学进步，特别是中世纪思想的桎梏被打破，盖伦终于走下了神坛，恢复成了"人"。将盖伦请下神坛的功臣主要有两位。

第一位功臣，只是一个小人物，名叫维萨里，一位年轻的外科医生和解剖学教授。在法官的支持下，他终于有机会亲自解剖囚犯尸体，从而发现了人体与盖伦的动物解剖差异，特别是高等动物的大脑，无论是相对体积或相对重量都比其他动物大得多，从而否定了盖伦的"灵气学说"和"异网脑室中心论"等。虽然该结果遭到了他老师的严厉训斥，但毕竟未被送上火刑柱，并且还迈出了"人化"盖伦的第一步。

第二位功臣，可就是一个大人物了。他名叫威廉·哈维，被誉为"现代医学之父"的英国医生。受到导师发现静脉瓣的启发，他开始研究血液循环。他通过捆绑臂部，中断血流，从而发现，动脉和静脉的血液流向是相反的。他在测量动脉和静脉的血流量时发现，如此巨大的血流量不可能被静脉末端的组织完全吸收；他还发现了肺的血液循环，因而提出了封闭式"血液循环"观点，否定了盖伦的血液潮汐式往返流动的学说。但是，当他在1628年宣布自己的发现和理论时，却被诬为"精神失常"，直到1657年死后，其理论才终于被后人证实和接受。其实，早在1221年，阿拉伯学派的伊本纳菲斯就发表了医学百科全书《医典》，并提出过血液循环论。由此可见，盖伦的"人化"是多么艰难呀。

此外，维萨里在"人化"盖伦方面也是有功的。因为，盖伦认为，所有疾病都可归因于体液的不平衡（体液分为4种，即黏液、血液、黄疸汁、黑疸汁），因此，只要将带病的体液排泄出来（即放血或服用泻药和催吐剂等）便可医治相关疾病。这种所谓的"放血疗法"甚至成了一个基本手段。直到1543年，维萨里发表了《人体组织论》才修正了盖伦的错误，以新的解剖和观察取代了盖伦的生理学理论。

盖伦当然不是神，而是人。但是，他也绝不是一般人，更不是该被遗忘的人。

第十三回

仗医行侠麻醉技，华佗自编五禽戏

哥们儿，给华佗写传实在是太难，太难了！因为，干扰太大，需要的素材吧，几乎都是空白，让作者不知如何下笔；不需要的东西吧，又太多，让读者几乎都已事先戴上了"有色眼镜"，以至于很难澄清相关科学事实。

首先，作为名医，华佗的故事简直铺天盖地！电影电视轮番轰炸，小说评书随意演绎，诗词歌赋络绎不绝。今天去张家，药到病除；明天又去李府，开肠剖肚；后天偶遇路人甲，张口就断言对方"活不过今朝"，结果，那人果然就死在了中午！反正，只要能为他歌功颂德，哪怕是明显的谣言，谁也都不在乎。大家都可以任意发挥想象，无论怎么夸大，都不用担心太离谱。

在元末明初的《三国演义》中，罗贯中老先生笔头轻轻一动，就让已去世十几年的华郎中跑到蜀营，与财神爷关公一起联袂演出了一场"刮骨疗伤"，让读者看得好不舒服。如果关老爷真是如此英勇，那说明当时的外科手术已比较普遍，绝非华医生的专利，或者乐观地说，华佗的外科术已广泛传播，遍地开花了。

即使是再古老的一些书籍（如唐朝的《独异志》和《志桩（怪）》等）所记载的神化华佗的典型病例，明眼人一看也是漏洞百出。例如，在"狗腿治疮"的故事中，漂亮妹妹的疮口里竟能蹿出一条小红蛇，而且还飞进了狗腿中。为啥不让这条小红蛇飞进龙宫里呢？那不更精彩吗？在"枪头化酒"的故事中，儿子竟能莫名其妙地从父亲遗体内取出铜枪头，并且更神奇的是，华佗用一滴神药，那枪头便立刻化成了药酒。其实，若演绎成"让枪头化成茅台"，那不更值钱吗？

甚至像西晋陈寿的《三国志》和《华佗别传》、南北朝时期范晔的《后汉书》等比较严肃的历史文献，也都显得文学有余，科学不足。其中对华佗医术的夸奖"刳剖腹背，抽割积聚、断肠湔洗"等，让人怎么看怎么像是屠夫在杀猪，而非外科医生在做手术。剖腹的医学原理是什么？如何判断该从哪里动手术？对内脏的功能和关联都有什么了解？等等。反正，该有的科学描述几乎都没有，而相应的文学描述又很难让人信服。因为，现在的医学也都还没达到如此神奇的地步。莫非人类的医术，真的退化了？当然，此处我们绝无埋怨古人之意，只是想强调这些东西不能当作支撑"科学家华佗"的素材。

正像后宫中"母以子贵"一样，在医疗界也有"医生以病人贵"的现象。华佗的名气，就在很大程度上来自于他医治过的众多名人病患，包括广陵太守陈登、奋威将军周泰、丞相曹操等若干高级官员。当然，这肯定能说明华大夫的医术在当时确实是顶级高明的，而且，也不排除华医生有自己的独门绝技。但是，有一点必须指出，那就是"名医不等于医学家，更不等于科学家"，就像"名厨不等于美食家"一样。好比，随着人工智能技术的发展，在不远的将来，计算机将肯定会成为超过任何个人的"名医"，你总不能说"计算机是医学家"吧！

作为医学家的华佗，至少应该有自己的学术专著或独创思想吧。于是，有网友兴高采烈地搜到了一本署名为"华佗"的医学专著《中藏经》，并以为终于找到了足够的素材，可以为华佗写传了。但是，非常遗憾地告诉您，这本书是假的！其作者不是华佗，而是华佗去世800多年后，宋朝的某位大夫。古人真萌，自己千辛万苦才写成的著作，竟然要"逆向剽窃"送给别人署名。阿弥陀佛，但愿某位幕后英雄，哪天也能把他的诺贝尔奖成果悄悄署上咱的名字就好了！当然，这也从另一个角度表明：作为名医，华佗绝对是当之无愧的；华佗之名，对病人确实很有吸引力。

哥们儿，你看，能为华佗写传的所有道路，几乎都被无情地封死了！怎么办？咱不能因此就否认"华佗是一位伟大的科学家"吧！

幸好，天无绝人之路。下面，我们将基于严密的逻辑推理，来为华佗"挖掘"出一篇具有说服力的小传。

华佗自己撰写的《青囊经》和《枕中灸刺经》等医学专著确实已经失传，无论它们是被曹操的狱吏所焚烧，还是别的什么原因被毁，甚至华佗压根儿就没有写过这些医书，就像孔子并未写过《论语》一样，这些都不会影响这样一个事实，那就是华佗确实创立了自己的重要学派，当然也就称得上是科学家了。因为，华佗招收了许多弟子，且不少弟子还非常出色，而华佗自己又没有明确的师承，因此，可以断定：由他与其弟子组成的学术团队，是由华佗自己亲自创立的。在那个"一日为师，终身为父"的年代里，华佗团队的学术水平，在某种程度上当然就能代表华佗这位"团队带头人"作为科学家的水平了。

华佗学派中有一个成员名叫吴普，他其实是华佗在广陵招收的弟子，后来也成了三国时期的著名医药学家。吴普的代表作是《吴普本草》（六卷）（又名《吴氏本草》），是对《神农本草经》的重要注本，汇总了魏晋以前的药性研究成果。它详载了药物产地及其生态环境，略述了中草药形态及采摘时间和加工方法等。该书流行于世，长达数百年，被南北朝贾思勰的《齐民要术》、唐代官修的《艺文类聚》等巨著反复引述，甚至《唐书·艺文志》也都还载有该书六卷的目录；宋初所修《太平御览》仍收载了《吴普本草》的许多条文。还有一点也可旁证华佗的医学水平，那就是吴普用老师所创的"五禽戏"来养生，因此获得长寿，甚至"年九十余，耳目聪明，齿牙完坚"。

华佗学派中还有另一个成员名叫李当之，他其实是华佗在西安招收的弟子，尤其精于药学研究，后来成了三国时期曹操的御用军医。作为著名医学家，他也有《李当之药录》《李当之药方》《李当之本草经》等著作。

樊阿是华佗在彭城招收的弟子，他继承并发展了老师的针灸技艺，并取得了众多成果，以至于《三国志·魏书二十九·方技传第二十九》中花费了很长一段篇幅，专门为樊阿撰写了生平记事。据说樊阿长期服用老师研制的"漆叶青黏散"，以至活到108岁。这又类似于吴普的情况，仍然旁证了华佗的医学水平。虽然华佗于公元208年被曹操所杀，仅享年64岁，但那属于非正常死亡，否则，本回为科学家华佗写简史就不会如此困难了。

除了创立华佗学派之外，作为科学家，华佗的"中国外科鼻祖"地位也是不可动摇的。虽然时至今日，中医在外科手术方面已远远落后于西医，甚至，外科手术已成为中西医之间的最大区别。

一方面，西医在不出人命的前提下，对所有病变器官，几乎都只说两字：割掉！而且，在许多情况下，如今的西医也确实能安全地将病变器官割掉，哪怕它们是心、肝、脾、肺、肾等五脏，或是胃、胆、大肠、小肠、三焦、膀胱六腑。好像除了脑袋等极少数"零配件"之外，西医大夫都能"以新换旧"或"修残补缺"。

另一方面，与此相反，即使病变器官可能致命，但是在患者"身体发肤，受之父母"的思想影响下，中医大夫也很可能束手无策。比如，许多女性至今也宁愿全身而死，却不愿割掉子宫或乳房等宝贝器官，古代百姓就更是如此了。在《孝经》等的压力下，病人对外科手术的需求本来就不大，哪有啥力量，来推动中医外科的发展呢？可见，文化对科学确实有很强的作用力，无论是正向，还是反向。

但是，华佗的成功将有力地证明：中医的外科手术，绝对没有输在起跑线上！甚至，再一次非常巧合的是，中西医的"外科鼻祖"华佗和盖伦，又几乎诞生在同一时代！实际上，西医的"外科鼻祖"盖伦只比华佗年长16岁。并且，他们两人的外科手术水平也难分伯仲。正如本书前面已经说过的那样，中西医的"始祖"扁鹊和希波克拉底两人，无论从出生年代（只差50余岁），还是从医学水平上看，也几乎都没有明显的差别，甚至中医和西医干脆就是同源的，至少中医没输在起跑线上。

为什么说盖伦和华佗的手术水平差不多呢？这是因为，从上一回可见，在解剖学的理论方面，盖伦确实高出一头，但是，盖大夫肯定不会使用麻醉药，至少不会全身麻醉，从而可断定在"开肠剖肚"等方面华佗又可扳回1分，毕竟并非任何人都能勇敢如关羽，况且即使是关羽，可能也受不了大型手术的无麻醉折磨。客观地说，一方面，麻醉剂的出现，肯定早于华佗和盖伦。例如，远在史前时代，人类就发现了酒醪；夏朝时，酒文化就已十分盛行，甚至有"夏人善饮酒"之说；商代时，酿酒业就已十分发达，甚至青铜酒器也已繁荣；到了周代，已经开始大力倡导"酒礼"与"酒德"了。换句话说，酒的麻醉作用，肯定早就不是秘密了。当然，也许还有比酒更好的其他麻醉剂。例如，华佗发明的"麻沸散"等。另一方面，外科手术，至少是小型外科手术，也肯定不是华佗或盖伦的首创。例如，许多勇士不是也敢自断残肢吗？但是，华佗之妙，就妙在他充分利用了"他山之石，可以攻玉"的策略，首次将看似毫无关系的麻醉和手术两件事巧妙地结合了起来，从而开创了一个新的医学领域。他的贡献之大，无异于1 600年后居里夫人用镭的放射性去杀

华佗发明麻沸散

死癌细胞，哪怕人们已知镭的放射性，也已知放射物质会杀死任何细胞。

支撑华佗"伟大科学家"地位的另一根重要支柱，是他发明的"五禽戏"，其意义绝不等同于今天的健身操，虽然"五禽戏"确实也是一种健身操。因为，这意味着华佗的医学理论有了两个重大飞跃：一方面，他已深刻认识到了"生命在于运动"的本质，当然更知道该如何正确运动，这也是"五禽戏"的内容，因为，不当的胡乱运动，也无益于健康；另一方面，同等重要的是，华佗具体化了前人的"圣人不治已病，治未病"的预防理论，正如1 700年后，现代物理学家们用原子弹具体化了爱因斯坦相对论中"物质与能量可相互转化"的理论一样。华佗对弟子吴普说的一段话，就非常清楚地表明了其医疗体育的思想，他说："人体欲得劳动，但不当使极耳，动摇则俗气得消，血脉流通，病不得生，户枢不朽也"，翻译成白话的大意是：欲健康，需运动，但又不宜过分运动。当然，前面已说过，弟子吴普后来成了"五禽戏"的首位直接受益者。

虽然"五禽戏"的具体内容，在今天来看，已不重要了，但是，为了完整计，此

处还是简要介绍一下。"五禽戏"其实由五部分组成：一叫虎戏，二叫鹿戏，三叫熊戏，四叫猿戏，五叫鸟戏。其动作模仿了虎的前肢扑动，鹿的头颈伸转，熊的伏倒站起，猿的脚尖纵跳，鸟的展翅飞翔等。相传，华佗在许昌时经常指导老弱病残等练习"五禽戏"，从而活动了筋骨血脉，帮助了消化吸收，达到了增强体质和预防治疗目的。"五禽戏"一直流传到后世很久，唐代著名诗人柳宗元的诗词中，也还有"闻道偏为五禽戏"的诗句；明代著名医生周履靖，也曾将"五禽戏"的动作，绘成图案，编进了《赤凤髓》；直至今天，民间医疗体操中，也都还保存着"五禽戏"的个别动作。

五禽戏图

各位，名医华佗，你早就熟知了；科学家华佗，上面也说清楚了；现在该点一下凡人华佗了，看看他如何"仗医"行侠，独步天涯。

华佗诞生于公元145年。这一年很诡异，简直就是东汉皇帝的"群死"之年：皇帝甲（孝顺帝刘保）刚咽气；登基不足1年的皇帝乙（孝冲帝刘炳）也跟了去；紧接着，一年之内皇帝丙（孝质帝刘缵）又被毙！同样也是这一年，还诞生了东汉的重要掘墓人刘备的五虎大将之一、宝刀不老的"老黄忠"。

华佗诞生的地点，安徽亳县，也很神秘。十年后，这里将诞生另一位著名的文学家、书法家、军事家和政治家，当然更主要的，他还是华佗的冤家，就是那位将华佗送往阎王殿的《观沧海》的作者。

在华家庄，华佗一家虽微不足道，但父母却对他寄予厚望，这从其姓名中的"佗"字里便可读出，因为，佗者负重也，即希望他担起振兴家族的重任。若删除难以计数的文学演绎和野史，关于华佗的生平也寥寥无几。这既可能是因为他家太穷，顾不上家谱之类的"阳春白雪"，也可能是因为他那卖苦力的父亲死得太早。据说，华佗三岁时就与养蚕的母亲相依为命了。这对孤儿寡母，吃尽了人间的各种苦头。幸好，华佗的母亲很有眼光，在培养儿子方面，几乎不惜血本，哪怕是节衣缩食，也要送儿子读书。华佗的字号"元化"，就是由其私塾先生给取的。因此，民间至今也还将医术高明的大夫称赞为"华佗再世"或"元化重生"。

据说，华佗的基因很优秀，因为他母亲的血脉源自孔子的高徒曾参，即《孝经》《论语》和《大学》的作者、春秋时期的曾子。当然，这里也隐藏着一个很有意思的"叛逆"：祖上写《孝经》反对割体，后辈则率先施行手术，而且还成了中国的"外科鼻祖"。

华佗的医术，很可能是自学而来的。因为，一方面，谁也不知他的师傅是谁；另一方面，据说他自学张仲景《伤寒论》第十卷时，还高兴道："此真活人书也"！而且，在他生活的东汉末年三国初期，也正是军阀混战、兵荒马乱的时代，天灾人祸导致的瘟疫四处流行，死人和病人更是司空见惯。这有著名诗人王粲（càn）的《七哀诗》为证："出门无所见，白骨蔽平原。"既然久病都能成医，那么经常给别人"治病"的人，只要用心总结，善于学习，也完全有可能"成医"，哪怕他刚开始时对医术一窍不通。据说，华佗还有一位名叫"治化"的启蒙医师，他是某寺庙的长老。此外，许多在死亡线上挣扎的病人，肯定也不在乎什么"死马当作活马医"的试验。这又与上一回中盖伦所面对的角斗士伤兵情况非常类似，所以，我们可以推定：华佗和盖伦的医术进步，都是在无奈的实践中被逼出来的。

华佗墓，位于河南许昌

至于华佗为什么要行医，那就更没标准答案了。不过，除了病源丰富之外，生活所迫也肯定是另一个原因。因为，那时的医生其实压根儿就没什么地位，多数人只是想混碗饭而已。其次，那时不需要什么"行医执照"，所以，开业很简单。而且，华郎中采取的是"游医"战术，因此连租门面的投资都省掉了。此外，华佗行医还可能有另一个重要原因，那就是他家乡的环境影响。因为，亳县早就深受中原文化（当然也包括中医）的熏陶，而且还盛产药材，至今还以亳芍、亳菊等中草药而闻名呢；更有发达的水陆交通，致使亳县自古就是药材集散地。总之，在此情此景下，对任何一个穷人来说，行医都可能是最佳选择之一，但对曹操这样的官宦世家来说，"行医"就不值一提了。

华佗精通内、外、妇、儿、针灸等各科，尤其擅长外科，从其医案中所涉及的地名上看，这位"游医"的活动范围相当广泛：大约是以徐州为中心，东起山东临清、江苏盐城，西到河南淇县，南抵江苏扬州，西南直至亳州市谯城区等方圆数百平方公里的地区。在那个交通不便的年代，能占据如此庞大的市场面积，本身就说明华佗的影响力之大。此外，除了行医，华佗还四处亲自采药，据不完全统计，他的采药地点，至少包括朝歌、沛国、丰县、彭城卧牛山、鲁南山区和微山湖等。由于行踪广阔，又深入民间，甚至还带领大妈大爷们跳"五禽戏"这样的广场舞，所以，华佗才背负了如此众多的、不太靠谱的民间传说，这也许是缺乏华佗信史的一个原因吧。当然，另一个更重要的、众所周知的原因，很可能是他老乡曹操的屠刀。

家贫出孝子，国难现良医。在东汉末年这个多事之秋，当然就很可能出现华佗、董奉、张仲景这样的"神医"了。不过，由于董奉隐居于野，所以，下一回将介绍另一位影响中医2 000年的"神医"——张仲景。

第十四回

伤寒杂病逞凶狂，仲景巨著镇魔王

如果说西医源于希波克拉底，成于盖伦；那么就可以说中医源于扁鹊，成于张仲景。当然，这里的"成于"，主要意指"成形于"，而非"成熟于"，正如说"中华文化源于《易经》，成于《老子》"一样。很巧，张仲景刚好也是老子的铁杆崇拜者。

不过，在阅读本回之前，我必须先让各位"大吃二惊"。

第一惊，如今的中医，无论是从理论还是从实践角度来看，都远非东汉时期的中医敢比拟的。但是，请你坐稳了，扶好了，别吓着！因为"现代中医大厦的地基"，主要归功于约2 000年前的张仲景，特别是他的传世巨著《伤寒杂病论》。如今，这本古老的千年医书，竟仍然是中医学院学生的必修课之一。

第二惊，《后汉书》和《三国志》是最受追捧的东汉史书，但是，请你再次坐稳了，扶好了！因为，如此权威的史书，竟然都不约而同地忽略了张仲景！天啊，这是怎么回事儿啊！直到宋朝时，才有医官引用唐代甘伯宗《名医录》的一段话来这样介绍咱们的中医奠基者："南阳人，名机，仲景乃其字也。举孝廉，官至长沙太守。始受术于同郡张伯祖，时人言，识用精微，过其师。所著论，其言精而奥，其法简而详，非浅闻寡见者所能及也。"

有了上述"二惊"垫底，看来本回得好好为主角写一篇小传了。

公元150—154年的某一年，当欧洲的安曼罗马剧场开工时，当武陵蛮叛汉、琅邪起义、洛阳频发地震时，当东汉皇帝们忙于"走马灯"，平均不到两年就替换龙椅主人时，当关羽、赵云、王朗、董昭、华雄等三国名将先后呱呱坠地，准备登场，各为其主相互厮杀时，总之，在东汉"山雨欲来风满楼，黑云压城城欲摧"的最坏时机，本回男一号张仲景也来凑热闹，并诞生在了今天的河南省邓州市。

虽然小仲景诞生的"天时"很差，不过，"地利"和"人和"还是相当不错的。他出生在一个当地的豪门大族中，父亲是专家型的领导，在朝廷当官，家里除了银子就是书，所以，他有大把的机会和时间在各种知识海洋中尽情遨游，尤其喜欢在"医学宝岛"上流连忘返，终于成了扁鹊的忠实崇拜者。当他读到扁鹊望诊齐桓公的故事（见本书第六回）时，竟忍不住马上发了一个朋友圈："余每览越人入虢之诊，望齐侯之色，未尝不慨然叹其才秀也。"翻译成白话，其大意是说：扁大夫忒有才啦！从此，张仲景便对医学产生了浓厚兴趣，并发誓长大后一定要成为医学大师，全心全意为人民服务。

说干就干，公元161年，即刘备出生的那一年，还来不及长大的张仲景小朋友，

张仲景博物馆（医圣祠），位于河南省南阳市

年仅10岁左右就辍了学，然后急匆匆地拜本家大夫张伯祖为师，正式走上了学医的道路。张伯祖何许人也？哇，全县名医呢，若非半夜三更去排队，你都休想挂到他的专家号！据说，张大夫性格沉稳，生活简朴，对医学刻苦钻研，很受百姓尊重。因为，他每次给病人看病处方时，都十分精心，深思熟虑，而且病人经他医治后，非痊即愈。张师傅真心教，张徒弟用心学，无论是外出诊病、抄方抓药，还是上山采药、回家炮制，张徒弟都不怕苦、不怕累。师傅看在眼里，喜在心中，当然也就毫无保留地把毕生行医经验都传授给了这位爱徒，并取得了良好的效果。甚至，比张仲景年长1岁的何颙（yóng）也对仲景评价道："君用思精而韵不高，后将为良医。"翻译成白话的大意是说：老弟呀，你才智过人，善思好学，聪明稳重，但当官没戏，还是专心学医吧，肯定能成功，我看好你哟，耶！何颙的卦词，更坚定了小张学医的信心，从此他更用功了。他不但向张老师学，而且还在纵向上，向古人学，提倡"勤求古训"，即认真吸收前人的理论和实践经验，并总结相关教训；在横向上，向今人学，提倡"博采众方"，即广泛搜集各种治病的有效方药，甚至包括民间验方，并逐一深入研究了民间常用的针刺、灸烙、温熨、药摩、坐药、洗浴、润导、浸足、灌耳、吹耳、舌下含药、人工呼吸等具体方法。很快，张徒弟便成了当地的又一位名医，以至"青出于蓝而胜于蓝"，超过了张老师。真的，有赞诗为证："其识用精微过其师"。

何颙的话，还真不能全信，最多信一半。你看，他占卜说"当官没戏"的张仲景，却阴差阳错于汉灵帝在位期间被举为孝廉。那么，啥为孝廉呢？嘿嘿，当然不只是"孝顺父母，行为清廉"，而且还得博学多才，这相当于现在的"高学历精神文明标兵"。被举为孝廉后，意味着什么呢？对不起，必须进衙门报到当官，否则就涉嫌"不忠不孝"。虽然是被当官，但张仲景在官场上干得其实也很不错，甚至在建安年间，竟被东汉末代皇帝刘协任命为长沙太守。哥们儿，当时长沙太守的管辖范围可大过现在的长沙市市长哟，因为长沙郡以湘县（今长沙市）为首府，下辖湘、罗、益阳、阴山、零陵、衡山、宋、桂阳，共9县。故，长沙太守类似今天的湖南省省长。

张仲景身在朝堂，心却在药房，三天不给患者摸摸脉、开开方，心里就堵得慌。怎么办呢？主动到百姓家去吧，好像又有失体统。于是，张太守便贴出告示：每月初一和十五两天，大开衙门，但不问政事，只让患者百姓进来瞧病。于是，太守端端正正地坐在大堂上，群众则排着队，挨个等着望闻问切。哇，不得了啦！张太守这一爆炸性新闻，迅速发酵，震惊了各方。老百姓无不拍手称快，对张郎中也更加拥戴了。毕竟既能看到专家号，还免费，谁不乐意呀！时间一久，这便形成了惯例，每逢"坐堂日"，衙门就挤满了来自各地的求医看病的群众，甚至不少人还背着行李从远道赶来。后来，人们就把坐在药铺里给人看病的医生通称为"坐堂医生"，以此来纪念张仲景大夫。

关于张太守坐堂，还有另一个段子。据说，太守瞧病时，他发现寒冬腊月里，许多面黄肌瘦、衣不遮体的病人都是因为天太冷，耳朵被冻烂了。这可怎么治呀，经反复研究，他发明了一个可以御寒的食疗处方，取名为"祛寒娇耳汤"，它其实就是把羊肉、辣椒等祛寒的药物和食品煮熟后切碎，再用面皮包成耳朵的样子，再二次下锅，用原汤将包馅的面皮煮熟。于是，他在衙门广场空地上，搭起棚子，支上大锅，为穷人舍药治病。开张那天，刚好是冬至，而所舍之药正好是"祛寒娇耳汤"，简称"娇耳"。穷人吃了"娇耳"，喝了汤，顿觉浑身发暖，两耳生热，从此，再也没人把耳朵冻伤了。后来，随着时间的冲刷，"娇耳"就演化成了"饺子"，相应地，冬至吃"娇耳"的习惯，也就演化成今天的"冬至吃饺子"了。

何颙的话，还真不能全不信，确实得至少信一半。你看，他占卜说"当官没戏"，还就是没戏。话说临近春节前的某一天，张太守照例前往衙门上班，可一进衙门就傻眼了：天啦，人呢？整个衙门咋都空空如也呢？好不容易逮住一个正逃跑的小衙役，一问：原来，皇帝"跑路"了！张太守身子一软就瘫在了地上，半晌才缓过劲儿来，冲到办公桌前"唰唰唰"奋笔疾书，很快就写好了一张状纸，要上告皇帝，追讨今年的欠薪。正摇头晃脑欣赏慷慨激昂的告状信时，突然又意识到：不对呀，状纸该递给谁呀？本地最大的官员，不就是太守吗，太守就是我自己呀，我咋能向自己讨薪呢？唉，"认栽吧！"省悟过来的张太守，脱下官袍送给了路边的叫花子，把官印卖给了废铁收购站，然后"仰天大笑出门去，我辈岂是蓬蒿人"。

从此，张郎中坚信了何颙的另一半卦词："后将为良医"。于是，他专心研究医学，广泛吸收众医家的经验用于临床诊断，同时博览医书。有资料表明，他至少仔细研读过《素问》《灵枢》《难经》《阴阳大论》《胎胪药录》等古代医书。其中《素问》对他的影响最大，他甚至根据自己的实践，对《素问》中"夫热病者，皆伤寒之类也"和"人之伤于寒也，则为病热"等理论进行了发展，并认为伤寒是一切热病的总名称，也就是一切因为外感而引起的疾病。

再到后来，张仲景干脆隐居岭南撰写医书，并成了道士。此处之所以强调他的道士身份，那是因为，他将道家的辩证思维，完美地融入了医学探索中。经过数十年的不懈努力，终于写成了划时代的临床医学名著《伤寒杂病论》共十六卷，后被整理成《伤寒论》和《金匮要略》两本书。这些书为中医"病因学"和"方剂学"的发展，做出了重要贡献。后来，《伤寒杂病论》被奉为"方书之祖"，张仲景也被誉为"经方大师"。

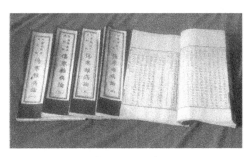

《伤寒杂病论》

功成名就后的张仲景，仍然潜心医学，直到公元215—219年的某一年，终于在隐居地与世长辞，连精确的享年数字都不得而知，大约是古稀之年吧。不过，在这期间，后世的另一位名医皇甫谧诞生了，曹操统一北方当上魏王并南袭孙权了，曹丕被封为魏王世子了，刘备攻入汉中并自立为王了，孙权与刘备为荆州反目了，平分荆州后孙权开始袭杀关羽了，黄忠斩杀夏侯渊了，罗马皇帝卡拉卡拉被杀了，罗马共治皇帝马克利努斯和迪亚杜门尼安也被杀了。一直到司马炎"分久必合"后的公元285年，伟大的医学家张仲景的遗体才被后人运回故乡，隆重安葬在南阳，并修建了医圣祠和仲景墓。安息吧，张大夫！

好了，给"张医圣"盖棺定论后，下面该从科学角度，客观分析《伤寒杂病论》的前因后果了。

首先，张仲景生活的年代，是一个极为动荡的年代：年幼的皇帝们穿着开裆裤，任人摆布；朝堂之上，外戚与宦官相互残杀；地方衙门前，军阀与豪强各自为王，你争我霸，大动干戈；穷山恶水处，农民们也做起了"皇帝梦"，纷纷揭竿而起。反正，各方势力都在为自己的"崇高理想"，而不惜任何代价。这众多的"理想"虽互不相同，但他们"不惜"的那个"代价"却始终未变，那就是可怜的老百姓。仅董卓一人，为挟持汉献帝西迁长安，就将洛阳的所有宫殿和民房付之一炬，方圆二百里内尽为焦土，百姓死于流离途中者不可胜数。

人祸未绝，天灾又起；人祸助纣天灾，天灾又为虐人祸。据史料记载，东汉桓帝时，大疫就有三次；灵帝时，又大疫五次；献帝建安年间，疫病流行更甚，诸如旱灾、水灾、冰雹、地震、蝗虫、龙卷风、泥石流、雷电、海水倒灌、河堤决口等灾害，一个接一个。总之，在天灾人祸的夹击之下，成千上万的生灵被病魔吞噬，以致"十室九空"。仅以张仲景家为例，他家本为大族，人口曾多达200余人。可是，在不到十年之间，竟有三分之二的亲人因患疫症而亡，其中死于伤寒者竟达70%。

因此，从科学角度看，在如此病患肆虐的年代里，肯定很难出数学家，但一定会出名医，甚至出现张仲景这样的伟大医学家。换句话说，《伤寒杂病论》的问世，绝非纯粹的偶然，至少是必然中的偶然。

从世界观和方法论上看，在天人合一世界观的指导下，张仲景充分利用自己的道教徒优势，把道家的辩证思想在医学中发挥到了极致。具体来说，张仲景将"阴阳学说"这个蛮荒年代野性思维的结晶，优化整理后移植到中医的辨证诊治过程中，并提出了非常另类的中医"辨证论治"原则。该原则，特别是具体化后的"六经论伤寒"原则，至今仍是中医临床的基本原则，也是中医的灵魂所在。它的出现，对后世中医学的发展起到了绝对的主宰作用。那么，什么是"辨证论治"呢？形象地说吧，若用寒凉药物，去治疗热性病，那便是"正治法"；而使用温热的药物，去治疗热性病，就属于"反治法"。但是，若症状相同时，那又该如何选择治疗方法呢？这就需要辨证考虑了，即道家思想中的千变万化。不仅要看表面症状，还要通过多方面的诊断（望闻问切）和综合分析，得出症候特点才

能开处方。这种"透过现象看本质"的诊断方法，就是张医圣的著名"辨证论治"观点，它建立在精深的医理和严密的辨证分析基础上，彻底否定了仅凭病症的主观诊断法，从而奠定了中药临床学的理论基础。更粗略地，用外行话来说，所谓"辨证论治"，就是个性化治疗，甚至即使是针对同一个人，也还要考虑时令节气、地区环境、生活习俗等因素。

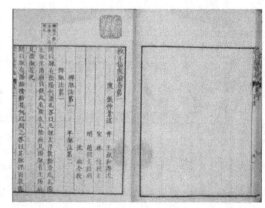

辨证论治的群方之祖《伤寒杂病论》和刻本书影

与西医相比，它更能展现传统中医的无穷魅力。

从科学的系统性角度来看，任何一门学科，判断它是否已成形的主要指标就是其系统性。而《伤寒杂病论》，是集秦汉以来的医药理论之大成。它所建立的理论体系相当完善，这也是为什么本回开头时我们敢说"中医成于张仲景"的主要底气。实际上，张仲景已系统分析了伤寒的原因、症状、发展阶段和处理方法等，并创立了伤寒病的"六经分类"原则，奠定了理、法、方、药的理论基础。具体说来，他把疾病的发生发展过程中所出现的症状，根据病邪入侵经络、脏腑的深浅程度，患者体质的强弱、正气的盛衰以及病势的进退缓急和病史等情况加以综合分析，寻找发病的规律，以便确定不同情况下的治疗原则。他还提出了治疗外感病的一种重要分类方法，将病邪由浅入深分为6个阶段，每个阶段既有其共同症状，又衍生出很多变化，从而可将相应的处方和选药局限在有效的范围内，只要辨证准确，处方的运用就会产生很好的疗效。

从实用性角度看，《伤寒杂病论》绝不仅仅是纸上谈兵。具体说来，它对治疗方法和处方药的贡献也十分突出。它以整体观念为指导，提出了系统的方法，至少有调整阴阳，扶正祛邪，还有汗、吐、下、和、温、清、消、补等方法，并以此为基础创立了一系列卓有成效的方剂。据统计，《伤寒论》载有处方113个，《金匮要略》载有处方262个。这些方剂，均有严密而精妙的配制及相应的衍化，其变化之妙、疗效之佳，令人叹服，其中许多著名方剂，至今仍发挥着巨大作用。此外，在剂型上，张医圣也勇于创新，其种类之多已远超汉代以前的各种方书，比如汤剂、丸剂、散剂、膏剂、酒剂、洗剂、浴剂、熏剂、滴耳剂、灌鼻剂、吹鼻剂、灌肠剂、阴道栓剂、肛门栓剂等。书中对各种剂型的制法，也记载甚详；对汤剂的煎法和服法，也交代颇细。此外，书中对针刺、灸烙、温熨、药摩、吹耳等治疗方法，也有许多阐述。书中还收集了许多急救方法，比如对自缢、食物中毒等的救治，就颇有特色，其中对自缢的解救，几近于现代的人工呼吸法。

山东中医药大学内的一尊张仲景像

从影响力方面看，《伤寒杂病论》更是空前绝后：它是中国第一部从理论到实践的医学专著；也是中国医学史上，继《黄帝内经》之后最重要的著作之一；它至今仍是国内中医院校开设的主要基础课程，仍然受到医科学生和临床大夫的广泛重视，特别是随着时间的推移，其科学价值更是越来越明显。即使在海外，该书也颇受医学界的推崇，成为研读的重要典籍。据不完全统计，从晋代至今，整理、注释、研究《伤寒杂病论》的中外著作数以千计。日本自康平年间（大约为我国宋朝时）以来，研究《伤寒杂病论》的学派有近200家。此外，朝鲜、越南、印度尼西亚、新加坡、蒙古等国的医学发展，也都不同程度地受到《伤寒杂病论》的影响及推动。

最后，各位看官，别以为张仲景的成果就只有《伤寒杂病论》，其实还多着呢，否则怎么称得上中国的"医圣"呢。比如，他的著作至少还有《辨伤寒》（10卷）、《评病药方》（1卷）、《疗妇人方》（2卷）、《五藏论》（1卷）、《口齿论》（1卷）等。

伙计，当你读完张仲景的科学家小传后，是不是特有自豪感呀。其实，中国的科学真不该落后。当然，至于中国科学何时领先，那就得靠你了！伙计加油，我看好你哟！

第十五回

亦儒亦道科学家，亦仙亦凡赏菊花

一提起葛洪，许多人马上就会想到神仙。的确，他的伯祖父葛玄是"神仙"，而且还是中国"四大天师"之一的葛仙翁。他的岳父鲍靓也是"神仙"，他的老婆鲍仙姑还是"神仙"，他老婆的姑姑又是"神仙"，他的一个徒弟更是鼎鼎大名的"大神仙"——黄大仙。而他自己仍然是"神仙"，人称小仙翁，甚至他在晚年还放弃了"关内侯"这样人人仰慕的爵位，与太太一起到罗浮山去隐居炼丹，终于成了"全职神仙"。反正，他们一家简直就是"神仙之家"。而且，至今许多庙宇里也都还供奉着他们的神像，每年正月初一等特殊日子，还有许多信众抢着给他们叩头烧香呢。

但是，本回并不打算为葛洪写"神仙简史"，而只聚焦于科学家小传，具体来说，是要为葛洪撰写化学家和医药学家小传。其实，你不必惊掉下巴，因为，道教与中医、炼丹与化学之间，从来就是难解难分的：一方面，医疗活动在道教的形成与传播过程中，一直就扮演着十分重要的角色；另一方面，道教对长生不老的追求，也从客观上推动了中医的发展。因此，在民间甚至有"十道九医"的说法。其实，除了本回主人公之外，还有许多道士也都是医学家，比如南朝的陶弘景和唐代的孙思邈等。好了，闲话少说，书归正传。

伙计你看，神仙就是神仙，连投胎的人家都选得倍儿好：公元284年，当罗马帝国的"第三世纪危机"结束，戴克里先加冕为罗马皇帝时，葛洪随着一声惊雷般的啼哭，降生到了西晋丹阳（今江苏句容县）的邵陵太守葛悌家，成了葛太守万般娇宠的第三个儿子。葛悌，何许人也？官场不倒翁者也！其父本为三国鼎立期间，吴国的御史中丞、吏部尚书和寿县侯。葛悌自己则先是吴国的会稽太守，当吴国被晋朝所灭后，葛悌不但未被满门抄斩，反而又摇身一变成了晋朝的大官，任邵陵太守。总之，葛悌在官场上，好像总是"任凭风浪起，稳坐钓鱼台"。能投胎到如此权贵之家，当然无异于抽到了一支上上签，若非神仙哪有如此福分。

伙计你再看，神仙也有掐指一算出差错的时候！"小仙翁"千算万算，却没算到父亲葛悌会突然死在工作岗位上，可怜的葛洪那时只有13岁。从此葛家家道中落，入不敷出，更雇不起仆人了。看来，作为"神仙"，前世"葛洪"的道行还真不咋样，故今生还需在颠沛流离之中继续修炼，至少要提高"掐算"的精确度。于是，小葛洪不得不亲自躬耕农田，并以此为生；篱笆破烂不堪了，也没钱维修；甚至，常需拨开杂草出门，推掉乱木进屋。更不幸的是，家中又多次失火，祖辈收藏的典籍也全被焚毁，葛同学只好背起书篓，步行到别人家中抄书。想学习却又没纸笔时，他就用树枝在地上写写画画。后来，他干脆上山砍柴，挣些碎银来购买必需的文具，以便在劳作之余抄书学习，纸张正面写过后再继续使用背面，绝不浪费一丁点儿页面。乡亲们见他异常用功，因而称其为"抱朴之士"。后来，他修道时还真以"抱朴子"为道号了。抱朴子性格内向，不善交游，只闭门读书，但涉猎甚广。

16岁时，葛洪开始阅读《孝经》《论语》《诗》《易》等儒家经典。他尤其喜欢道教的"神仙导养之法"，但凡打听到任何"活神仙"的信息，哪怕再远再险也都要前往取经问道。后来，他干脆拜伯祖父的高徒郑隐为师，认真学习炼丹秘术。由于他潜心向学，所以颇受师父器重，并获得了不少真传。特别是郑隐的遁世思想，对葛同学产生了重大影响，甚至使他很早有意归隐山林，炼丹修道，著书立说。确实，从少年时代起，葛洪就始终是"要么是在修仙，要么是在修仙的路上"。

葛洪18岁时，农民起义此起彼伏。师傅郑隐又掐指一算，断定马上将有战乱，而徒弟葛洪的劫数未满，故只携其他弟子东投霍山隐居，而独留"小仙翁"于丹阳。20岁时，葛洪不得不参军平叛，但却因作战有功，竟然被封了伏波将军并赐爵关内侯。哈哈，看来郑"神仙"这次也没算准，因为，徒弟不但没遇劫，反而因祸得福了！

本来凭借赫赫战功，关内侯葛洪便可从此享受荣华富贵的，但是他的"仙瘾"实在太大，对俗世的名利等怎么也提不起精神来。于是，在凡间勉强待了数年后，经不住神仙诱惑的葛洪终于又拜南海太守鲍靓为师，继续其修道之旅。

第二任师傅鲍靓，精于医药和炼丹之术，而且还是当朝高官。他见葛洪虚心好学，又年轻有为，不但把自己的技术毫无保留地传授给了葛洪，而且还把精于灸术的女儿鲍姑也嫁给了他。从此，这对"活神仙"夫妇，就开始了比翼双飞的生活。起初，他媳妇只是神仙般美丽，后来竟然也真的修炼成"仙"了，人称鲍仙姑。

从30岁开始，葛洪夫妇就多次拒绝了皇帝赐予的高官厚爵，基本上完全进入了"神仙状态"，要么隐居深山创作《抱朴子》等著作；要么遍游各地，一边寻仙访道，一边为百姓行医治病。再后来，葛洪两口子干脆启动了"神仙模式"，永远隐入了广东罗浮山，直至公元364年葛神仙以81岁高龄去世为止。

"小仙翁"的去世，虽然再一次证明了"长生不老"的不可能性，但是，为了尊重仙界规矩，我们也只好说"葛老人家羽化升天"了，但愿他下辈子能真正修得不老之躯，阿弥陀佛！

哈哈，那位哥们儿笑啦：你不是要写葛洪的"科学家小传"吗，怎么还是写成了神仙传了？伙计别急，一方面，必须承认，所有与葛洪相关的现成资料，确实都仙气十足；但另一方面，"不看广告，看疗效"，只要你精心剥离，就完全可将葛"神仙"恢复成一位合格的化学家、哲学家、医学家和文学家（诗人），甚至还有军事家、音乐家和美学家等。

若从凡间角度来看，葛洪一生的著述颇丰，覆盖领域也非常广泛。其代表作至少就有《肘后备急方》（4卷）、《抱朴子·内篇》（20卷）、《抱朴子·外篇》（50卷）、《碑颂诗赋》百卷、《金匮药方》百卷、《军书檄移章表笺记》（30卷）、《神仙传》（10卷）、《隐逸传》（10卷）等，共530余卷著作。此外，像《正统道藏》和《万历续道藏》等权威道家著作中，也收集了葛洪的各类著作十余种。因此，若从数量上看，一般科学家的学术著作都很难与他匹敌；若从质量上看，葛神仙就更厉害了。下面就让我们由易到难，来重塑葛科学家的凡间形象吧。

《抱朴子·内篇》第9章 第1页

首先来看文学家葛洪。除开他的百卷《碑颂诗赋》之外，若上网一搜，你将至少找出葛文学家的《画工弃市》《癸丑腊大暖志之》《涵碧亭》《游天官寺》《中兴寺琼翠阁次乔梦符韵》《法婴玄灵之曲二首》《上元夫人步玄之曲》《四非歌》《洗药池诗》等十余首诗文。想想看，比李白还古老400多岁的诗文，能穿越时空1 800多年流传至今，这本身就说明了葛洪的诗坛地位。况且，他的诗文确实也飘飘欲仙，比如"洞阴泠泠，风佩清清。仙居永劫，花木长荣。"原来，葛"神仙"的肉身虽未修得不老，但其诗文也许真能永生。

其次来看哲学家葛洪。中国的哲学体系，主要有两大家：儒家和道家。一直以来，儒学和道学基本上彼此独立发展，甚至有时还相互矛盾。但是，葛洪却首开了将儒道两家哲学体系合二为一的先河，主张内修神仙，外施儒术。他将神仙方术与儒家纲常相结合，强调："欲求仙者，当以忠孝、和顺、仁信为本。若德行不修，不得长生也"。他还将儒家信条融入了道教的戒律之中，比如，他说："……欲求长生者，必欲积善立功，慈心于物，恕己及人，仁系昆虫，乐人之吉，悯人之苦，济人之急，救人之穷，手不伤生，口不劝祸，见人之得如己之得，见人之失如己之失，不自贵，不自誉，不嫉妒胜己，不佞谄阴贼，如此……求仙可成也。"他还对儒、墨、名、法诸家兼收并蓄，主张文章与德行并重，赞同立言当有助于教化，宣扬治乱世用重刑，提倡严刑峻法等。

他的众多哲理名言，更是流传至今，比如，"必死之病，不下苦口之药；朽烂之材，不受雕镂之饰""山林之中非有道也，而为道者必入山林""明师之恩，诚为过于天地，重于父母多矣""士之所贵，立德立言""日月有所不照，圣人有所不知""有天地之大，故觉万物之小；有万物之小，故觉天地之大""金以刚折，水以柔全；山以高崩，谷以卑安""一言之美，贵于千金；伤人之语，剑戟之痛""志合者，不以山海为远；道异者，不以咫尺为近""不学而求知，犹愿鱼而无网""学之广在于不倦，不倦在于固志""食不过绝，欲不过多，冬不极温，夏不极凉""音为知者珍，书为识者传""川泽纳污，所以成其深；山岳藏疾，所以就其大""贤不必寿，愚不必夭，善无近福，恶无近祸，生无定年，死无常分""病困重良医，世乱贵忠贞""云厚者，雨必猛；弓劲者，箭必远""亡国非无令也，患于令烦而不行；败军非无禁也，患于禁设而不止""小善虽无大益，而不可不为；细恶虽无近祸，而不可不去""贵远而贱近者，常人之用情也；信耳而疑目者，古今之所患也""安贫者以无财为富，甘卑者以不仕为荣""闻荣誉而不欢，遭忧难而不变""时移世改，理自然也"等。

葛洪炼丹图

再来看化学家葛洪。首先，所有道士都得炼丹，这其实就是一种化学实验，它将某些矿物质放入密封鼎中，然后再用炉火烧炼。在高温高压下，矿物质便会发生化学反应，甚至产生新物质。虽然并非每位道士都称得上"化学家"，但葛洪却是例外。

1）他确实发现了物质变化的若干重要化学规律，特别是发现了化学反应的可逆性。他发现，在炼制水银的过程中，若对丹砂加热，便可炼出水银；但是，若将水银和硫黄化合，则又能变回丹砂。他还发现，用四氧化三铅可以炼得铅，反过来，铅也能还原成四氧化三铅等。

2）他发现了若干重要的化学现象，特别是结晶现象和置换现象。例如，雌黄和雄黄加热后便会升华，并直接产生结晶体。又例如，在描述铁置换出铜的化学反应时，他说："以曾青涂铁，铁赤色如铜。"

3）他确实炼制出了若干重要的新物质。例如，密陀僧（氧化铅）、三仙丹（氧化汞）等，至今仍是不可或缺的外用药物原料。

4）他发现了某些化合物的重要药效。他发现，松节油可治关节炎，铜青（碳酸铜）可治皮肤病，雄黄和艾叶可以消毒，密陀僧可作为防腐剂等。虽然当时葛"神仙"仅仅只是"知其然，而不知其所以然"，但是，若用今天的化学知识，便可解释并证明其发现的正确性：铜青之所以能治皮肤病，是因为它能抑制细菌的生长繁殖；雄黄的杀菌作用，源自其中所含的砷；艾叶能驱虫，是因为其中含有挥发性的芳香油；密陀僧的防腐功能，其实归功于它的消毒杀菌作用等。因此，读者朋友们，你若大方一点的话，也还可再给葛"神仙"增加一顶新头衔，那就是"药学家"。

最后再来重点看看医学家葛洪。

从观念上说，葛洪之所以精晓医学和药物学，在很大程度上应该得益于他主张的"道士兼修医术"。他认为"古之初为道者，莫不兼修医术，以救近祸焉"，翻译成大白话就是：修道者若不兼习医术，一旦病痛及己便无以攻疗，不仅不能长生成仙，甚至连小命也难保。

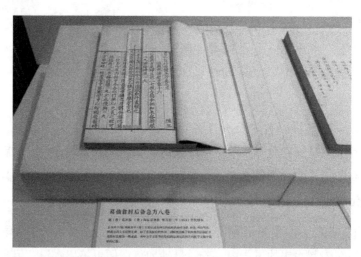

"国家图书馆国家珍贵古籍特展"现场展示的古籍珍品《葛仙翁肘后备急方八卷》

基于"保命"这一目的，葛大夫甚至将其医著取名为《肘后备急方》，翻译成现代白话便是《袖珍急救手册》。该书收集了大量救急处方，而且还特选了廉价且易得的急救药物。书中尤其强调灸法的使用，利用浅显易懂的语言清晰明确地注明了各种灸法，以至于只要弄清灸的分寸，外行也能照猫画虎。

同样也是为了"保命",葛医生很注意研究急性病,特别是急性传染病。这类疾病被古人称为"天刑",意指是天降灾祸,是鬼神作怪。葛郎中则明确指出:急性病不是由鬼神引起的,而该归咎于外界的瘟疫。从现代医学角度看,急性传染病确实是微生物引起的。而在葛"神仙"的年代里,肯定没有显微镜,更不可能看见细菌,所以,单凭他能断定"急性病归因于外界因素"这一点,就已经相当神奇了。唉,真不愧为神仙呀!

除了在其医著中广泛记载了许多药材的形态特征、生长习性、主要产地、入药部分及治病作用等之外,葛大夫的医学家地位,还有一个重要支柱,那就是他首次发现并记载了若干新型病症。

1)他首次发现了人类的结核病,将其称为"尸注",并指出这种病会互相传染,千变万化。染病者也不清楚到底哪儿不舒服,只觉怕冷发烧,浑身疲乏,精神恍惚,身体一天天消瘦,久拖还会丧命。用现代医学知识来解释便是,结核病源于结核菌,它能致使许多器官发生病变,如肺结核、骨关节结核、脑膜结核、肠和腹膜结核等,都是结核菌引起的。

2)他首次记载了狂犬病,并明确指出该病是"犬咬人引起的"。被疯狗咬过之后,患者将非常痛苦,受不得半点刺激,哪怕听见一丁点儿声音就会抽搐痉挛,甚至听到水声也会抽风,所以,此病又叫"恐水病"。从现代医学知识来看,葛郎中的记载是正确的,但是,他给出的所谓"治疗方法"却站不住脚。因为,即使是在今天,狂犬病一旦发作,病人也将必死无疑,或者说"死亡率为100%"。不过,葛"神仙"试图以"以毒攻毒"的思路治疗狂犬病倒是值得肯定。葛医生认为,疯狗咬人,一定是狗嘴里有毒物从伤口侵入了人体,所以,治病的关键就是"如何从疯狗身上取出这种毒物"。于是,他捕杀疯狗,取出其脑,敷在患者伤口上。无独有偶,大约在葛洪之后1 500多年,法国医生巴斯德也采用了类似的方法来研究狂犬病。他先用人工方法致使兔子感染狂犬病,然后,把病兔的脑髓取出来制成针剂,再用它来预防狂犬病。不过,巴斯德的做法比葛"神仙"更科学,因为,这种办法确实有"预防"作用,而非"治疗"作用。

实际上,葛洪"治疗"狂犬病的方法,已隐约包含了"免疫"的先进思想。所谓"免疫"就是免于被传染。当细菌和病毒等侵入人体后,身体便会本能地排斥和消灭入侵者,致使疾病难以发作;当身体抵抗力较差时,细菌和病毒等就会使人患病。"免疫法"就是试图提高人体的抗病能力,比如,注射预防针就是一种免疫的方法。如今,

"免疫法"已被广泛使用，比如，种牛痘可以预防天花，注射脑炎疫苗可以预防脑炎，注射破伤风细菌的毒素可治疗破伤风等。

3）他在人类历史上首次记载了"天花"这种要命的传染病。他记载道：某年发生了一种奇怪的流行病，患者浑身长满密密麻麻的疱疮，起初只是小红点，不久就变成白色脓疱，且很容易碰破；若不及时治疗，疱疮就会一边长大，一边溃烂，病人还会发高烧。他指出，此病的治愈率很低，不足10%。就算侥幸治好，皮肤上也会留下一个个小疤痕。这些小疤痕起初发黑，一年后才会恢复为正常的皮肤颜色。

4）他还首次记载了恙虫病，并称为"沙虱毒"。葛洪还正确发现了此病的病因：一种名叫"沙虱"的小虫，在螫人吸血时把病毒注入了人体，使人患病发热。而沙虱是一种比小米粒还小的虫子，若不仔细观察，根本难以发现它的存在。由此可见，葛"神仙"的洞察力，确实不是一般凡人可比拟的。从现代医学观点来看，此病的病原体其实是一种比细菌还小的微生物，名叫"立克次氏体"，而沙虱体内确实刚好含有这种病原体。

俗话说，每个成功的男人背后，都有一个女人，神仙也不例外。因此，在结束本回前，让我们说说葛洪背后的那个女人吧。

她本名叫鲍姑，后来却因为在修仙悟道、治病救人等方面成就突出，便被老百姓尊称为"鲍仙姑"。她特别擅长临床灸治，是第一位青史留名的女针灸医生，也是"古代四大女名医"之一。至今在广州越秀山麓的三元宫里，还设有鲍姑殿，为她塑金身呢。哇，做"神仙"真好！

鲍姑（古代四大女名医之一）画像

由于受"神仙"爸爸和"神仙"姑姑的熏陶，鲍姑从小就精通道法和医术，婚后，又长期跟随"神仙"丈夫炼丹行医，为民治病。因此，她也自然而然地就走上了成仙之路，而且还收了一位名叫黄初平的弟子，该弟子后来也成了"神仙"，而且还是大仙，即在港澳地区特别有名的"黄大仙"。鲍姑的拿手好戏是"艾灸"，即用点燃的艾炷或艾条去熏烤人体穴位，以达到保健治病的效果。由于她经常使用越秀山脚下的红脚艾绒来做灸疗，特别是用艾灸去消除赘瘤，因此，这种艾又被称为"鲍姑艾"。

鲍姑行医采药，足迹遍布广州、南海等地，对此相关县志、府志也都有所记载。

甚至，民间还有这样一个关于鲍姑疗疾的美丽传说。某天，鲍姑路见一少女在岸边俯视河面，一边照容，一边淌泪。原来，她脸上长满了黑褐色的赘瘤，十分难看，帅哥们都不愿娶她，因此，顾影自泣。鲍姑见状，不容分说便从药囊中取出红脚艾，搓成艾绒，用火点燃，轻轻在她脸上熏灼。不久，她脸上的疙瘩就全部脱落，未留一点疤痕，变得美若天仙。于是，小妹妹千恩万谢，欢喜而去。

当然，鲍姑最多只能算是名医，够不上医学家，因为她未留下任何专著。不过，在其老公的医著中，却收集了上百种针灸医方，对灸法的作用、效果、操作方法、注意事项等记载得尤其详细。莫非其中的许多针灸医方，真的出自鲍姑之手？

伙计，不对！我咋突然觉得，葛"神仙"夫妇早已修得了"长生不老"，你说呢？

第十六回

遥遥领先圆周率，苦苦推进大明历

在中国，一提起"祖冲之"这个名字，几乎无人不知，无人不晓。"杰出的数学家和天文学家"，理工青年脱口而出；"著有《述异记》的小说家"，文艺青年也不甘示弱；"著有《释论语》《释孝经》《易义》《老子义》《庄子义》的国学家"，老学究摇头晃脑说；"月球背面一座环形山和1888号小行星的产权证署名者"，房产商趁机套近乎并推销广告道。如果你仔细考察，其实祖冲之的博学远不止这些，他还是设计制造专家、音律家、训诂专家，甚至还是棋坛高手呢。

但是，对祖冲之生活的时代背景，却很少有人认真了解过。其实，那是一个本不该产生数学家的南北朝时期。当时，"五胡乱华"时期，一部分胡人正在汉化，另一部分汉人也在胡化，胡人、汉人、汉化的胡人、胡化的汉人等各种人之间正在群殴。今天你杀我，明天我打他，终于"啪哒"一声，本来就已四分五裂的"五胡十六国"这块破镜，又被重重地摔在了地上。一时间，碎片四溅，皇帝们如雨后春笋，纷纷从每块碎片上破土而出。更糟糕的是，每个皇帝看别的同类都很不顺眼，总想灭掉对方，占据其碎片；每个臣民看自己的皇帝也都不舒服，总想割其项上人头，夺其股下龙椅。于是，碎片们便不断地分分合合，即便暂未被分合的那些碎片，也在不断地"城头变幻大王旗"。总之，在当时，无论是个人还是团伙，甚至是领土，都是出色的"川剧变脸"演员。

正是在这场持续百余年的闹剧中，祖冲之的先辈们做出了一个非常英明的决定：从河北涞水县迁居到江南，以躲避北方的大规模战乱。而非常幸运的是，江南这块碎片（在当时叫"南朝"），相对而言暂时属于闹中取静的"国度"，社会比较安定，农业和手工业都较发达，经济和文化也很先进，从而有条件推动科学进步。因此，在这段时期，江南产生了一批杰出科学家，比如陶弘景、贾思勰、郦道元、孙思邈、何承天、张子信和刘焯等。换句话说，江南为祖冲之准备好了不错的大环境。此外，祖冲之的爷爷，曾在南朝的刘宋政府中担任过大匠卿，分管土木工程，也算是一位专家型的领导吧；父亲也是御用奉朝请，且因学识渊博而常被邀请参加皇室的典礼和宴会等重要活动；同时，祖家世世代代都对天文历法颇有研究。换句话说，家族为祖冲之准备好了不错的环境。当然，小环境就只能依靠祖冲之自己来建设了，于是，本回的主人公即将闪亮登场了。

话说公元429年，当汪达尔国王率重兵渡过直布罗陀海峡抵达非洲时，当匈奴人把欧洲各民族赶得鸡飞狗跳引发民族大迁徙时，当罗马法典化进程开始起步时，当北魏突袭柔然时，当拓跋焘最终统一敕勒各部时，本回的主人公祖冲之平平安安地降生到了南京的一个官宦之家，过上了众星捧月般的幸福生活。作为大匠卿的爷爷，考察工地时总少不了带上宝贝"跟屁虫"。这对"小冲冲"来说，既加深了对社会的了解，又可从能工巧匠身上学到一些奇妙本领。爸爸教他阅读经书典籍，既开阔了视野，更扩大了知识面。家庭的熏陶，耳濡目染，再加上"小冲冲"的聪慧天资和自觉勤奋，使得他对自然科学、文学和哲学，特别是对天文学和数学产生了浓厚兴趣。此外，凡事喜欢"打破砂锅问到底"的天性，也常使长辈们乐得合不拢嘴。像"为什么月亮时圆时弯"啦、"为什么太阳昼出，而月亮却夜出"啦、"为什么太阳会比月亮热"啦，一连串天真而有趣的问题正好让爷爷这位业余天文学家派上了用场，爷爷更是趁机给小孙子灌输了不少"斗转星移"的奥秘。

待到青年时代时，祖冲之就已几乎搜遍了上古以来的各种文献、记录、资料等，并对它们进行了地毯式的考察和研究。祖冲之既重视前人的成就，又不盲目崇拜权威，更不被古人的思路所束缚。只要条件允许，他都会"亲量圭尺，躬察仪漏，目尽毫厘，心穷筹策"，翻译成白话便是：亲自测量，亲自试验，不放过毫厘之差，不疏忽任何演算。

由于他博学多才的名声太大，很快就被南朝刘宋政权的皇帝看中，并被钦定到一个名叫"华林学省"的研究所从事学术研究工作，后来又升调到总明观（国家科学院）任要职。那时的总明观分设了文、史、儒、道、阴阳5个学部，实行"首席教授负责制"，并聘请来自各地的权威学者任教，祖冲之便是其中之一。在这里，祖冲之接触到了大量国家藏书，包括天文、历法、术算等方面，从而为随后的科研腾飞打下了坚实的基础。

30岁左右是祖冲之的科研成果爆发期，也是其事业的得意期。32岁时，他进入镇江市监察局工作，先是担任从事吏（文字秘书），随后升为公府参军（七品秘书长）。秘书工作虽然耗费了不少精力，但是祖冲之却始终没放弃自己的科研，甚至在次年，他竟然完成了庞大的科研系统工程，编撰了《大明历》，并将它提交给了当朝皇帝，希望尽早公布实施。35岁时，祖冲之又被调任到娄县做县长，之后又升任谒者仆射（南京市政府秘书长），主要负责朝廷礼仪与文件传达工作。从这时起，一直到南朝刘宋政权皇帝"下

中国国家博物馆展出的指南车模型

水锥磨示意图

岗"，萧齐政权的新皇登基为止，祖冲之的科研方向主要集中于机械制造，比如，重造了铜制机件传动的指南车，发明了日行百里的"千里船"和"木牛流马"，制作了至今还在农村偶见的水碓磨，还设计制造了计时用的过漏壶等。

祖冲之晚年时，萧齐政权摇摇欲坠，宫廷矛盾尖锐，社会动荡不安。于是，祖冲之又来了一个180度的华丽大转身，竟然开始研究起文学和社会科学来了，同时也很关心政治。他在65岁高龄时，不但未退休，反而向南齐末代皇帝提交了一份名叫《安边论》的"改革方案"，建议政府开垦荒地，发展农业，增强国力，安定民生，巩固国防。当时的皇帝看后，颇受感动，"唰唰唰"，就在建议书上做了批示："巡行四方，兴造大业，可以利百姓者"。翻译成白话就是：已阅，请祖先生速办。可惜呀，晚啰，早点改革就不至于亡国了！很快，连皇帝自己也都成了"过河的泥菩萨"，该"改革方案"自然也就泡汤了。

公元500年，当法兰克王国创立者克洛维征服了罗马境内的勃艮地王国时，祖冲之带着两大遗憾无奈地离开了人间，享年72岁。遗憾之一是，《安边论》被荒废，毕竟又要改朝换代了嘛。遗憾之二是，在有生之年，未能看见其天文历法的心血之作《大明历》被推广实施。不过，南朝萧梁政权的梁武帝，在祖冲之去世十年后终于以《甲子元历》之名，实际上颁行了《大明历》，这也算是对祖先生在天之灵的一种安慰吧。

一说起祖冲之的科学成果，人们首先想到的肯定是"祖冲之圆周率"，或简称"祖率"，即 π =3.1415926……你也许会埋怨说：普通人咋能记住如此复杂的数字呀！别急，教你一句诗，你就很容易记住了：π = "山巅一寺一壶酒，尔乐"。其实，你若有兴趣，还可以仿此用更多的诗句，来记忆更长的圆周率，比如，π =3.14159,26535,897,932,384,626= "山巅一寺一壶酒，尔乐苦煞吾，把酒吃，酒杀尔，杀不死，乐尔乐"。

但是，非常遗憾的是，过去许多书籍在介绍"祖率"时，没抓住"本"，反而却过分渲染了"末"，例如，总是自豪地声称"祖冲之将圆周率的精度推进到了小数点后7位数，此纪录直到1 000多年后，才被阿拉伯数学家阿尔·卡西打破"等。下面就尽量简洁地描述圆周率的"本"，重点回答：人类为什么要从古巴比伦时代起，4 000多年来一直到如今都在前赴后继地试图求出圆周率？甚至，国际数学协会还在2011年正式宣布：将每年的3月14日设为"国际圆周率日"，也叫"国际数学日"。

原因之一是，圆周率（π）乃数学及物理中非常普遍的一个常数，如果它的值知道得越精准，那么相应的众多计算结果也才能越精准。例如，计算圆的周长、圆的面积、球的体积、方程 $\sin x=0$ 的最小正解、天文周期值、日历中的时间差等数值的精确度，都主要取决于 π 值的精确度。而古代的许多日常度量衡器具也都是圆形、球形、柱形或它们的组合等，制定日历时也得考虑相关的圆周运动，因此，自然也就需要更精准的 π 值。从该意义上说，祖冲之的7位数当然比6位数更先进。但是，即使是在今天的工程应用中，π 值的精度常常也只需要2位数就够了，更不用说是古代了。所以，"祖率"7位数的真正价值，其实体现在下面的原因二中。

原因之二是，人类早就知道 π 是一个无理数，即其小数表达式中将有无限多个不循环的小数。换句话说，若想用小数形式来表示它，将会永无止境。那么，人类为什么要"明知不可为，而却偏要为之"呢？其实，人类的真正用意在于：以 π 值的计算为口号，设置一个"擂台"，吸引数学家们前来"攻擂"，以达到开发数学研究新领域的目的。此外，诸如哥德巴赫猜想、黎曼猜想、四色猜想、费马猜想等著名猜想，也在某种程度上都具有"设擂"的功用。而实际效果也正如所愿，事实上，π 值的计算大约可分为以下4个阶段。

1）实验阶段。早在公元前1 900多年，古巴比伦人就知道了 π ≈ 3.125，这当然只需用量尺对任何一个具体的圆粗略测一测就行了。

2）几何法阶段。公元前约300年，阿基米德就用"内外切多边形"的方法求出了 π 的平均值约为3.141851（见本书第八回）；400年后，张衡用几何法得出 π ≈ 3.162（见本书第十回）；公元263年，刘徽用"割圆术"给出了 π ≈ 3.141024；祖冲之则进一步改良了刘徽的成果。所以，"祖率"的真正价值，在于它的计算方法，而不仅仅是结果。因为，"现代数学的极限思想"在其方法中已呼之欲出了！当然，必须承认，在那个几乎没有任何计算工具的年代里，要想用"割圆术"逼近出7位数精度的 π 值，其难度是非常大的。

3）分析法阶段。此时的精确小数位数已不太重要了，关键是激发了"无穷级数"等方面的许多重要数学成果。

4）计算机辅助计算阶段。此时，π 值的计算已含有娱乐成分了。如今，人类已计算出能精确到十万亿小数位的圆周率了。

关于祖冲之，过去的许多书籍中还有另一个本末倒置，那就是在他的两项代表性成果"祖率"和《大明历》中,其实前者只是手段,后者才是目的。因为,更加精确的圆周率才能给出更加准确的历法。那么,什么是历法,历法到底有多重要呢?

简单地说,所谓"历法",就是推算年、月、日,并使其与相关天象对应的方法,是协调历年、历月、历日,和回归年、朔望月、太阳日的办法。这里的回归年,就是地球绕太阳转一周的时间;朔望月,就是月亮盈亏一次的时间;太阳日,就是昼与夜交替一次的时间;而历年、历月和历日,分别就是从日历上读得的年、月、日值。可惜,由于星体运动的不均匀性,使年长既不是月长的整数倍也不是日长的整数倍,月长也不是日长的整数倍等。例如,一个回归年约为365.25日或12.3684朔望月,一个朔望月约为29.5日等。因此,就必须采取巧妙的办法,来协调这些细微的差距,使得日历尽可能准确。

初看起来,历法问题好像并不难,其实它非常复杂,且时间间隔越长,难度越大。因为,非整数倍的微小误差,会不断日积月累,甚至明显影响日历的准确度。理想的历法,应该易记易用,历年的平均长度等于回归年,历月的平均长度等于朔望月。但是,这些要求根本无法同时达到,总会出现一些微小的误差。为了解决这种误差积累的问题,古代各国和各民族真可谓绞尽脑汁:有的以太阳为基准;有的以月亮为基准;还有的同时参考太阳和月亮;更多的则是不断对当前使用的历法进行改良,针对已发现的问题,推出新的历法升级版。据不完全统计,中国自先秦时期使用"古六历"以来,至今已使用过至少50种历法的升级版本,直到辛亥革命后才终于确定:从1912年1月1日起,实行世界通用的公元纪年。

制定先进历法的前提就是要准确观测相关天体的运动状态,因此,从某种意义上来说,中国古代的天文学史其实就是一部历法改革史。祖冲之的《大明历》就是中国历史上的那50种历法之一,它前继何承天的《元嘉历》,后接李业兴的《正光历》,总共的有效期约为57年。祖冲之的历法之所以比前人的先进,这一方面得益于他计算得更准确,特别是有更精确的"祖率";另一方面,更得益于他精确的天文观察。例如,他测定的交点月长度为27.21223日,与今天测值仅差1/100 000;他还将东晋天文学家虞喜发现的岁差,引入了《大明历》;他测定的回归年长度为365.2428141日,与今天的推算值仅相差46秒等。此外,除了上述直接用于历法的天文学成果之外,祖冲之还取得了不少其他天文学成果。比如,他测出木星的公转周期为11.858年,与今测值仅差0.004年。又比如,他测出五星(金、木、水、火、土)会合周期为木星398.903日,与今测值仅差0.019日;火星780.031日,与今测值仅差0.094日;土星378.070日,与今测值仅差0.022日；金星583.931日，与今测值仅差0.009日；水星115.880日，与今测值仅差0.002日等。

当然，更换历法也是一项巨大的社会工程，甚至还会涉及相关利益集团的得失，所以，并非可以随时随意地替换历法，即使新历法更加先进。因此，《大明历》完成之后，虽然祖冲之竭尽全力试图推广，但最终并未立即被采纳，从而也给祖冲之造成了生前的重大遗憾。由于相关的曲折和辛酸已超出了科学范围，所以，此处略去。

除了已经失传的东西之外，祖冲之的数学成果主要还有二次方程和三次方程的求解。比如，他解决了"开差幂"和"开差立"问题。这里，所谓的"开差幂"问题，就是已知长方形的面积和长宽之差，欲求出长和宽的问题；用数学公式表示出来便是，求解二元二次方程组$xy=a$和$x-y=b$的问题。而所谓的"开差立"问题，就是已知长方体的体积和长、宽、高的差，欲求其边长的问题；用数学公式表示出来便是，求解三元三次联立方程组$xyz=a$，$x-y=b$，$x-z=c$的问题。又比如，祖冲之还解决了"已知圆柱体、球体的体积，欲求它们的直径"的问题等。据说这些成果都包含在一本名叫《缀术》的专著中，而且该书还曾流传至朝鲜和日本等国，可惜现在都失传了。

祖冲之的数学故事，并未随着他的去世而消失。后来，他的儿子祖暅（gèng）继承父业，也成了数学家。他的代表性数学成果是所谓的"祖暅原理"，即"幂势既同，则积不容异"，意即位于两平行平面之间的两个立体，被任一平行于这两面的平面所截，如果两个截面的面积恒相

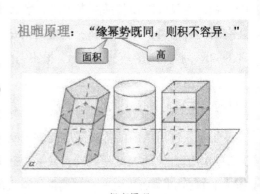

祖暅原理

等，则这两个立体的体积相等。此原理在1 000多年后，又被意大利数学家独立发现，并称为"卡瓦列利原理"或"等体积原理"。此外，祖暅还正确计算出了球体的体积，并著有《天文录》三十卷、《天文录经要诀》等著作。而且，祖冲之制定的《大明历》之所以能在去世10年后又被正式采用，其实在很大程度上应该归功于祖暅，他不但在技术上对《大明历》进行了必要的修订，还在其他方面做了大量的推进工作。祖暅还制造过一种更精准的计时漏壶，并作过一部《漏刻经》。

祖冲之的孙子祖皓不甘落后，也成了数学家，而且还是那种"只顾埋头思考，走

路都撞电杆"的数学家，可惜后来由于战乱，以身殉国了。唉，真是"一将功成万骨枯"呀。如果社会安宁，没准儿祖家又会再出一位著名的数学家呢！

在中国历史上，一门能出三代著名数学家的案例还真不多见。谢谢祖冲之，感谢您曾经为中华民族带来的骄傲与自豪！

第十七回

山中宰相无尾龙，医学神学皆精通

伙计，听说过《中国大百科全书》吗？对，就是那套动用了2万余名专家，历时15载，才最终纂成的煌煌巨著。它涵盖所有学科领域，分74卷介绍了古今中外的重要科学人物和成果等。为什么此处要提这部巨著呢？因为，普通科学家若能被收入其中，哪怕只在一处，就已相当光荣了。但在该书中，竟然有多达7卷（"宗教卷""中国历史卷""中国文学卷""哲学卷""美术卷""中国传统医学卷""化学卷"）都从不同的方面，收录了同一个人物：本回的男一号陶弘景。虽不知老陶是否是获此殊荣的唯一巨星，但可断定：此等神人，绝对屈指可数！显然，他肯定不仅仅是神学家、文学家、哲学家和政治家。不过，此处主要聚焦于他的科学家身份，具体说来，就是要撰写他的医学家、药学家和化学家小传。当然，我们更不会在意他的高贵血统，据说他是尧帝陶唐的后代，其七世祖陶浚曾任三国时期吴国的镇南将军。

陶弘景与上一回中的祖冲之，都生活在南北朝时期的南朝，只是陶弘景稍年轻27岁而已，因此，他生活的时代就更乱。更要命的是，陶家在各利益集团之间的"狗咬狗"斗争中陷得更深。比如，他的爷爷陶隆，本来是医生兼书法家和武术大师，但却阴差阳错，在替刘宋皇帝打天下的战争中竟然屡建奇功，以至建国后，被刘宋开国皇帝封为晋安侯，并任王府参军。于是，作为刘家天下的"官二代"，陶弘景的父亲陶贞宝当然就"要风得风，要雨得雨"，不但官至"江夏孝昌相"，而且有闲又有钱，也成了历史上的著名书法家，尤善隶书；不但博涉"子史"，同时还继承了祖艺，擅长医药之术等。作为刘家天下的"官三代"，陶弘景本来也应该"春风得意马蹄疾"，可是，当他23岁，正值事业发展的关键时期时，"啪唧"一下，刘家的龙椅被砸碎了。天下又改姓萧了，国号"商标"也变成"齐"了。作为前朝的红人，陶弘景当然就甭再想出人头地了，能保住小命就已谢天谢地了。于是，当家境发生断崖式塌方后，在36岁那年，陶弘景便卷起铺盖卷，满怀一腔绝世本领，隐进茅山当道士去了。

再后来，萧家内部又开始窝里斗。陶道士的一个旧友，雍州刺史萧衍，也参加了争夺皇位的斗争。于是，老陶便以遥控方式，全力支持萧刺史，并替老友设计了一个新的国号，名叫"南梁"。新皇帝登基后，为回报陶道士的大功，多次邀请他出山任高官。但是，陶"神仙"吸取了爷爷的教训，死活也不肯再入官场。不死心的皇帝下御诏，追问神仙："心中何所有，卿何恋而不返？""神仙"却回诗一首，曰："山中何所有？岭上多白云。只可自怡悦，不堪持赠君。"皇帝再催时，陶隐士干脆无言，直接画了两头牛：一个在野外悠闲吃草，另一个则戴着金笼头，被持鞭人牵着鼻子。对陶弘景"三顾茅庐"无望的梁武帝，只好退而求其次，在皇宫与茅山之间拉起了"热线电话"，每遇重要国家大事，便派信使到茅山去请教，然后，再按"神仙"的"锦囊妙计"行事。陶"神仙"虽身在世外，却俨然是朝廷的关键决策者，所以便被戏称为"山中宰相"。陶"宰相"就以这种传奇方式度过了余生，而且还创立了一个新的道教宗派——上清派，又称为茅山宗。

那位读者埋怨啦："你这简历，也忒粗了吧！"唉，没办法！谁叫"科学家陶弘景"只是陶"神仙"的九牛一毛呢！不过，这根"毛"比普通科学家的腰还粗哟！好吧，下面再回放几个慢镜头，对其科学家情节给出一些特写。

"山中宰相"陶弘景

话说，在南朝刘宋的晋安侯府内，晋安侯的儿媳郝氏做了一个奇怪的梦：一条无尾青龙，独自从怀中飞上了天；紧接着，又有两位天神，手拿香炉来到她家。郝氏梦醒后便有了身孕，并于夏至当天生下了陶弘景。那一年刚好是公元456年，即北魏太武帝大规模灭佛之年，北魏皇子拓跋弘的亲生母亲被逼自杀之年，阮佃夫等杀死前废帝之年。反正，这一年的杀气颇重，而陶弘景的随梦诞生，也许本身就是一种异象。

果然，这条青龙就是与众不同，他四五岁时，便对书籍额外偏好；九岁开始就阅读《礼记》《尚书》《周易》《春秋》《孝经》《毛诗》《论语》等儒家经典，而且其理解还颇为深刻；10岁时，偶得葛洪的《神仙传》，于是，一发不可收拾，不但成了葛神仙的忠实崇拜者，而且还萌发了修仙之意；15岁时，更写《寻山志》，以示其倾慕隐逸生活之志；17岁时，其才学已相当闻名了，以至外出时，经常被人围观，甚至不得不持扇遮面，扇不离身。成年后，浓眉大眼的陶帅哥，身材魁梧，神清气爽，满腹经纶，而且还发誓要穷尽天下知识，并要"若有一事不知，便深以为耻"。此外，他还精于琴棋书画，尤以草书和隶书最为出色，其传世书迹《瘗鹤铭》，被宋代黄庭坚称为"大字之祖"。总之，这位"要长相有长相，要本领有本领"的潜龙，本已万事俱备，只待一飞冲天了。可惜呀，突然改朝换代了，于是，倒霉的陶弘景便铩羽坠地，遗憾地沦为了新晋王爷们的陪读先生，并兼管一些文书杂务等工作。甚至直到36岁时，他仍然只是一个六品文官"奉朝请"，即"顾得上就问，顾不上就不问"的"顾问花瓶"，而且前途渺茫，看不到希望。终于，陶花瓶下定决心，上表辞官，挂朝服于神武门，退隐茅山，再也不与尘世交往了。直到45年后的公元536年，他在无病无患之际，预知自己死期将至，于是在写下遗嘱《告逝诗》后，安然去世，享年81岁。

老陶的所有科学成果，都是他在隐居茅山期间完成的，其数量之多，范围之广，深度之甚，都堪称奇迹。他留存至今的各类专著，竟多达数百种。除大量的道教著作外，陶"卧龙"还对天文历算、地理方物、医药养生、金丹冶炼等，都进行了全面而深入的研究。

各位若不服气，请看下面事实。

首先，来看药学家陶弘景。他是我国本草学发展史上贡献最大的早期人物之一。当时，本草著作虽已有10余种之多，但却无统一标准，特别是那些古本草，由于年代久远，内容散乱，草石不分，虫兽不辨，临床运用颇为不易。于是，陶公就在药学方面做了大量的基础研究工作，完成了《陶隐居本草》《药总诀》《合丹药诸法节度》等著作。特别是他的《本草经集注》，更成了中国本草学的里程碑，甚至使本草学发展成了博物学。那么《本草经集注》一书，到底有多牛呢？这样说吧，"神农氏"这个名字，你肯定听说过吧！大约是在秦汉之际，据说神农氏写了一本奇书《神农本草经》。而陶医生的《本草经集注》，就从内容和体例等关键方面，对神农氏进行"太岁头上动土"！这主要表现在以下3个方面。

1）他将神农氏收集的365种药物的数量整整翻了一倍，扩充为730种！而且他还对各种药物的名称、产地、性状、主治疾病、配制保存方法等，逐一注明。全书内容丰富，条理分明，对隋唐以后本草学的发展产生了重大影响，在中国医学史上占有重要地位。

2）他在亲身实践和反复验证的基础上，纠正了神农氏的若干错误，更精准地论述了相关药物的性味、产地、采集、形态和鉴别等核心内容，从而完成了一部条理清晰、系统科学、内容广泛的中药学名著。他首创了本草著作的"总论、分论"体例，为随后的同类书籍，树立了榜样。

3）最为重要的是，陶大夫完成了许多影响至今的"药物数据库"整理工作。例如，他创立了多套高效实用的"药物分类法"，从而使得后人可根据不同的目的，轻松使用和处理相关药物。特别是，他按自然属性将所有药物分为七类（玉石、草木、虫兽、果、菜、米食、有名未用等），而不是像神农氏那样，仅按"有毒或无毒"的粗糙标准分类。该"陶氏属性分类法"一直沿用1 500多年，现已几乎成了本草著作分类的标准。他还"以病为纲"进行分类，即把每种病症的可用药物详细列出，从而开创了历史先河。因为，这不但便于临床参考，甚至即使是外行，也可在关键时刻"照方抓药"，而且还促进了医药学的发展，直接催生了200年后，我国第一部药典《新修本草》在唐代问世。陶郎中的《本草经集注》一书，在本草"擂台"上的霸主地位，一直保持了1 000多年，直至明末李时珍的《本草纲目》诞生后，才终于完成其历史使命。

中国镇江醋文化博物馆的陶弘景像

其次，来看医学家陶弘景。由于他曾在浙江永宁的福泉山结草为庐，种药采药，为民治病，所以，群众为感激其恩，便将他所居之山称为"陶山"，所种之药称为"药齐"，所种的甘蔗称为"陶蔗"，练功之地称为"白云乡"（源于他写给皇帝的拒官诗句：岭上多白云）。至今，陶山寺还留有清朝名人撰写的楹联："六朝霸业成誓水，千古名山犹姓陶"。陶大夫在医学方面的贡献，主要表现于以下两点。

1）养生方面，他著有《导引养生图》和《养性延命录》等代表作，科学而全面地总结了上自炎黄、下至魏晋的导引养生理论与方法，是历史上对养生术的一次重大集成，包括养生的必要性、饮食和日常起居的注意事项、行气术、按摩术和房中术等。但是，与以往同类书籍不同的是，老陶立足实践，更加关注延年益寿的质量，着力探寻实际可行的养生方法，非常强调掌握生命主动权的重要性，提出了以"形神兼修"为主的养生原则和经验。他特别强调，在养神时，应当少思寡欲，游心虚静，息虑无为，主张调节喜怒哀乐等情绪，防止劳神伤心；炼形时，则要饮食有节，起居有度，避免过度辛劳和放纵淫乐，认为要"辅以导引之法和行气之术，方能长生不老"。

2）在急救方面，他的代表作就是著名的袖珍急救手册《肘后百一方》。如果前面说，《本草经集注》是在"太岁头上动土"的话，那么现在他的《肘后百一方》便是在"老虎嘴边拔毛"了。从名称上便知，这只"老虎"就是葛洪的《肘后急备方》。陶虽是葛的忠实崇拜者，并对其偶像崇拜得五体投地，但是，毕竟时代已很久远，葛"神仙"早在200多年前的医书肯定存在不少缺漏。于是，他对偶像的著作进行了全面整理与合并，对其缺点错误进行了删改，在将葛著归纳为79个处方的基础上，又增添了22个新处方，共101个，取书名为《肘后百一方》，从而完成了一部治疗内科和外科诸病的专著。此外，在增补的方法上，陶医生的做法也相当科学：为了区分新内容和葛洪的原著，他用红笔进行增补，从而使得新旧版本一目了然。除了"补缺"之外，老陶还对葛著进行了许多考证和修改，大大提高了新著的科学价值。

再来看看化学家陶弘景。虽然他在这方面的著作，比如《集金丹黄白方》《太清诸丹集要》《合丹药诸法式节度》《服饵方》《服云母诸石药消化三十六水法》《炼化杂术》等，都是以修道炼丹的形式表现出来的，但是，其化学成果和价值却不可否认。

他首次发现了化学上的"焰色反应"，故事情节大约是这样的。炼丹术可分为两大类，其一是火法，即通过加热使固态物质发生化学反应；其二是水法，即通过溶解固态物质，来引发化学反应。当时的道士们，在使用水法炼丹时，经常会用到两种外形完全相同的材料"硝石"和"朴硝"，它们都是白色晶体，且都易溶于水。但是，它们的用途和功效却差别很大，如果用错，后果将很严重。但遗憾的是，那时人们却无法区别这两种材料。老陶在反复实践的基础上，终于发现了一种有效的识别法，即点燃它们后用其火焰的颜色来鉴别：冒紫青烟者，为硝石。用现代化学理论中的"焰色反应"来解释便是"紫青烟"确实是钾盐所特有的性质。换句话说，老陶是世界化学史上首次完成钾盐鉴定的科学家。直到1 200年后，德国化学家马格拉夫，才在1758年又发现了该方法，并成功区分了苏打和锅灰碱这对"李逵"和"李鬼"，即苏打的火焰是黄色，而锅灰碱的火焰为紫色。

他还首次发现了许多重要的化学现象：水银可用于镀金和镀银，醋酸能加快铁对铜盐的置换反应，铅及其化合物能相互转换等。

其实，陶科学家在历法、地理、天文、兵法、铸剑、生物、数学等方面也很有造诣，并著有相关专著，比如《天文星算》《帝代年历》等。不过，限于篇幅，我们就不再叙述了。

到此，细心的读者也许已发现本回的男一号与第十五回中的葛洪，无论是在人生轨迹，还是在涉猎领域等方面都非常相似，简直就是如出一辙。当然，这种现象肯定与陶后辈有意仿效其偶像有关。如果非要找出他们俩的差异的话，那么主要有以下两点。

1）葛"神仙"是夫妻花，而陶"神仙"则无娃，因为他终生未娶。对此事，"事后诸葛亮们"的掐算是：其母怀孕前，梦中的无尾龙，就已命中注定陶弘景无后。因为，"尾"者"后"也，无尾就是无后。而凡间的解释则是由于陶父是被其小妾害死的，从而在少年弘景心中留下了很深的阴影，致使他发誓"终身不娶"。

2）葛"神仙"是"玩双枪"，亦儒亦道；而陶弘景则是儒释道"三栖"通吃。对此，"事后诸葛亮们"的掐算是：其母怀孕前，梦中的两个托着香炉的天神，就是定命的预兆。因为，两个天神中，一个预示着道，另一个则预示着佛。而凡间的解释则是陶道士修佛是不得已之举。因为，在当时举国崇佛的大环境下，"佛"才是唯一正确的意识形态，于是，作为"道"的典型，陶弘景就只好出走远游。最后，他竟被迫以道教上清派宗师的身份前往寺庙，自誓受戒，佛道兼修。正因为如此，他才保住了"茅山宗"的香火。陶弘景被迫受戒的有力证据，便是他假借悼念好友沈约去世，借题发挥的那首诗："我有数行泪，不落十余年，今日为君尽，并洒秋风前。"难怪500多年后，宋朝苏东坡还在感慨：唉，人生不如意，十常八九，实古今皆然，博大如陶弘景者也概莫能外也。

与西方相比，中国古代的科学和科学家都很有趣。一方面，我们的科学具有"重视实用"的明显特点。所以，医学和历法（天文、地理）成果相对较多。另一方面，我们的科学家构成，好像更好玩：本来太监和出家人的数量就非常少，其在总人口中的占比甚至可忽略不计，但是，他们中间的科学家比例却出奇的高。例如，在中国的"四大发明"中，造纸术是太监蔡伦发明的（见第九回）；火药是某位道士炼丹的副产品；印刷术的发明者毕昇，不但本人是道士，而且其发明的原动力更是"印刷《大藏经》等经文"；指南针虽无明确的发明者，但是，既然其早期的使用者主要都是看风水的"半仙"，那其发明者也不可能与出家人无关。在医学家中，道士的比例就更高了，其中葛洪、陶弘景、孙思邈等都是典型。本书后部分，还将出现更多的中国太监科学家和出家人科学家。至于为啥会有如此奇怪的科学家结构现象，嘿嘿，各位，请自己拿走当家庭作业思考吧！

最后，再来看看文学家陶弘景。其实，我们本不想提及该方面，但是经不住他那众多诗文的诱惑，还是简单说几句吧，各位朋友就当"课间休息"了，也可算作本回的结语吧。我们只提一点，他的文章《山川之美》竟然穿越时空上千年，被选入了今天"人教版"的语文教科书（初二上册），同时也被选入了上海教育出版社的六年级语文教科书，没准你正在学习该文呢。好了，现在让我们一起来欣赏一下陶弘景的《山川之美》吧。

山川之美，古来共谈。高峰入云，清流见底。两岸石壁，五色交辉。青林翠竹，四时俱备。晓雾将歇，猿鸟乱鸣；夕日欲颓，沉鳞竞跃。实是欲界之仙都。自康乐以来，未复有能与其奇者。

若是有人还在发懵，那就请读其白话翻译吧。

山川景色的美丽哟，自古就是文人雅士的共同爱好。巍峨山峰耸入云端哟，明净的溪流清澈见底。色彩斑斓的两岸石壁哟，彼此交相辉映。青葱的林木和翠绿的竹丛哟，四季常存。清晨薄雾将散时哟，猿鸟的叫声此起彼伏。夕阳快要落山时哟，鱼儿们争相跃出水面。真是人间仙境啊。可惜哟，自谢灵运之后，就再没人能欣赏这如此奇景了。

啊，多么优美的散文！下课！

第十八回

百岁寿星孙思邈，医德医药不得了

公元682年很奇怪：佛道两家的高人都好像事先有约似的，纷纷忙着赶往阎王殿。在佛家，涅槃的是唐玄奘的真徒弟，可不是孙悟空、猪八戒或沙僧哟，而是唐代著名高僧，唯识宗的创始人窥基。在道家，羽化升天的人更不得了，他就是本回的主人公，著名的医学家、药学家，甚至被后人尊称为"药王"的孙思邈。佛家逝者享年51岁，可是，道家逝者的享年却就成了千古之谜，以至本回不得不采用倒叙的手法来开篇。

清朝协办大学士纪晓岚在《四库全书》中说：孙道士生于公元581年，故享年101岁。

中医史学家贾得道"啪啪啪"猛敲键盘后，在《中国医学史略》上推论说：孙思邈诞生于公元560年之前，故享年超过120岁。

本该最权威的《旧唐书·孙思邈传》，却羞羞答答含糊其词地说：孙神仙或孙隐士嘛，也许可能大概吧，生于公元557年，故享年125岁。

与李约瑟一起编撰过《中国科学技术史》的马伯英等，在破解相关文字密码后宣布说：孙思邈他老人家已坦白啦，他与隋文帝杨坚同年，故应生于公元541年，享年141岁。

民间业余侦探们，分别根据《医仙妙应孙真人传》和《通义堂文集·千金方考》等书籍，反复推敲后发誓说：孙大夫生于公元518—519年间，故享年164岁或165岁。

被各种数据和说法搞得晕头转向的我，干脆直奔药王殿，"嘭嘭嘭"叩完几个响头后，央求药王菩萨说："孙爷爷呀，您到底生于哪一年嘛？"结果人家不理我！唉，算了吧，各位就别再纠结孙思邈的出生年份了。假设从现在开始，他已呱呱坠地了。幸运的是，从此以后的故事情节就不再含糊了。因为，孙思邈的许多著作都包含着半自传性的内容。

孙思邈诞生于陕西的一个没落官宦家庭。曾祖父孙融，那可是当年的风云人物哦，曾任南北朝期间北周皇太子的太子洗马（导师）；祖父孙孝冰，也还挺不错，至少当过县太爷；到了父亲一代时，由于改朝换代等原因，家里就已成贫农了。更惨的是，小邈邈自幼就是个"药罐子"，病不离身，医不离旁，那时又没有"医保"，所以，家里本来就不多的那一点钱财，很快就花光了，甚至几近倾家荡产。于是，小邈邈很早就立誓：长大后要当一位光荣的人民医生！

孙思邈天资聪慧且勤奋好学，7岁就识字颇多，且每天还能背诵上千字的文章，

以至惊动了西魏大臣独孤信，被独孤将军夸奖为"圣童"。也许是久病成医的原因吧，当孙思邈18岁开始研究医术时，竟然觉得"如鱼得水"。于是，孙思邈的医术迅速长进，很快就赢得了乡亲们的信任，十里八村的病患，都纷纷前往求医问药。孙医生诊病治疗，不拘古法，兼采众家之长，用药不受本草经书限制，根据临床需要，验方、单方通用，所用方剂，灵活多变，疗效显著。到了20岁时，孙郎中就早已跨界，熟读了儒家、道家、佛家的经典著作。大约在37岁以后，孙郎中就已看清了政治斗争的本质，于是开始有意回避各种政治势力的"纳贤"，后来干脆隐居终南山。无论是什么朝代，他都尽量保持中立，只要能为天下苍生消灾治病就行，只要有利于子孙后代的事就干，甚至不排斥与朝廷合作。比如，他于唐高宗显庆四年（公元659年）完成了人类首部国家药典《唐新本草》等。

孙思邈是中国医德思想的创始人，故又被称为"中国的希波克拉底（见本书第三回）"。他甚至严肃论证了"苍生大医"的两个基本条件：精与诚。

所谓"精"，就是指精深的医学造诣和精湛的医疗技术。他明确要求医者：首先，必须熟读前人的医药经典，熟记医学理论和各家学术经验，否则就等于"无目夜行"；其次，读医书时，应当寻思妙理，留意钻研，这样才有资格与他人切磋技艺；另外，医生还必须涉猎群书，甚至要具备足够的哲学、文学、史学和其他有关的自然科学知识，才能在医学上精益求精。他特别推崇张仲景的《伤寒杂病论》一书。

所谓"诚"，就是对患者、对同行等，都要怀有一片赤诚之心。他认为，医德与医术之间，存在着正向的相互促进关系。医德差的人，肯定难成良医。欲治大病，就必须安神定志，无私心杂念，先发大慈恻隐之心，誓愿普救众生。假如病人患有疮痍、下痢、臭秽等症，医生也不可有嫌恶之心，否则很难药到病除。

关于良医之风仪，他认为：须得端庄，望之俨然，度量宽宏，从容不迫，不卑不亢，要有涵养。诊断疾病时，应该专心致志，详察形候，纤毫勿失。无论处方用药或施针刺穴时，都不得有误。遇到危重急症时，要临事不惑，慎重审思。对待病人不可草率行事，要记住"人命关天"。不得利用病人来夸耀自己，追求虚名。到病人家出诊时，即使绮罗满目，也不要东张西望，不要被音乐、佳肴、美酒等所迷惑，这时要记住：病人正在痛苦之中，医生怎能分心享乐呢！关于行医之法，他认为，不得多语调笑，大声喧哗，搬弄是非，说人短长，恶语攻击同行，妄自尊大；更别在偶然治好一病时，就自以为了不起。无论医疗条件是优是劣，都应恪守医德，坚定专业思想，不要以贫富易志改性。对自己的突出成就，不该沾沾自喜；对同行的突出成就，更不该妒贤嫉能。孙思邈从更高的角度，将医生分为上中下三等，认为：上医医国，医未病之病；中医医人，医欲病之病；下医医病，医已病之病。

在医德方面，孙思邈不但说到，而且还带头做到，以实际行动来"以德养性，以德养身"。只要是患者，无论是高低贵贱、亲近疏远、长幼美丑、中外各族等，他都一视同仁。比如，唐太宗李世民的长孙皇后难产时，他应召入宫，怀着一颗平常心，经悬丝诊脉后，准确施针，就把皇后和皇子从死亡线上拉了回来。又比如，一次，孙思邈在乡间偶遇某送葬队，发现有异样的鲜血正从棺中滴出。经询问并俯身查验血迹后，他断定此人或许有救，遂说服丧者亲属开棺。只见他找准穴位，一针下去，少妇果然全身抽动，慢慢苏醒，并顺利产下一男婴。还有一个故事说，孙郎中不但给人治病，同样对兽类也有求必应。一次，他途经一杏林时，惊见一条吊睛白额大虫，趴在地上求他治病。他二话不说就把它给治好了。后来，猛虎为感激其救命之恩，甘愿充当他的坐骑，这便是庙中药王骑虎的来历。更有一个玄幻故事说，药王不但给凡间治病，甚至还给神仙治病。他曾救活过一条小青蛇（不知是不是许仙的娘子），并由此受到了泾阳龙王的真诚感激，不但请他吃了数顿"满汉全席"，而且还把龙宫中秘藏的30余副药方，都送给了孙大夫。除了上述传说外，在严肃的医案病例中，至少还记载着如下事实：唐高祖武德年间（公元618—626年），

药王庙，位于河南省焦作市

他成功治愈过一位上吐下泻的重症患者；唐太宗贞观初年（约公元627年），他治愈过那时几乎不治的虚痨病；贞观九年（公元636年），他治愈了汉王的顽固性水肿病；唐高宗永徽元年（公元650年），他用内服中药的方法治愈过顽症箭伤；他还经治了600余名麻风病人，治愈率达10%，这在1300多年前，当然算得上是奇迹了。

在医术方面，孙郎中几乎是全才，他不但精于内科，而且还擅长妇科、儿科、外科、五官科等。他首次主张为妇女和儿童单独设科，非常重视妇幼保健，并在其著作中认真论述了妇科和儿科的内涵和外延。他指出，对孕妇来说，住所要清洁安静，心情要舒畅，临产时别紧张；对婴儿来说，喂奶要定时定量，要多见风日，衣服不可穿

得太多等。孙医生还很重视常见病和多发病，比如，针对因缺碘而引起的甲状腺肿大，他就用海藻等海生动植物，或羊的甲状腺来治疗，并取得了良好效果；针对脚气病，他发现，常吃谷皮粥、牛乳、豆类等便可预防；针对痢疾、绦虫、夜盲等病症，他也研制出了相应的特效药方；针对疑难杂症，他主张实行综合治疗。孙道士对针灸术也颇有研究，不但著有《明堂针灸图》，而且还把针灸术作为药物的辅助疗法，认为"良医之道，必先诊脉处方，次即针灸，内外相扶，病必当愈"。孙隐士亲自采集药材，研究药性，他认为适时采药极为重要：过早，则药势未成；过晚，则药势已衰。他依据丰富的药学经验，确定了233种中药材的最佳采集时节。

孙思邈特别关注疾病预防工作，强调预防为先，坚持辨证施治，认为人若善于养生，便可免于生病。他提醒大家，别忽视小病小痛，每天都要调气、补泻、按摩、导引。他号召讲究个人卫生，重视运动保健，并提出了食疗、药疗、养生、养性、保健等相结合的防病、治病主张。他身体力行，实践其养生之术，结果，一不留意就活了一百多岁，以至让后人都算不清他到底是何年出生的了。他将儒、道、佛的养生思想，与中医的养生理论相结合，提出了许多切实可行的养生方法。这些方法，时至今日还在指导人们的日常生活。比如，心态要保持平衡，不要一味追求名利；饮食应有节制，不要过于暴

《千金方》，中国言实出版社

饮暴食；气血应注意流通，不要懒惰呆滞不动；生活要起居有常，不要违反自然规律等。

在医学研究过程中，孙道士大胆创新，小心求证。据不完全统计，他所开创的中医药学界的"第一"就多达数十个，包括撰写了首部中医临床百科全书《千金方》，首开了麻风病的治疗，首次发明了手指比量取穴法，首绘了彩色《明堂三人图》，首次将美容药推向民间，首次提出了牙病外治的多样化方法，首次系统、全面、具体地论述了药物的种植、采集和收藏等，首次成功地将野生药物变为家种，首创了地黄和巴豆的去毒炮制方法，首次用胎盘粉治病，首次用动物肝脏来治眼病，首次用雄黄等来治疟疾，首创了导尿术，首次提出用草药喂牛再用牛奶治病的"生物制药法"等。

还有一个很有趣的历史事实，那就是中国为什么要称爆炸品为"火药"呢？那是孙思邈在其著作《丹经内伏硫磺法》中，首次记载了如何将硫黄、硝石、木炭等混合

制成粉，然后，再用来发火炼丹。换句话说，孙医生将"火药"看作是能治病的药，而非能杀人的武器。

在中医的治病原理方面，孙思邈认为，中草药之所以能治病，其原理就是以偏就偏，即由于各种药物不同的属性（寒热温凉）、不同的味道（酸苦甘辛咸）、不同的升降浮沉趋势、不同的归经等，对于患者的机体起到了调节平衡的作用。从现代系统论，特别是《博弈系统论》的成果来看，孙思邈的这一观点非常正确。其实它不仅适合于医学，而且还适合于心理学（如《黑客心理学》），甚至还适合网络空间安全对抗中，黑客与红客的对抗理论（如《安全通论》）等。概括来说，无论是病魔与人体之间的搏斗，还是社会和自然中的各种势力之间的博弈，其最佳状态都可用两个字来描述：平衡。用数学语言来说，又称"纳什平衡"；用心理学语言来说，则是"心理平衡"；用经济语言来说，就是"利益平衡"；用儒家的语言来说，就是"中庸"；用物理中的热力学语言来说，就是"最大熵"等。

孙"神仙"的主要学术成就有：发展了张仲景的伤寒论，将六经辩证改进为按方剂主治及临床表现相结合的分类诊断方法，使理论更切实际；集唐朝以前的医方之大成，收载了各种方剂6 500多副，并注明出处；把对疾病的认识提高到了一个新水平，这主要反映在消渴、霍乱、附骨疽、恶疾大风、雀目、瘿瘤等病症的描述和治疗上；开创了许多新的医疗技术，比如，下颌关节脱臼手法整复术、葱叶导尿术、食管异物剔除术、自家血脓接种以防治疖病等；在药物七品分类（即上一回中陶弘景的"陶氏属性分类法"）基础上，按药物功用，把它们细分为65章，从而便于医生处方用药；丰富了养生长寿理论，讲究卫生，反对服石，提倡吐故纳新，动静结合，并辅以食治、劳动，使养生学和老年病防治相结合等。

孙隐士一生的著述颇多，除了文学和国学等方面的成果外，仅在医药学方面的著作就至少有几十部，比如《千金要方》（30卷）、《千金翼方》（30卷）、《千金髓方》（20卷）、《千金月令》（3卷）、《千金养生论》、《医家要钞》（5卷）、《福禄论》（3卷）、《养性延命集》（2卷）、《禁经》（2卷）、《摄生真录》《枕中素书》《会三教论》《养生杂录》《养生铭退居志》《神枕方》《五脏旁通道养图》等。细心的读者也许已发现，孙道士的著作中，许多书名都带"千金"两字。这是为什么呢？莫非孙道士也掉进钱眼里了？非也，因为他认为"人命至重，有贵千金，一方济之，德逾于此"，即意指治病良方胜千金。当然，他的最重要著作其实是《千金要方》（30卷）和《千金翼方》（30卷），合称为《千金方》。现在就来简单介绍一下这两本巨著。

先看《千金要方》（30卷）一书。它从基础理论到临床各科，理、法、方、药等齐备。它汲取了《黄帝内经》关于脏腑的学说，首次完整地提出了以脏腑寒热虚实为中心的杂病分类辨治法。在整理和研究了张仲景的著作后，孙思邈将伤寒归为12论，提出了伤寒禁忌15条，为后世研究《伤寒杂病论》提供了可循的门径，尤其对广义伤寒增加了更具体的内容，创立了从方、证、治三个角度研究《伤寒杂病论》的方法。此书包含各类方剂5 300余首，集方广泛，内容丰富，既有典籍资料，又有民间单方验方，雅俗共赏，缓急相宜，时至今日，很多内容也仍起着指导作用。书中既有诊法、证候等医学理论，又有内、外、妇、儿等临床各科，分232门，已很接近现代临床医学的分类方法。书中既涉及解毒、急救、养生、食疗，又涉及针灸、按摩、导引、吐纳，可谓是对唐代以前中医学发展的一次很好总结。书中汇聚了自张仲景时代以来的临床经验，历时数百年的方剂成就，特别是源流各异的方剂用药，显示了孙大夫的广博医源和精湛医技。该书不仅是唐代最具代表性的医学巨著，而且对后世医学特别是方剂学的发展也有明显的影响和贡献。

《千金翼方》（30卷）是孙思邈晚年的著作，系对《千金要方》的全面补充。全书分189门，合方2 900余首，内容涉及本草、妇人、伤寒、小儿、养性、补益、中风、杂病、疮痈、色脉以及针灸等各方面，尤以治疗伤寒、中风、杂病和疮痈最见疗效。书中不但收载了800余种药物，而且还详细介绍了其中200余种的采集和炮制等知识。更可贵的是，书中收录了晋唐时期已散失民间的《伤寒杂病论》条文，并单独构成9、10两卷，成为唐代仅有的《伤寒杂病论》研究性著作，对于《伤寒杂病论》的保存和流传起到了关键作用。

总之，《千金方》的影响极大，起到了上承汉魏、下接宋元的历史作用。两书问世后，备受世人瞩目，甚至漂洋过海，广为流传，对日本、朝鲜等国的医学发展，也有积极推动。比如，日本在天宝、万治、天明、嘉永及宽政年间，都曾多次出版过此书。后人称《千金方》为"方书之祖"。

孙"神仙"的一生，历经了隋唐两代，并与多位皇帝有过密切接触。但是，作为一位知识渊博、医术精湛的著名医药学家，他始终不慕名利，以医生为终身职业，长期生活在民间，行医施药，治病救人。在百年左右的隐居生活中，他一边行医，一边采集中药，也一边临床试验。他是继张仲景之后，又一个全面系统研究中医药的先驱，对中医药的发展建立了不可磨灭的功德。

孙隐士不但生得低调，死得也相当低调。他的遗嘱甚至是"葬礼从简，不要陪葬品，不要宰杀牲畜祭奠"。当然，老百姓不会忘记他的恩德，近两千年来，一直都在寺庙中，供奉着这位"药王""真人""药圣"。

位于陕西铜川的孙思邈纪念馆前的雕塑

第十九回

捕风捉影究天文，师徒双仙走凡尘

哈哈，本回又是神仙的故事，并且这次还不止一个神仙，而是师徒俩！没办法，按照当事者的出生纪年排序，就该轮到他们了，而且，去掉他们的"神仙"成分后，他们在欧洲仍处于"黑暗中世纪"期间，确实也够得上当时全球的顶级科学家嘛，具体来说是数学家、天文学家等。即使是在神仙界，这两位也算是离奇：一般的道士都是隐居在深山，与老虎为伍；而他们俩虽也每天"伴虎"，但却主要是隐居在皇宫里"伴君"，一伴就是四十余年，一伴就是祖孙三代皇帝，竟然还没被唐朝的李渊、李世民和李治这三只"大老虎"吃掉，而且还倍受重用和提拔，甚至连死后也被皇帝李治追封为"太史令"。后来，皇帝还让其儿子李谚接班，也当了太史令；其孙子李仙宗也成了太史令。反正，好像皇帝李家要永固江山，而神仙李家就要永远承包"太史令"之职一样。

其实本回的男一号，本来应该是师傅的，但是由于他太像神仙，始终是神龙见首不见尾，甚至连生卒年月都未知，生平事迹等更是铺天盖地的传说，所以没办法，只好临时改剧本，把主人公换成了徒弟。不过，他们俩的许多非神仙成果，比如《晋书》《天文志》《律历志》和《五行志》等都是共同署名的，而且"师徒如父子"，各位就当他们是一个神仙的两个"化身"吧。

伙计，你也许已猜出他们是谁了吧！其实他们的形象，经常一起出现在许多影视节目中，比如，1984年电视剧《武则天》、2003年电视剧《至尊红颜》、2004年电视剧《神探狄仁杰》系列、2007年电视剧《天机算》和《贞观之治》、2011年电视剧《卜案》、2012年电影《袁天罡之夺命天敌》、2013年

天宫院内袁天罡（左）、李淳风（右）塑像

电视剧《梦回唐朝》和《隋唐演义》、2014年电视剧《武媚娘传奇》、2014年三维动画武侠连续剧集《画江湖之不良人》、2016年真人版网络剧《画江湖之不良人》等。如果你还没猜出他们是谁的话，那我就直接告诉你吧，他们就是玄学奇书《推背图》的共同作者：袁天罡和李淳风师徒俩。

由于本书是科学家小传，所以不宜讨论堪称"其创作之严谨、思维之缜密、应验之神奇，均全面超越西方诺查丹玛斯的大预言《诸世纪》"的中华道家预言第一奇书《推背图》这样的玄著。但是，建议有兴趣者，同时关注两个方面：一方面，请读

读乾隆年间著名举人金圣叹评批的《推背图》版本，你可能会惊掉下巴；另一方面，如果你了解一点心理学"自我暗示"原理之后，再去复习金圣叹的这个评批，你将会对《推背图》又有另一番茅塞顿开之感，其实"事后诸葛亮"也需要超凡本事的。什么是"自我暗示"呢？当溶洞中的导游指着乱石，告诉你说"这是猪八戒背媳妇"时，你几乎马上就会惊叹：哇，真像呢！当著名艺术家指着一幅抽象画连声叫好时，你也许会真的就看出了其中的美。有意深入了解"自我暗示"的朋友，可阅读本书作者的《黑客心理学》一书。

《推背图》

好了，闲话少说，书归正传！

话说公元602年，又是一个奇怪之年！与上一回中佛道两家高人纷纷去世相反，这次却是佛道两家的高人抢着出生！佛家出生的是孙悟空的真师傅唐玄奘；道家出生的就是本回主人公李淳风。不过，这一年对欧洲的"卦象"来说，则是"主杀"，比如，最后一个拉赫姆国王（努曼三世）被萨珊国王（库思老二世）处死，拉赫姆国亦随之被萨珊国吞并。细心的读者也许会疑问啦：上一回不是连唐僧的弟子都老死了吗，咋本回唐僧自己才出生呢？唉，没办法，谁叫上回的"神仙"孙思邈太长寿了呢？

李淳风出生于宝鸡市的一个"道二代"之家，父亲李播本来是隋朝时的县衙小吏，但却始终官场不得志，于是干脆辞职当了道士。所以，在淳风幼小的心灵里，很早就播下了"当神仙的种子"，只待时机成熟就会生根发芽。果然，从小就被誉为"神童"的李淳风，博览群书，尤其钟情于天文、地理、道家、阴阳之学等，并且还来不及长大，就于9岁那年迫不及待地远赴南坨山静云观，拜至元道长为师了。17岁时，刚回乡的道童李淳风（道号"黄冠子"）就被刚封为秦王的李世民看中，成了秦王府的记室参军，加入了"反隋兴唐"的运动。25岁时，李参军针对当时全国正执行的《戊寅元历》提出了18条意见，并引起轰动，因为其中竟有7条意见被采纳了。于是，刚刚登上皇位的李世民便提升他为将仕郎（科级干部），并让他进入了太史局（国家资料馆），从事天文、地理、制历、修史等方面的工作，从而为随后的事业腾飞打下了坚实的基础。当然，后来的事实也证明，李科长从此就死心塌地为唐王朝服务了40多年，再也没跳过槽了。后来，李科长又多次向皇帝申请并主研了数个"国家级重点基金项目"，比如，

31岁时，制成了"新浑仪"并完成了天文观测和历算著作《法象志》（7卷）；39岁时，与师傅袁天罡等合作完成《晋书》《天文》《律历》《五行》等著作；54岁时，完成了唐朝的"全国数学教科书"《十部算经》等的编审工作；63岁时，建议废除现行的《戊寅元历》，并完成了新的历法《麟德历》。69岁时，为唐王朝打工一辈子的李淳风，无疾而终。这一年是公元670年，唐朝大将军薛仁贵率10万大军气势汹汹讨伐吐蕃，结果被打得满地找牙，几乎全军覆灭。

各位，别看上述履历好像平淡无奇，其实具体内容精彩着呢！即使剔除相关的"神仙元素"，单看其科研成果也相当出人意料。因为，除了阴阳家、道学家、易学家之外，你还将看到一位出色的天文学家、数学家和历法专家等。

李淳风的数学贡献，主要是将过去的数学专著改编为唐代的首套"高考"教材。这其实并不容易，因为，专著几乎只要求正确性和创新性，而教材最需要的是系统性、全面性、逻辑性和循序渐进等。教材特别重视预备基础，而专著对此则可忽略不计，因为其读者都已经是数学家了。更难能可贵的是，李淳风在改编教材过程中，还发现了前人的若干重要错误。

在注释《周髀》时，李道士发现了3个错误：1）前人"地差算法"的基础脱离实际；2）前人用"等差级数插值法"求出的结果，与实际测量值不符；3）前人误解了"勾股圆方图说"。他对这些错误，不但逐条加以校正，而且还提出了自己的正确见解，特别是在纠正上述第1个错误时，竟然意外地发展了魏晋数学家刘徽（约公元225年—295年）的"重差理论"，使得"盖天说"的数学模型，在当时观念下接近"完善"。此方法还在若干年后派上了大用场，被李"神仙"用于了制定新历法《麟德历》。

在注释《九章算术》时，李淳风等引用了祖暅的球体积计算公式，介绍了球体积公式的理论基础，即"祖暅原理"（见本书第十六回）。此举看似无奇，但却立大功啦！因为，祖冲之父子的这一出色研究成果，若无此处的征引，很可能就已与《缀术》一起，早就失传了。

在注释《海岛算经》时，由于刘徽这本原著的文字和解题方法等都非常简略，颇难理解，所以，李道士等人的注释就详细列出了演算步骤，从而为初学者打开了方便之门。其实，此举的难度很大，因为，几乎任何人都能"把简单的问题讲复杂"；若想"把复杂的问题讲简单"，就需要真正的大专家了！

李淳风等编撰的这套数学教科书，据说是"世界上最早的数学教材"，对唐朝及以后的数学发展产生了巨大影响，被日本、朝鲜、越南等国长期使用，特别是它为宋元时期数学的迅速进步创造了条件。据不完全统计，随后唐朝的《韩延算术》、宋朝贾宪的《黄帝九章算法细草》、杨辉的《九章算术纂类》、秦九韶的《数书九章》等，都引用了李"神仙"的这套教材，并在此基础上研发了新的数学理论和方法。对于这些出色的注释工作，李约瑟博士给予了高度评价，说"他大概是整个中国历史上最伟大的数学著作注释家"。但愿这位"洋老李"，没偏袒其本家"土老李"。

在天文学方面，李淳风等的贡献就更多了。

1）以全新的思路制定了新历法《麟德历》。具体说来，李淳风首先指出了当前历法《戊寅元历》的若干问题，包括对日月食屡次预报不准，多处计算粗糙，"合朔"时刻较实际提前等。总之，《戊寅元历》已不能在小修小补的基础上继续使用了，必须制定新的历法来替换。接着，李"神仙"根据他对历法的多年研究和长期的天文观测积累，终于编成了新的历法，并被唐高宗下诏颁行，命名为《麟德历》。概括来说，李道士总结了前朝历法专家刘焯的内插公式，并用它来推算月行迟疾、日行盈缩的校正数，从而推算出了"定朔"时刻的校正数；为了避免历法上出现连续四个大月的现象，他还创造了"进朔迁就"等方法。事实证明，《麟德历》作为唐代优秀历法之一，使用时间竟长达64年之久。而且，该历法还东传日本，并于天武天皇五年被日本采用，改名为《仪凤历》。

2）设计制作了新浑仪。浑仪是古代观测天体位置和运动状态的重要仪器，中国最迟在公元前360年就已制成"先秦浑仪"。但是，当时正使用的浑仪不够精确，于是，李淳风在总结历史经验和现实问题的基础上，增加了黄道、赤道、白道三环，并按黄道观测日月五星运行的结果来制造浑仪，从而既简便又精确地算出了"朔的时刻"和"回归年长度"等重要数据。特别是他首次把浑仪分为六合仪、三辰仪、四游仪三重，此举影响相当深远，以至400多年后，到了公元1096年，在北宋末年的浑仪、浑象、报时装置等天文仪器中，许多部分也仍然沿用了李"神仙"的思路。

3）完成了《乙巳占》（10卷）。此套书，本是

浑仪图

李道士等人的一部重要占星学著作，它全面总结了唐贞观以前各派的占星学说，经综合之后保留了各派较一致的占星术，摒弃了相互矛盾部分，建立了一个非常系统的占星体系，对唐代及以后的占星学产生了很大影响。但是，如果仔细剥离的话，你将发现其科学价值也不容小觑。比如，从科学史料角度来看，此书含有许多科学内容，包括天象的记录，天象的描述，星体的位置，浑仪的部件及结构，岁差的计算值，关于天球的度数、黄道、赤道位置、地理纬度及相应的计算公式等。此外，该书还包括许多重要的历法数据，如李淳风早年撰写的另一部历法《乙巳元历》和《历象志》等。从记录奇异天象角度来看，此书的描述也很有特色：明确列出了飞星和流星的区别，即有尾迹光为流星，无尾迹者为飞星，至地者为坠星；明确区分了"彗"和"孛"，即彗星状如帚，孛星圆如粉絮。飞流与彗孛虽分别是流星与彗星，但一字之差却带出了形态之别，对于了解流星、彗星运动方向和物理状态，都很有参考价值。

《乙巳占》还记载了许多重要的天气现象和所造的观测工具。比如，详细介绍了两种风向器：一种是在高处立一根5丈长竿，以鸡毛悬于竿上，以此观风、测风；另一种是更具艺术美的"三脚鸡风动标"，即在高竿尖端，站立一神鸡，其口衔一朵羽质花，起风时，那朵花便会转动，鸡头也会回望。李"神仙"本来是希望用此"捕风"之法，来实现占卜之术，结果却歪打正着，竟成了世界上给风定级的第一人！书中对风的观测非常详细。比如，在风向方面，由以往的4个方位，发展到了8个方位，故有八风之名，甚至更细地分为了24个方位。在风的强度方面，根据树木受风影响而带来的变化和损坏程度，创制了8级风力标准：第1级，动叶；第2级，鸣条；第3级，摇枝；第4级，堕叶；第5级，折小枝；第6级，折大枝；第7级，折木、飞砂石；第8级，拔大树和根。李"神仙"等给风定级的做法，无疑是世界气象史上的一个重要里程碑，因为，此后1 000多年，英国人蒲福才于公元1805年把风力定为更精细的12级。后来又几经修改，风力等级自1946年以来已增加到18级。如今的台风预报中，"风力等级"已成为最重要的参数了。

更意外的是，李淳风师徒的历史学著作《隋书》，竟然也颇具数学价值和天文学价值，这又是一次"无心插柳柳成荫"的幸运。具体说来，在此书中，李"神仙"师徒对魏晋至隋朝这段时期的天文、历法与数学重要成就，做了较全面的搜集和整理。

在《隋书·律历志上·备数》中，记载了祖冲之的圆周率（见第十六回），若无此举，"祖率"就早已与《缀术》一起失传了。

在《晋书·律历志中》中，详细记述了刘洪（约公元129—210年，珠算奠基者）

撰写的《乾象历》，包括其中的实测月行迟疾率，推算定朔、定望的函数内插公式，测出的黄白交角（约为5度），测定的近点月（约为27.55336日，与今天测值很相近）等。但是，前人却出于偏见，对刘洪的这些天文学成就只字未提。若非李道士等的记录，刘洪这位伟大的天文学家、"算圣"，很可能就被历史遗忘了。

在《隋书·律历志》里，还详细记载了隋朝刘焯（公元544—610年）的《皇极历》，包括刘焯的二次函数内插公式、黄道岁差概念及相当精确的黄道岁差数据、定气法、定朔法、推算日月食位置等的方法、推算五星的更精密结果等。其实，刘焯的《皇极历》本来是一部优秀的历法，但却由于种种非技术原因而未被颁用。正是因为李神仙的准确记录，才使得《皇极历》成了中国历法史上唯一被正史记载而未被颁行的历法。

在《隋书·天文志》中，李淳风师徒全面论述了以往的天文学成就，说明了天文学的重要性和历代传统，介绍了各种天地结构理论、天文仪器、恒星及其测量、天象记事等。在介绍过程中，尽量引用原话而不转述；若有争议，也尽量写明争议各方的姓名、观点等相关争议细节，从而使得后人能清晰了解天地结构的历史沿革等重要信息。正是从该书中，今人才知道：哦，原来早在北齐时，天文学家张子信就发现了"太阳与五星视运动不均匀性现象"。因此，李"神仙"师徒为中国天文学又保存一个堪称具有划时代意义的重大成果。此外，通过对前人结果的统计分析，李神仙还首次发现了彗尾指向的一个重要规律："夕见则东指，晨见则西指"。翻译成白话就是，彗尾常背向太阳。

在《隋书·天文志》中，首次记述了前赵（公元304—329年）史官丞孔挺制作的浑仪，及其结构和用途；后秦（公元384—417年）天文学家姜岌（《三纪甲子元历》和《浑天论》的作者）关于大气吸收和消光作用；天文学家、思想家何承天（公元370—447年）和隋朝天文学家张胄玄（《七曜历疏》和《大业历》的作者）等关于蒙气差的发现；以及从汉魏至隋朝的浑仪、浑象、刻漏的发展情况等。总之，李"神仙"师徒对日月食、流星、陨星、客星、彗星及其他天象的记录，真可谓是"搜罗至富，记载甚详"，以至被后人誉为"天文学知识的宝库"。

对了，关于本回题目中的"捕风捉影"字样，前面只切了"捕风"的题，下面再回应"捉影"的典故。

有一次，李"神仙"在校对新岁历书时，发现"初一将出现日蚀"，这在当时是很不吉祥的预兆。于是，唐太宗大发雷霆，吼道："日蚀如不出现，就拿你狗头祭天！"

到了初一那天，皇帝便来到庭院等候结果，并猫哭老鼠地对李"神仙"说："暂且放你回家一趟，好好与老婆孩子告别吧。""日蚀肯定会出现"，李道士胸有成竹地说，然后，他在墙上画了一条线，指着太阳投射的影子说："等太阳的影子捉住这条线后，日蚀就会开始。"果然，这次皇帝又没能掌握住真理。看来，真理还真难垄断呢。

第二十回

代数之父出中亚，天文地理皆行家

本书的每位科学家，都是一个里程碑。若按时间顺序，依次俯瞰这些里程碑，便可从某种角度比较清晰地了解人类科学发展的轨迹。但是，本回及随后的几个里程碑却比较特别，这倒不是因为主人公都将是阿拉伯科学家，而是因为他们所显示的"轨迹"发生了突变。具体说来，若从地理角度看，从公元前624年的泰勒斯（第一回）开始，人类的科学家都主要是"双轨"的，即以西方为主，而以东方的墨子（第四回）和张衡（第十回）等为辅。但是，从公元90年的托勒密（第十一回）开始，西方轨迹明显淡化；到公元129年的盖伦（第十二回）时，西方轨迹几乎就不见踪影了；再到公元5—15世纪哥白尼之前的"黑暗中世纪"期间，西方轨迹就干脆断掉了。幸好，西方不亮东方亮，这段时期内，东方轨迹由配角变成了主角：从公元145年的华佗（第十三回）开始，东方科学家及时接过了"接力棒"，并比较争气地跨过隋朝，跑到了公元602年诞生的李淳风（第十九回）。但非常遗憾，进入强盛的唐朝后，东方科学家的轨迹也细若游丝了。准确地说，从唐朝至宋初的苏颂（公元1020—1101年），期间400多年内，东方和西方的科学明灯就全都暗淡了。非常意外的是，就在这四野一片漆黑的紧急关头，中亚却突然亮了，而且还特亮。本回的主角便是点亮这"中亚明灯"的第一个科学家，他就是穆罕默德·本·穆萨·阿尔·花拉子密，若嫌其名字太长的话，后面就将他简称为花拉子密。只可惜，由"中亚明灯"点燃的科学家轨迹，只持续了短短300多年。好在北宋的沈括（公元1031—1095年）等又及时承传了人类科学家的"接力棒"。

关于花拉子密的个人信息，保留至今的史料非常少。

老花的出生时间，大约是公元780年，即唐朝第13任皇帝李适登基之年。那时，安史之乱刚平息十余年，唐朝正开始由盛而衰，所以，李家都很低调，以至于这年德宗过生日，当官员们按惯例争相给皇帝进贡时，德宗竟然宣布：所有贡品概不接受，甚至还将已捐之物悉数驳回。

关于花拉子密的出生地点，我们只能依靠密码破译来推断了。因为他的全名是Abu Abdulloh Muhammad ibn Muso al-Xorazmiy，意译出来便是"穆罕默德，Jafar的父亲，穆萨的儿子，来自花剌子模"。换句话说，他应该出生于花剌子模，老爸叫穆萨，有个孩子叫Jafar。乌兹别克斯坦发行过"花拉子密纪念邮票"。乌尔根奇市、花剌子模州等，也纷纷为花先生树立了雕像。世界天文学联合会，也于1973年以他的名字命名了月球上的一处环形山。

关于花拉子密的生平情况，只知道他早年在家乡接受初等教育，后到中亚细亚古城默夫继续深造，还去过阿富汗、印度等地游学。但是，他的成功，在很大程度上得益于一个贵人，那就是阿拔斯王朝的第七任哈里发马蒙。在他担任哈里发期间，伊斯兰世界达到了中世纪的极盛顶峰。即使如此，马蒙也没像唐玄宗那样骄傲自满，特别是在文化学术方面，他为人类文明做出了巨大贡献。他对知识和学者的渴求，几乎达到了狂热地步，不但亲自参加或主持"学术会议"，而且还恨不能将拜占庭、波斯、印度等地的典籍和专家一网打尽。他花巨资支持了著名的"百年翻译运动"，将希腊典籍翻译成阿拉伯语，使得许多湮没已久的古希腊典籍得以复活。后来，这些典籍又传回欧洲，成了文艺复兴运动的一大知识源泉。更值得一提的是，马蒙还将其祖辈搜求到的学术瑰宝集中存放在一所规模宏伟的学术中心，名为"智慧宫"。该智慧宫，集图书管理、科研、翻译和教育等功能于一体，而本回的主人公花拉子密，正是受马蒙之邀，前往首都巴格达，掌管"智慧宫"所属沙马西亚天文台，从事数学研究和天文观测。即使是马蒙去世后，花老也仍未离开，而且还担任了阿拉伯王子的教师，直至去世。由此可见，若无马蒙搭建的这个"智慧宫"平台，若无当时阿拉伯帝国的政治安定、经济发展、文化生活繁荣昌盛，也许花先生根本就不会成为科学家，就更别谈著名科学家了。

那位读者着急问啦，"花教授到底取得了什么科学成就嘛？"伙计别急，且听我慢慢道来。宏观上说，他的成果主要属于数学、天文学和地理学；微观上说，哇，那就更不得了啦！

先看数学家花拉子密吧。

一说起数学，许多人就会头皮发麻，但是，面对花教授的最重要数学成果之一，你就完全不必发麻了。甚至任何人，哪怕是文盲都懂，而且还几乎每天都在使用。因为，他的这项数学成果就是将0、1、2、3、4、5、6、7、8、9这10个计数符号，从古印度引入到了阿拉伯，并进一步整理了它们的加减乘除等基本运算，写成了代表性专著《花拉子密算术》。没错，这就是名叫"阿拉伯数"的计数和运算系统，连小学生都懂。但是，这个名字其实是错的，至少说是不准确的。因为其原始版权本该属于古印度的某位"路人甲"，只是后来这套系统又被意大利数学家斐波那契从阿拉伯介绍到了欧洲而已，于是便阴差阳错地被贴上了阿拉伯"标签"。也许又有读者笑啦：阿拉伯数这么简单的东西，也算得上顶级数学成果？是的，绝对算得上！如果你不服，那就请你在不使用阿拉伯数字的前提下，用中文的大写数字计算这样一道小学算术题："壹佰玖拾贰＋叁佰肆拾捌＝？"你肯定马上就晕菜了！但若将此题重新写成阿拉伯形式的"192＋348＝？"的话，那其结果好多人都能脱口而出。如果只准使用罗马数字，那么，甚至更简单的二位数加法都成难题了，比如，"29＋34"写出来便是"XXIX＋XXXIV"。所以，当花教授的这项成果传到欧洲后，很快就像生物入侵一样取代了欧洲原有的罗马计数系统，而形成了现在众所周知的十进制系统。设想一下，如果不用阿拉伯数字系统，不但很难有现代数学体系，甚至连日常生活都会很别扭，比如，当你的手机号是"壹叁柒零贰捌伍玖肆陆贰"时，难道你会觉得很拉风吗？

关于阿拉伯数字0，我们还想在此借机多说几句。因为，许多人都会误以为"0很简单嘛，连阿Q都会写嘛！"其实，刚好相反！从历史事实来看，"0"这个数字最为复杂！虽然从公元前3 000年开始，巴比伦人就在研究"0"了，但是，直到花拉子密将"0"与"1～9"一起组成阿拉伯数字系统时，西方人对"0"都仍然是一头雾水："0"到底是什么玩意儿，它为啥使很多算式出错，使许多逻辑矛盾？直到约公元15世纪以后，"0"才逐渐被广泛认同。仔细想来也是，与"1～9"这9个数字相比，"0"确实显得很奇特：它既不是正数也不是负数，而是正数和负数的分界点；任何别的实数被它一除，就变成了无穷大；它除以任何数，就都变成了它自己；它的绝对值是自己，在所有实数的绝对值中，它的绝对值最小；任何数加上或减去它后，都不发生任何改变；它是唯一的既非正，也非负的偶数；除它之外，任何别的数的0次方都等于1；它乘以任何数也等于它自己，它的平方根是自己，它的相反数也是自己（–0＝0），它的立方根还是自己，它是最小的完全平方数。此外，它还是介于–1和1之间的唯一整数，它的阶乘等于1，它是唯一可以作为无穷小量的常数，它是最小的自然数，它既不是质数也不是合数等。还有，你可以说它对算式的影响很小，因为无论多少个"0"相加，其和也还是0；但是，你也可以说它对算式的影响很大，因为任何乘法算式中，只要有一个"0"，最终的结果就是0。总之，"0"本身充满了矛盾，它简直就是数字世界的"孙悟空"，它随时都在"大闹天宫"。

甚至还有一个传说。当"0"传入罗马后，精通1～9的教皇，对"0"非常愤怒。他斥责说，神圣的数是上帝创造的，在罗马上帝创造的数里，没有"0"这个怪物；今后谁若再使用"0"，就是亵渎上帝。于是，"0"就被教皇禁用了！还有一个传说是，有个罗马学者在笔记中记载了使用"0"的好处，并介绍了"0"的用法，于是就被教皇判刑，剁掉了手指。无论这些传说是否真实，但是在罗马数字体系"Ⅰ、Ⅱ、Ⅲ、Ⅳ、Ⅴ、Ⅵ、Ⅶ、Ⅷ、Ⅸ、Ⅹ"的这10个数字中，确实没"0"，至今也没有。

花拉子密雕像，位于希瓦（Khiva）

伙计，别五十步笑百步，其实，无独有偶，在中国古代的数字体系中，也没有"0"！虽然中文的"零"字出现很早，但是，它并不表示"空无所有"的"0"，而只表示"零碎"或"不多"的意思，比如"零头""零星""零丁"等。而"一百零五"的意思是：在一百之外，还有一个零头五。只是随着阿拉伯数字的引进，"105"恰好读作"一百零五"；"零"字又恰好与"0"对应，从而才使得"零"也就具有了"0（空无）"的含义。只不过与古罗马相反，在古代中国，"0"被叫作金元数字，可见其地位之高贵，确实不一般。

花拉子密的第二项重要数学成果，就是他的另一本代表作《代数学》。伙计，如果你以为该书也像阿拉伯数字系统那么简单的话，那你又错了！因为，这本书最终实现了从"算术"到"数学"的飞跃，它是一本专业性很强的数学著作。书中首次引入了符号运算法则，并开始用字母来表示未知数，还解决了某些二次方程、特殊的三次方程和大量的不定方程问题。书中明确提出了根、代数、已知数、未知数、无理数等一系列现代数学的最基本概念，提供了许多重要的数学方法，比如，代数计算方法、测量不同平面图形的方法、测量圆锥和锥体不同体积的方法等。总之，它把代数学发展成了独立学科。若你还未明白前面这几句话的意思的话，也没关系，只要记住：因为这本书，花拉子密便被称为"代数学之父"就行了。而且，300多年后，这本书在12世纪又被译成拉丁文，成了欧洲各大学的标准教科书，一直沿用了500多年，直到公元17世纪。

不过，关于"代数学之父"这顶帽子的归属，历史上还有争议。另一种说法为，古希腊数学家丢番图（约公元246—330年）才是"代数学之父"。经过严肃考证，我们发现丢番图确实是"代数学"的重要创始人之一，只可惜他的资料实在太少，而其数学成果又实在太抽象，否则本书应该专门为他写一回简史的。丢番图的代表作《算术》，不但是现代数论的基石，也是代数的基石。书中含有大量的不定方程，以至于现代数学中对整数系数的不定方程，若只考虑其整数解的话，则都可叫作"丢番图方程"。如果在这些方程中不限整数解的话，那么《算术》也就是代数学了，丢番图当然就更是代数学的奠基者了。归纳而言，无论是花拉子密还是丢番图，都可当之无愧地叫作"代数学之父"。但是，一项帽子又如何给多人戴呢？哈哈，我"眉头一皱，计上心来"，既然丢教授比花教授年长500多岁，那么，就叫花先生为"代数学之父"，而叫丢教授为"代数学之爷"吧。其实，许多学科都不是由某人独创的，而是前赴后继的结果，因此，今后如果再出现类似难题的话，建议广泛使用"某学之父""某学之舅""某学之爷""某学之祖"等，反正意思到了就行。对了，关于丢番图，我还想再啰唆两句。此人可真是一个数学迷啊，他不但有著名的"丢番图猜想"，甚至连他的墓志铭上也都雕刻着一道代数题。如此痴迷的科学家，怎能不出大成果呀！

花拉子密为何要研究代数学呢？据说，主要是为了解决家庭中普遍面临的遗产分配问题。网上甚至还有这样一个故事。当妻子正怀着第一胎时，数学家花拉子密充分发挥自己的代数优势，洋洋得意地订立了一份号称"完美无缺"的遗嘱："若老婆生了个儿子，则儿子将继承2/3的遗产，妻子将得到1/3；若生的是女儿，则妻子将继承2/3的遗产，女儿将得到1/3。"不幸的是，孩子出生前花先生就去世了。之后，麻烦出现了，因为花太太生了一对龙凤胎！看来，真是人算不如天算，智者千虑，必有一失啊！哈哈，此故事显然是瞎编的，但是，代数学确实可解决诸如遗产分配等实际问题。

再来看天文学家和地理学家花拉子密吧。

客观地说，与其辉煌的数学成果相比，花拉子密的其他方面就显得不那么突出了，虽然他在天文和地理方面，确实为人类，特别是为阿拉伯世界做出了巨大贡献。

首先，花拉子密赞同早他700年的托勒密观点，也认为地球是圆的，并试图测出地球的周长。不过，与托勒密相反，花拉子密把地球的周长估计得过大了，其结果竟然是"地球周长为4万英里"，而现代的精确测量结果是"地球的周长为40 076千米"，即约2.48万英里。幸好15世纪的航海家哥伦布，当初只读到了托勒密的偏小错误结果，而未读到花教授的偏大错误结果，否则，就算打死哥伦布，他也不敢去美洲探险了，那么，也许现在的美洲就是印第安人的乐园了。

来自《算术》手稿的文本页面，具有两个二次方程的几何解

其次，他完成的《花拉子密历表》也是阿拉伯最早的天文历表，它汲取了古印度、波斯和古希腊等的众多天文历算成就，并结合了若干新的观测数据和资料。该表可比较准确地测定时间，计算太空中的星球位置，确定日食和月食的开始时刻等。此天文表在伊斯兰世界被广泛使用了100多年。而且，后来西班牙天文学家麦斯莱麦编制的著名的《托莱多星表》，也在很大程度上参考了花拉子密的成果。300年后，即公元1126年，《花拉子密历表》又被英国人艾德拉翻译成拉丁文，从此，它便成了东方和西方各种天文历表的蓝本。此外，花拉子密还在星盘、历法和日晷等机械设备的设计和制造方面，做了许多很有价值的工作，包括但不限于论述了各种星盘的构造、功能和应用，并完成了另一种名叫"正弦平方仪"的天文仪器。

第三，在地理学方面，花拉子密基于托勒密的《地理学》进行了深入细致的实地勘察和计算，不但修正了托勒密的若干错误数据，而且还编纂了专著《大地形状》，从而奠定了地理学研究的基础。特别是，花拉子密在书中附上了4张地图，详述了当时所知的、地球上的几乎全部居民区，还画出了包括重要居民点、山、海、岛、河流等地的地形图，记载了地名537处及相应的经纬度等地理坐标，新增了地中海、亚洲及非洲方面的内容。花拉子密的《大地形状》一书，既参考了前人的相关著作，又颇具独创性，还给出了许多全新的资料。比如，他划分了各地的地形，并把地球上居民区分为7个"气候带"，阐述了对地球偏圆形状的创见，为中世纪近东和中东的地理学、大地测量学、制图学等，奠定了坚实的基础。

此外，基于波斯和巴比伦尼亚的天文学成果，花拉子密还完成了另一本重要著作《诸地理胜》，其中巧妙地使用了许多印度数字和希腊数学知识。他还与其他70余位地理学家们一起，为哈里发马蒙制作了一幅大型世界地图，以满足其军事和商业贸易需求。

好了，按惯例我们又该与伟大的科学家花拉子密说再见了。不过，与其出生年份的含糊不同，他的去世年份却很清楚，即公元850年；逝世地点也很明白，那就是首都巴格达。这当然归因于此时他已是阿拔斯王朝的"国宝"了。

再一次真诚感谢花拉子密，您在黑暗的科学荒野中为人类意外点燃了一盏明灯。谢谢！

第二十一回

装疯卖傻超十载，科学方法越千年

唉，给阿拉伯科学家写简史，真不容易啊！别的不说，单单是一个姓名就足以让人头皮发麻。君若不信，咱就来试一把。例如，本回的男一号，他的全名叫"穆哈默德·本·哈桑·本·海什木·巴士拉"。到此，你可能会笑我故弄玄虚，这个名字不难记嘛！别急，我还没说完呢！若结合其家族姓氏，他就还有另一个惯用的穆斯林全名，叫"阿里·艾尔–哈桑·伊本·艾尔–哈桑·伊本·艾尔–海什木"。怎么样，伙计，是不是有点蒙圈了？别急，还有呢：在穆斯林世界中，他名叫"伊本·艾尔·海什木"；在非穆斯林的学术界中，他还有另一个拉丁语的尊称，叫"阿尔哈森"。若现在你已晕菜了的话，对不起，请再忍一会儿！因为，在过去1 000多年的时间里，他的名字不断地在英语、汉语、拉丁语、阿拉伯语等不同语种之间，来回反复翻译，难免会有失真，甚至乌龙。因此，当你在别的文献中读到"阿里·艾尔哈桑""伊本·阿尔海森姆""伊本·海赛姆""阿拉罕""阿尔哈增""海桑""哈金"等名字时，请记住：他们其实指的都是同一个人！

那到底叫他啥名字呢？经大数据挖掘分析后，我们最终决定，选用他最响亮的那个名字，海什木。可惜啊，即使是这个最响亮的名字，可能许多读者也从未听说过。不过，没关系，因为，我敢保证，他的某些忠实崇拜者们，你一定会觉得如雷贯耳，他们分别是：开普勒、伽利略、培根、牛顿等。实际上，这些科学巨人，都是在海什木的科学思想滋润下成长起来的。更宽泛地说，其实至今全球的所有科学家，也许包括你在内，都或多或少、或明或暗地受益于他的科学成果。因为，既然要当科学家，首先就得学会使用科学方法。而"科学方法"这个名词及其主要内涵，正是由海什木在1 000年前首次明确提出来的。

既然本书是科学家小传，刚好又碰上"海什木专题"，所以，此处就顺便介绍一下科学方法，哪怕这一段略显枯燥，但我们相信它会很有用，因为，也许有些科学家过去并未刻意地了解过这方面的内容。

选题后，科学研究的第一步，就是获取科学事实，其主要方法如下。

1）科学观察，即通过感官或借助仪器，有目的、有计划地感知和描述客观事物。例如，直接观察和间接观察、定性观察和定量观察等。

2）科学实验，即根据需要，利用仪器设备等，人为改变、控制或模拟研究对象，在典型或特定条件下，获取科学事实的过程。例如，定性实验、定量实验、结构分析实验；析因实验、对照实验、验证性实验；直接实验、模拟实验等。

3）科学调查，即在自然状态下，运用观察、询问等方法，直接与被研究对象接触，了解其情况，收集相关材料和数据的过程。例如，描述性调查和解释性调查、普查、抽查、横向调查和纵向调查、个案调查和群体（社会）调查等。

科学研究的第二步，就是概括科学事实，其主要方法如下。

1）科学抽象，即对已获取的感性材料，经过对比、分类、综合、分析等，将某一类事物分离出来，排除个别的、偶然的、外部的表面现象，抽取出普遍的、必然的、内在的本质或规律，从而达到从个别中把握一般，从现象中把握本质的目的。科学抽象过程，可划分为3个阶段：第1阶段表现为感性具体；第2阶段是从感性具体到抽象规定；第3阶段是从抽象规定上升到思维具体。科学抽象的成果形式主要有科学概念、科学符号、思想模型（包括理想模型、数学模型、理论模型等）。

2）科学思维，包括形象思维和顿悟思维。其中，形象思维，是要通过意象、联想和想象来揭示研究对象的本质与规律；顿悟思维，是要通过变换情境结构，摆脱过去的思维定势，从整体上迅速洞察问题的本质，从而找到答案。顿悟是瞬间完成的，又可细分为灵感和直觉：灵感是在某种刺激下，处于饱和状态的相关信息重新排列组合而产生的新概念和新理论；直觉是未经有意识的推理，在经验的基础上，对事物本质的快速识别。科学思维的方法，主要有演绎法、归纳法、类比法和模型法等。

科学研究的第三步，就是形成新的科学理论，或发展现有理论，其主要方法如下。

1）数学方法，即利用数学工具对客观事物进行量、序、形的分析、推导和计算等，从而揭示事物的内在联系和本质规律。

2）假说方法，即基于一定的事实和材料，对未知的事物或规律提出推测，然后再对该假说进行验证或证伪。

3）逻辑与历史相统一的方法，若与历史事实相矛盾，那就否定当前结论；反之，则暂时承认当前结论。

哦，对了！各位抱歉，刚才只顾埋头介绍科学方法了，还漏掉了一个重要的"科学事实"，那就是到现在，"科学方法"的创始者，我们的主人公还没诞生呢！因此，咱不得不赶紧叫停，把镜头拉回到晚唐时期。

话说，公元965年，刚刚爬上龙椅，屁股都还没坐稳的宋太祖赵匡胤焦急地在皇宫中等待消息，等待前方战场上剿灭前朝遗匪的消息。特别是最近蜀兵又揭竿作乱，反叛朝廷，众至10余万，号称"兴国军"，自命"兴蜀大王"，要"反宋复唐"。于是，双方展开了激烈的拉锯战，朝方刚攻下一城，匪方又掠去一地。如此腥风血雨，持续了将近一年，搅得赵匡胤吃不香，睡不着。终于，一匹快马向皇宫飞奔而来，"报——，报告，后蜀投降啦！"赵匡胤一听，跳将起来，正欲哈哈大笑，突然，却"哇，哇……"地传来一阵婴儿的啼哭声，简直是惊天动地。原来，这年的7月1日，在伊拉克的巴士拉城诞生了咱们的男一号，海什木！

非常奇怪，出生日期记录得如此精确的一个大人物，却几乎未留下任何生平事迹，只是在破译了他的名字中所含的信息后，人们才得知他的父亲叫哈桑，他的小孩叫阿里。另外，据说他早期是一位工科男，后来在希腊学理科，然后，接受并发展了"安达卢西亚学说"，30岁时便精通数学、哲学、物理学和医学。还知道他少年成名，当过地方长官，甚至可能在皇宫里当过差。后来，受埃及哈里发阿尔赫金之邀，他前往开罗的艾资哈尔大学当教授，他的"科学方法"就是在这里提出来的。还有一点可以推测，那就是此人可能相当聪明。因为，一方面，他竟然被当时的哈里发看中，受命负责一个类似于今天"给太平洋加盖"的重大工程：在阿斯旺河峡筑坝，蓄水防洪，彻底治理尼罗河泛滥！另一方面，更聪明的是，他一接到哈里发的命令后马上就"疯了"，而且，"疯"得很真实，一"疯"就是十余年。直到这位哈里发于公元1021年去世之后，他才恢复正常，并迅速拿出了若干震惊世界的科学成就，为人类贡献了一位伟大的物理学家、数学家、医学家、天文学家和心理学家。

现在看来，海什木还真是"疯"对了。因为，一方面，在装疯期间，他为了维持生计，不得不反复抄写和售卖欧几里得（见第七回）、托勒密（见第十一回）等希腊学者的名著，并趁机对它们进行了深入研究。另一方面，若他当时拒绝哈里发的命令，将会被立即处死；若领受哈里发的命令，那肯定会被这浩大的"疯狂工程"逼疯，而且还是真疯。实际上，直到1 000年后的1971年，在动用了若干现代高科技材料和手段后，一堵高114米、长3 600米的水坝——埃及阿斯旺大水坝，才在围出一个面积达5 180平方千米的人工湖后，终于完成了这位哈里发的任务。换句话说，凭借千年前的生产力水平，无论你有多大的本领，都不可完成这项"补天工程"。

另一种说法是，当时海什木确实是个疯子，因为这项阿斯旺大坝的"疯狂工程"，是他自己吹牛主动向哈里发申请的。海疯子拍着胸脯发誓说，他这个大坝能"控制水流，同时解决旱涝问题"。结果没想到，这位哈里发比他更疯。于是，这两位疯子一唱一和就真的把牛皮给吹破了，海什木也把自己给吹"疯"了。

还有一点也非常有趣，那就是海什木好像永远都与"疯"字脱不了干系。因为，装疯结束后，当他拿出众多过于超前的科学成果时，仍然被许多科学家看成是"疯子"。直到600多年后的17世纪，人们才慢慢接受了他的思想和认识，才验证并肯定了他的许多观点。那么，除了"科学方法"之外，海什木到底还有什么科学成果呢？下面就来跑一趟马，观一回花吧。

海什木的代表性成果，主要体现在专著《光学书》（7卷）中。该书系统地描述了对"光"和"像"的认识。尽管凭借当时的科技手段，人类无法洞悉光的本质，但通过对光影现象及其规律的观察和归纳，海什木依然理解了光与像的诸多基本性质。例如，他发明了揭示光线物理特性的暗

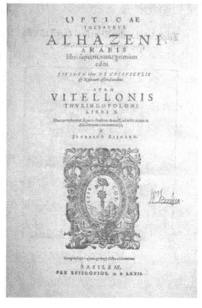

《光学书》的封面

箱法，并用它正确解释了视觉的本质：视觉是由物体发出的光辐射线引起的，光线进入视网膜，通过视觉神经传达到大脑皮层，才产生了影像。这个如今人尽皆知的结果，在当时可是爆炸性新闻哟。因为，根据那时的学术权威欧几里得和托勒密的解释都刚好与之相反，他们一致认为："人眼之所以能看到东西，是因为人眼发出的光碰到了物体"。更加难能可贵的是，海什木关于视觉的证明方法本身就很有价值。因为，该方法不但非常有说服力，而且还有其他重大突破。具体说来，通过实验不难发现，若将物体放在黑箱内，那就无法透过小孔，从外面看到箱内物体，这说明眼睛并未像欧几里得等判断的那样在发出光线。但是，反过来，若将物体放在黑箱外面，那么物体发射的光线透过小孔，便能使人在黑箱内看见这个物体。更进一步，海什木还发现：暗箱内的白色屏幕上，会形成这件物体透过小孔的颠倒影像。而这正是现在摄影术的最基本原理，之所以会出现倒像，是因为光的直线传播特性。

海什木好像特别擅长研究眼睛，他对眼球结构的正确描述为后来发明透镜打下了坚实的基础。他首次提出"眼睛晶状体看到的物体形象要比实际的更大"，从而推论出光线的反射和折射定律。他首次正确解释了"为什么物体距离越远，便显得越细小"的原因，这虽然在今天来看起来几乎是常识的问题，但在1 000多年前，他的解释并不为人们接受，所以，大家以为他又在说疯话了。而正是由于海什木对视觉和视知觉

过程的正确解释，才推进了医学上眼部手术的发展，以至于他对眼球结构的正确描述于公元1246年被翻译成拉丁文以后，大部分都被采入了标准医学书籍。

《光学书》中还记载了大量的光学实验，例如，光的直线传播，反射和折射现象，透镜的放大性能和各种反射镜等。在对折射的研究中，海什木首先发明了现在称为"几何光学"的基本分光方法，即将反射光和折射光在水平和竖直方向上进行分解。他甚至得到了当今的"斯涅尔定律"结论，只是缺乏定量的数学推导而已。

他发现了惯性现象，即物体在未受外力作用的时候，总会保持匀速直线运动状态或者静止状态。他几乎逼近了牛顿第一定律。他还粗略地发现了动量现象，用现在的术语解释出来便是所谓的"动量守恒定律"，即若系统不受外力或所受外力的矢量和为零，那么这个系统的总动量保持不变。现在已知，动量守恒定律是自然界中最重要、最普遍的守恒定律之一，它既适用于宏观物体，也适用于微观粒子；既适用于低速运动物体，也适用于高速运动物体；它既是一个实验规律，也可用牛顿第三定律和动量定理推导出来。甚至他的某些工作，为牛顿万有引力定律埋下了伏笔。

虽然海什木的成就在阿拉伯世界并没有得到应有的重视，但是在大约公元1200年，他的著作被翻译成拉丁文后便立即在西方科学界引起了轰动。直至17世纪，其著作在欧洲仍然是光学的标准参考书。《光学书》对开普勒和牛顿等科学家产生了极大的影响，海什木也因此获得了多顶令人羡慕的"帽子"，例如，"光学之父""实验物理的开拓者""精神物理学和实验心理学的先驱""科学方法论之父"等。甚至，牛顿在其代表作《自然哲学的数学原理》中，也高度赞扬《光学书》是"物理学史上最具影响力的书籍之一"。此外，由于海什木《光学书》的完成时间是公元1015年，所以，在整整1 000年后，联合国便将2015年命名为国际"光之年"，以宣传和普及人类历史上那些与"光"有关的重大科技成就，当然，也富含纪念海什木之意。

海什木的科研领域非常广泛，他发现天球并非固体，并且大气层的"高空密度"比"低空密度"更低；他还论证了行星运动规律和距离。为了聚焦重点，下面再介绍他在数学方面的一些代表性贡献。

在数学上，至今还有一个著名的"海什木问题"。为了说清该问题，首先介绍一个初中生们都可能会遇到的问题：平面上有一条直线L，直线外有A、B两点，要求在L上找一点C，使得线段$AC+CB$长度最短。

虽然这个初中问题，已有非常经典的解法，但是，"海什木问题"却是这个初中问题的推广，即把直线 L 换成圆。具体说来，"海什木问题"就是：平面上有一个圆 L，圆外（或圆内）有 A、B 两个点，要求在 L 上找一点 C，使得线段 $AC+CB$ 长度最短。如果结合光线的特性，那么，"海什木问题"又可表述为：圆上找一点 P，使得从 A 发出的光线，在 P 点被反射后到达 B 点。

此问题早在 1 000 多年前就被海什木解决了，而在解决该问题的过程中，海什木已明显采用了类似于解析几何、无穷小量、积分通用公式等现代数学思路。换句话说，他的这些方法，也许对现代数学多个分支的诞生和发展，起到了促进作用。甚至还有人将"海什木问题"进一步改造为：那个 P 点，能否通过尺规作图得到。此改造后的问题，直到 1997 年才被英国数学家 Peter Neumann 解决，其思路和结果均与著名的"化圆为方"和"三等分角"类似，答案也是否定的。

在哲学上，海什木继承了亚里士多德的唯物主义学说，认为：哲学是一切科学的基础，哲学的目的是探索真理，为人类服务；感性事物是认识的基础，人们通过思维和判断得到理性知识，感性认识和理性认识是密不可分的，借助科学能够获得真正的理性知识。他的哲学著作至少有《波菲利逻辑学引论注解》《亚里士多德伦理学注解》《亚里士多德灵魂说注解》《论人与世界》《论原则、本质和完善》《论幸福与痛苦》和《论理智的本质》等。

许多读者可能会感到奇怪，此处为啥突然插入海什木的哲学成果呢，本书不是只写科学家简史吗？没错，但是我们并未跑题，因为，从海什木的哲学成果中可以得到这样一个结果：海疯子对宗教持怀疑态度！果然，他死后被控为叛教徒，其著作也被认为是异端邪说，遭到焚毁。这也许就是他的生平事迹等信息，几乎全都缺失的真实原因吧！

当然，事实证明，宗教领袖们的目的并未达到，他们本想灭口的"异端邪说"，早就在全世界开花结果了，反而是他们认为的"绝对真理"成了后人的笑柄。

让"绝对真理"瞎折腾去吧，咱们男一号的人生也该落幕了。公元 1040 年，即北宋康定元年，海什木在 75 岁时去世了。与出生类似，时间是准确的，但是，如何去世的？不知道！在哪里去世的？也不知道！也许所有这些疑团，都该归罪于那些"绝对真理"吧！

第二十二回

见缝插针写巨著，颠沛流离死异乡

用"军阀混战，天下大乱"来形容公元980年，一点儿也不过分。你看，在欧洲，基辅公国的大公刚去世，一堆儿子便蜂拥而出，抛开老爸未寒的尸体不顾，只是拼命争抢那"当然属于自己"的王位，结果老三惨胜，即后来的"弗拉基米尔一世·斯维亚托斯拉维奇"。在亚洲，则主要是争抢那些"本该属于别人"的王位，"螳螂捕蝉，黄雀在后，弹弓待发"的闹剧在这里跌宕起伏：越南王去世后，幼子刚要继位，重臣黎桓手疾眼快，一屁股就坐上了龙椅；宋太宗一看，哇，鹬蚌相争，机会难得，赶紧下令干涉，结果被那凶鹬反身一口，啄得渔翁哭爹喊娘；辽国算定大宋分身乏术，便再起大军直扑雁门关，哪知杨六郎他爹杨业的"弹弓"不饶人，瞬间就让辽帅满头青包，望风而逃；雁门关庆功的三杯酒还未下肚，惨啰，宋朝的瓦桥关又被辽军吞下。在北美洲和非洲，虽既无"当然属于自己"的皇位，也无"本该属于别人"的龙椅，但是也并未消停："哗啦啦"，维京人冲上格陵兰岛，抢占了海鸟们的巢穴；"乒乒乓乓"，柏柏尔人圈出了阿尔及尔城，马上宣布"自立为王"。日本第66代天皇（一条天皇）和神圣罗马帝国皇帝（奥托三世）也在这个时期诞生在了各自的皇宫中。本回的男一号阿维森纳，在阴间既没可插队的关系，在阳间也没可继承的皇位，只是按正常排队顺序，轮到了该出生的日子。于是，他便在一个普通的时刻，选择了暂未发生"群殴"、学者云集、学术氛围浓厚的乌兹别克斯坦，按预设程序，"哇哇哇"哭过几声后，就降生到了一个税务员家里，并在那里度过了幸福的青少年阶段。

也许是为了锻炼儿子的记忆能力，老爸给小宝贝取了一个不短的名字：阿布·阿里·侯赛因·阿布杜拉·伊本·西拿。果然，这小家伙记忆力非凡，简直就是一个神童，竟然在10岁时就能背诵《古兰经》。非常抱歉，我实在记不住他那冗长的名字，只好随大流，称他为"阿维森纳"。如果读者朋友你有"超强大脑"，欢迎你使用他的全名。不过，即使是在伊斯兰世界里，大家也还是按当地习惯，简称他为"伊本·西拿"。

阿维森纳缩影

阿维森纳的父亲交友甚广，许多饱学之士常来家里聚会，这使得阿维森纳从小就有机会与大师们为伍，并从中获益。阿维森纳，早年曾跟随老师学习过逻辑学和形而上学，但不久就超过了老师，于是只好四处寻师，并以自学为主。由于阿维森纳接受了当时伊斯兰世界所能提供的全部教育，再加上天生就有的超快"CPU"、超大"硬盘"、超宽"带宽"等优势，所以，16岁时就开始写医学论文，并成了当地的名医。许多年长的医生都向他求教，患者从四面八方涌来找他看病。17岁那年，在其他医生都放弃医治希望的情况下，他治愈了萨曼国王孟苏尔的疾病。于是，阿维森纳名振八方，国王不但高薪聘他为御医，而且还答应给予重奖。哪知这位阿大夫，一不要钱，二不要官，三不要"院士"之类的虚头衔，竟然只提了一个要求，那就是给他一张能够进出"皇家图书馆"的门票！原来，在他看来，图书馆中那些落满尘埃的古书，要比黄金、钻石更加灿烂。阿维森纳在图书馆里博览群书，广泛涉猎数学、哲学、音乐、医学、天文学、物理学、逻辑学、地质学、几何学等，以至于后来他自己都承认说："18岁时，我就已学完各门学科，在这期间我之所以能获得这些知识，主要得益于我的记忆力，今天我只是更成熟了而已。"终于，20岁的他，在里海边优美的戈尔丹完成了自己的代表作《医典》，该书很快就成了医学界的重要参考资料，被奉为"医学经典"。12世纪，西班牙人首先将《医典》译成拉丁文，继而犹太人加以注释，以手抄本的形式传到欧洲。甚至到了300年后的15世纪，随着中国印刷术在欧洲的传播，《医典》更被欧洲和中亚各国广为印行，仅西欧就印行36次之多。意大利、法国、德国、英国等各国的大学更把《医典》作为基本教材，代替了盖伦的医著，一直持续到18世纪末。总之，《医典》对近代欧洲的文艺复兴，产生了重大影响，至今仍有参考价值。因此，欧洲人称阿维森纳为

阿维森纳手稿页

"医者之父"，并将他与希波克拉底（第三回）和盖伦（第十二回）并称为"西方医学史上的三大不朽人物"。他还被誉为"学者之冠""尊贵的阿拉伯医学王子"等。

在《医典》中，阿维森纳用实例证明了不良环境对生命状态的影响。他把两只同母所生、体质相同的小羊羔，用相同饲料进行喂养，唯一的区别就是它们的生活环境完全不同：羊羔甲，生活在平静安逸的草原；羊羔乙，却在动物园中伴狼笼而居，成天在虎视眈眈的目光下心惊胆战。不久，羊羔乙就渐渐消瘦而死。由此推知，恐惧、

焦虑、抑郁、嫉妒、敌意、烦躁、不安、冲动等负面情绪，都会破坏心理健康。若长期被它们困扰，就会导致生理疾病，对肌体状态产生巨大影响，甚至可能致命。

于是，他就创造性地将心理学运用于医学，成为人类首位心理医生，并旗开得胜。故事是这样的，据说有一次，阿维森纳应邀给某富二代看病。可怜的小伙子饱受病魔折磨，身体消瘦，极度衰弱，连说话都快不行了。富爸虽不惜钱财，广求名医，穷尽良药，但都收效甚微。阿大夫看过病历、听过介绍后，进行了详细检查，仍然找不出任何病因，各器官的运行也全无异常。深思良久，阿维森纳请来本城的"活地图"，让他逐一说出各城区的名字；同时，阿医生一面把脉，一面紧盯病人暗淡的眼睛。当"活地图"说到某区时，富二代的眼睛突然放光，随后脉搏加快。阿维森纳再接再厉，念出该区每个姑娘的芳名，终于，不

阿维森纳向他的学生阐述药学

但正确诊出了相思病，而且还找到了那个让患者脸色骤变、呼吸急促的"病因"妹妹。果然，"林妹妹"一个微笑，就让"宝哥哥"病痛全消。

其实，心理医生并非阿维森纳的最牛成果，可为啥我们要抢先介绍呢？这是因为，随后的现实将逼迫阿维森纳用其大半生的亲身经历，再次来诠释心理因素对生命的影响。事实上，当《医典》刚刚问世，21岁的阿大夫名声大噪并在各门正规学科都闻名遐迩时，他的好日子也就到头了。先是父亲去世，接着雪上加霜：祖国被邻邦吞并，自己也作为"国宝级"战利品，被请进了新皇宫，再享荣华富贵。随后，"第二祖国"又四分五裂，并且"群殴"正式开始！虽然他们彼此厮杀的目的，并不是要有意伤害阿维森纳，但是可怜的阿大夫却像那达慕大会上被蒙古大汉们骑马疯狂追逐的那只小羊羔：你拽手，他抱腿，我揽腰，反正谁都不肯放手，都要拼命争抢，哪怕把羊羔撕得粉碎。据不完全统计，阿维森纳担任过一个国家的宰相、两个国家的部长，多次蹲过不同国家的监狱，至于流浪和逃亡的经历嘛，更是数不胜数。总之，他一会儿是甲国的座上宾，一会儿又是乙国的阶下囚，再过一会儿却又在丙国隐居避祸。阿维森纳的一生，虽然名利收获颇丰，但却始终处于动荡之中，不是在担惊，就是在受怕。最后，终于在第N次被新主子俘虏，成为御医后，死在了哈马丹的行军路上。而压死骆驼的这最后一根稻草，竟然只是微不足道的"消化不良"。与那只伴狼而居的羊羔乙类似，

阿维森纳仅仅享年58岁，那年正是公元1037年，即苏东坡诞生之年。

许多读者问啦，既然阿维森纳的一生"要么是在混战中，要么在去往混战的路上"，那他的那么多著作是怎么写出来的呢？嗨，这又是另一个奇迹了！老阿不是记忆特好吗？他在青年时，就已将各门学科的知识都拷入了自己的"硬盘"，于是，在颠沛流离的片刻安宁期间，他就像黄牛反刍一样，对"硬盘"中的知识进行反复琢磨，再结合变幻莫测的现实情况，然后文思泉涌，完成了创作。显然，阿维森纳的科研工作，既不是"国家项目"，也不是获取名利的"敲门砖"，主要还是出于兴趣，出于孜孜不倦的科研习惯。这就再一次表明：兴趣，才是促进科研的最大动力！

据说，阿维森纳是这样见缝插针的。在担任宫廷医生或行政官员时，虽然白天的时间都被占用了，但几乎每天晚上，他都与学生们一起讨论哲学和科学问题，笔耕不辍，常至午夜。此时经常伴有愉快的音乐和娱乐，心情高度放松，灵感不断闪现，科研效率奇高，进展顺利。在被关在监狱时，他就冷静深思更加高大上的问题，既没人打扰，又忘掉了狱中的孤寂。逃亡途中，他以行医谋生，这更成了他运用并验证以往科研成果的良机：正确的科研成果（例如，何种动植物能吃，哪些东西有毒，哪种病该怎么治等）帮助他生存；错误的科研结果，又趁机得以证伪和纠正。在避难的"藏猫猫"期间，他则广泛与民间高手零距离接触，学习或借鉴他们的经验和成果。数度任高官，增长了他各方面的见识，使得科研视野更宽广；多次面临死亡威胁，使他更觉时间宝贵，从而增强了科研的紧迫感。总之，任何对科研看似不利的事情，经他巧妙一拨，就立即变成了推动科研的催化剂。再加上他的专注力强、智力非凡，因而能持续不断地创造科研奇迹，丝毫不为外界的纷扰所影响。

阿维森纳的个人生命虽然是短暂的，但是，他的众多科研成果却大有青春不老之势，甚至在1980年，《联合国教刊》还特发专号以纪念这位伟大的医学家诞生1 000周年。阿维森纳一生的著作，几乎覆盖了当时的所有科学领域。据不完全统计，仅专著就至少有450部（传世的240部左右），其中哲学著作150部、医学著作40部、自然科学和天文学11部、诗集4部等。这些著作到底有多牛呢？还是让下面的事实来说话吧！

作为管中窥豹，首先来看他的代表作《医典》吧。此书可谓医学史上著名的经典之一，简直就是一本全面而系统的百科全书，其中既有前人的众多成果，又有他自己的实践经验。全书分为5卷，约100万字。第1卷，首创性地把疾病分为脑科、内科、胸科、妇科、外科、眼科、神经科等，并分别详述了各种疾病的起因、症状、治疗方法等。第2卷为药物学，记载了670多种药物的性质、功效、用途等，特别是还记载了将水过滤或煮沸的蒸馏法，以及酒精制造法等。第3卷为病理学，科学地分析了脑膜炎、胃溃疡、癌症、中风的病因和病理，正确地指出了鼠疫、麻疹、天花、肺结核等病的病因，即它们都归因于看不见的病原体，致病微生物则是通过土壤、水和空气传播的。第4卷介绍了各种发热病、流行病及外科病等的病状，提出了相应的预防和保健卫生措施。第5卷，介绍了多种诊病的方法和治疗的配方，例如，记载了膀胱结石的摘除手术、气管手术、外伤和疮疖等的治疗方法等；还对药物的膏、丹、丸、散、液、剂的配方、剂量、制作等做了详细介绍。

特别是在描述癌肿与硬结的区别时，《医典》这样指出"癌肿的体积则会不断增大，具有破坏性，根系渗入周边组织内部。"虽然从严格的解剖学和病理学意义上来说，该论断还欠科学，但是，这个基于自然哲学的猜测或来自临床的直观表达，却依然具有指导意义。

《医典》还有一个不容忽视的特点，那就是它严密的逻辑性。全书应用逻辑划分方法的条目有近30条，例如，将不同配属的诊候分为肤色、睡眠表现、排泄物性质、心理状态等10类。应用定义方法的，有近20条。因此，有专家认为："在逻辑学上，阿维森纳从区分各个单独的概念和判断出发，由此得出知识的两种要素，再依靠定义和三段论法，推导出完全的、科学的知识来"。正是因为其逻辑性强的特点，才使得《医典》深受教授和学生们的青睐，被各大学长期用作教材。

《医典》的理论建立在希波克拉底和盖伦理论的基础上，它主张养生、药物和手术三者兼施并用。特别是其中有关切脉、观察症候、检验粪尿等诊断方法的记载，明显具有"中国特色"。比如，所列举的48种脉象中，有35种都吻合晋朝太医令王叔和的《脉经》一书；关于糖尿病患者尿有甜味、高热病人会循衣摸床等诊治方法，也与中医大同小异。又比如，书中提及了麻疹的预后，以及用水蛭吸毒等治疗方法，并记载了许多中国药物等。英国学者李约瑟也曾在《中国科学技术史》中谈到"（中国脉学的）一部分，可能经由阿维森纳传入了西方。"总之，《医典》直接继承了古希腊的医学遗产，不仅总结了阿拉伯医学丰富的临床经验，也吸收了中国、印度、波斯等国的医药学成就，汇集了欧亚两洲的医学精华，建立了较系统的医学理论系统。

阿维森纳的科研领域，广泛涉及逻辑学、心理学、几何学、天文学、算术、音乐，甚至还包括形而上学等。他的学术思想，大部分源出亚里士多德，但也受到希腊思潮和新柏拉图主义的影响。

在几何学方面，他对欧几里得（第七回）的《几何原本》进行了深入评注，特别是认真讨论了平面几何和立体几何的基础，在对定义、公设、公理、定理的次序安排和对定理及问题的证明方法等方面都具独创性。他还曾试图证明欧几里得第五公设，即平行公设：在同一平面内，一条直线和另外两条直线相交，若在直线同侧的两个内角之和小于180度，则这两条直线无限延长后，在该侧一定相交。如今已知，第五公设成立的几何，才是欧几里得几何；第五公设不成立的几何，便是非欧几何；而不依赖于第五公设的几何，即只假设欧几里得的前四条公设成立，则称为绝对几何。

在他的书中有大量关于化学方面的知识和论述，包括对矿物和金属组成的看法。他是少有的坚信"金属嬗变不可能"的古人，即认为一种金属不可能演变为另一种金属，具体说来，就是不可能通过炼金术将其他廉价金属转换为黄金。他对金属性质的认识得益于对矿物的深入研究，他把矿物划分为岩石、可熔物、硫和盐四类，该分类法曾被广泛传播，一直影响到近代科学。他熟悉化工手工艺，并广泛使用化学物品来治病。

关于山脉的形成，阿维森纳认为有两种可能：一是地震使陆地上升；二是风雨侵蚀地面。他指出，在地球的漫长历史中，海洋和陆地曾不止一次地相互更替。如今看来，这些观点显然是正确的，他超前了时人数百年。其实，阿维森纳还有许多其他超前观点，例如，他反对死者复活之说，他是发现人体寄生虫的第一人，他还发现母体的血液会流向胎儿等。

本回写到此处，我们禁不住要问：在混乱的战争年代，为啥会诞生像阿维森纳这样神奇的科学家呢？这次显然不是因为战争治病的强烈需求，才刺激了名医的出现，因为他的名著《医典》完成时，天下还太平着呢。经过多方考察，特别是对"科学家里程碑轨迹"的跟踪，我们初步挖掘出了以下3个原因，供大家参考。

原因一，这是阿拉伯世界科学发展的惯性使然。因为，一方面，以公元8世纪的"百年翻译运动"为标志，经过200多年的发酵，科学精神已深深植入普通百姓心中，以至于像阿维森纳这样的神童，从小就立志要当科学家，哪怕千难万险，甚至，科研已经成了他们生活的关键组成部分。另一方面，阿维森纳几乎是"中世纪阿拉伯科学家轨迹"的尾声，至少可以说：从此之后，再也没有阿拉伯科学家能超过阿大夫了。换句话说，随后的神童们，可能就开始做"将军梦"了。

原因二，"百年翻译运动"已为阿维森纳积累了丰富的知识，为产生科学奇才创造了客观条件。因为，希腊、波斯、拜占庭、中亚、印度及中国的大量顶级成果，都被译入阿拉伯世界，特别是希波克拉底和盖伦的著作全部被译，从而可使阿维森纳等站在巨人的肩膀上，也成为新的巨人。实际上，在同期出现的"阿拉伯科学家井喷现象"，也证明了阿维森纳是"偶然中的必然"。

　　原因三，黑暗中的明珠更耀眼。因为在阿拉伯科学的顶峰期间，刚好是欧洲和中国科学家同时"销声匿迹"的年代，所以，这就更显出了阿维森纳的伟大。

第二十三回

官场失意隐梦溪，狮暗花明留笔谈

伙计，如果我告诉你说"唐朝未诞生过科学家"，你信吗？

别说你不信，当初我也不信，打死我也不敢相信，而且也绝对不愿意相信。因为，持续时间长达约300年的唐朝，作为我国历史上最强盛的王朝之一，一直就是华人世界的骄傲，怎么会没科学家呢？再次强调一下，本书的"科学"是不包括"技术"的。换一种读者更容易接受的说法，那就是唐朝的科学水平，无论与其前面的隋朝，或与其后面的宋朝相比，都不在同一档次上，且差得不是一星半点！就算按现行的自我安慰做法，把"科学"与"技术"混淆在一起统称为"科技"的话，那么，诞生于唐朝的科技顶级人物主要有僧一行（公元683—727年，因编制《大衍历》而靠近"天文学家"，但每个朝代都会编制自己的历法，因此谈不上世界影响）、宇陀·元丹贡布（生于公元708年，藏族医学家，其世界影响显然有限）、贾耽（公元730—805年，作为"中国第一幅世界地图"的绘制者而靠近"地理学家"；但是，早在公元前3世纪，希腊数学家埃拉托色尼就已绘制出了世界地图）、陆羽（公元733—804年，因著《茶经》而靠近"农学家"，但若与北魏末年《齐民要术》的作者贾思勰相比又大逊其色了）。也许还有读者会抬杠（再次强调：科学研究，鼓励抬杠）说：上两回的主角孙思邈和李淳风，不就是唐朝的吗？对不起，他们都诞生于隋朝，只不过活到了唐朝而已。

为啥上面要有那么一大段开场白呢？因为，本回就不得不一下子跳跃400年，进入北宋了。唉，确实从唐朝挖掘不出像样的科学家！因此，若考虑欧洲的黑暗中世纪因素的话，那么，在唐朝存续期间，世界的科学几乎就集体休眠了，仅在阿拉伯世界里出现了诸如花拉子密、海什木、阿维森纳等屈指可数的科学家！但是，更惊奇的是，全球科学家消失400多年后，又突然从谷底登上巅峰，出现了一个被李约瑟称为"中国整部科学史中最卓越的人物"，他就是本回的主角，沈括。

不过，首先申明，我不认可李约瑟的这个评价。因为，作为科学家，例如本书第四回的墨子和第十回的张衡都不比沈括差。当然，这丝毫不影响本回将隆重推出一位伟大的数学家、物理学家、化学家、天文学家、地理学家、水利专家、医药学家、经济专家、军事家、艺术家。反正，他确实是欧洲中世纪的千年期间，全球卓越的科学家。1979年7月1日，中国科学院紫金山天文台将其1964年发现的一颗小行星2027命名为"沈括星"。这对沈括来说，应该是受之无愧的。

还有一点必须指出，沈括其实主要是一位政治家，或者更准确地说是一位失败的政治家，其科学成果大都是其晚年隐居梦溪园时的业余创作而已。

　　沈括，公元1031年出身于宋朝的一个公务员之家。他家祖祖辈辈都给皇帝"打工"，受尽了御赐各种官帽的"压迫"和封赏众多金银的"剥削"。就算现任皇帝"破产"了，他家也别无选择，不得不留下来，仍然给新皇帝打工。例如，他曾祖父曾任吴越国的营田使，后来吴越国被宋朝"并购"了，便又被新"董事会"任命为大理寺丞。他外祖父也是"董事长接班人"的导师（太子洗马）。沈括家最大的特点就是盛产进士，舅舅是进士，伯父是进士，父亲是进士，他自己后来也是进士。反正，恨不能他家的猫猫狗狗，都能轻松考上进士，让秀才和举人们，好不羡慕嫉妒恨。

　　能生于如此"进士之家"，沈括的智商肯定爆棚。果然，小括括像高速扫描仪一样，4岁时就把家里几辈子积攒的、仅有的几库房图书全都给读完了。实在没书可读后，可怜的父亲便只好带着他"行万里路，读万卷书"了。于是，小括括借与老爸出差之机，游遍了泉州、润州、简州和汴京等地，不仅深入接触了社会，增长了见识，而且培养了对大自然的强烈兴趣和敏锐的观察力。由于过于沉溺于读书，再加小括括自幼体弱，所以需要经常服食中药调理，长辈们也就自然会不时翻阅家传药书《博济方》。哪知此举竟然又勾起了小括括的"学医瘾"，于是，这条"小书虫"便开始啃医书、搜集医方，研究起医学来了，后来还真的撰写了多部医学专著。19岁那年，父亲去外地当官，沈括便暂居舅舅家，无意中又读到了老舅的兵书。哇，这下"黄河又决口啦"，只见小沈不容分说，一个猛子就又扎进了军事学的海洋，后来不但写出了自己的兵书，而且还真的在战场上亲身付诸实践，并取得了不少战绩。20岁时，父亲去世，3年后，擦干眼泪的沈括接下父亲的衣钵，出任海州沭阳县主簿，负责治理沭水、开发农田，并将其水利经验传授给了主持"芜湖万春圩工程"的哥哥。这又为他后来成为水利专家，打下了坚实的基础。32岁那年，沈括毫无悬念地考上了进士，并于两年后被调入京师，参与编校昭文馆书籍、详细审定浑天仪的工作，并在闲暇时研究天文历法等。37岁时，沈进士升任馆阁校勘。从此，"沈大书虫"便有机会接触皇家的海量藏书，这对一个未来的科学家来说，简直就是如鱼得水。

　　40岁那年，是沈进士的命运转折之年。本来在"学术圈"里春风得意的他，在为母亲守丧期

沈括雕像

満后回京述职，却鬼使神差地玩进了"政治圈"，从此便一发不可收拾地坐上了"未系保险带的过山车"：一会儿是皇帝的宠臣，一会儿是宰相的战友，一会儿被投进监狱，一会儿再被重用，一会儿被贬，一会儿又平反。反正，起起伏伏，冰火两重天，令人眼花缭乱。客观地说，他既光明正大地弹劾过别人，也偷偷摸摸地陷害过政敌；既被对手坑过，也曾罪有应得；既在军事和外交等方面为国家和民族立过功，也在损人利己等方面有过罪。据不完全统计，他早先是王安石变法的得力干将，后来又被王安石骂为"小人"；还传说，他故意将昔日同事、今日政治对手苏轼的诗句"根到九泉无曲处，世间唯有蛰龙知"歪解为"皇帝如飞龙在天，苏轼却要向九泉之下寻蛰龙"，于是，他作为始作俑者，害得苏轼以"愚弄朝廷""无君臣之义"的罪名，差点丢了性命成为一块名副其实的"东坡肉"，并牵连了苏轼30多位亲友和100多首诗。由于本书是科学家简史，所以就不想在这些"狗咬狗"的事情上，浪费过多笔墨。总之，一句话，我们的主人公经过十年群殴后，带着政治斗争留下的满身疤痕，终于在晚年，怀着一肚子的悲凉，结束了失败的政治生涯，隐居到了梦溪园。从此，他便死心塌地，重新做起了青年时代的"科研梦"。幸好，沈老先生"宝刀不老"，才在去世前的短短十几年里，为人类留下了众多不朽的科学成果。

数学方面，沈括首创了"隙积术"和"会圆术"。前者其实就是求"$1+2+3+\cdots+n+\cdots$"的通用公式。该公式现在看来虽很简单（例如，700年后神童高斯在5岁时就能计算了），但在当时，沈括确实发展了自《九章算术》以来的等差级数研究，甚至开辟了高阶等差级数研究的新方向，而且沈括的求解法，已具有了用连续模型解决离散问题的思想，因为他是基于类比和归纳，以体积公式为基础，把求解不连续个体的累积数化为了连续整体数值来求解。后者，实际上就是由弦求弧的方法，其主要思路是局部"以直代曲"，对圆的弧矢关系给出一个较实用的近似公式。该方法不仅促进了平面几何和球面三角学的发展，而且在天文计算中也发挥了重要作用。

物理方面，沈括的研究涵盖了磁学、光学和声学等领域。关于磁学，他给出了人工磁化的方法，并用人工磁化针来做指南针试验。他还发现在水浮法、碗沿法、指甲法和悬丝法中，基于悬丝法的指南针效果最优。特别重要的是，他在世界上最早验证了"能指南，然常微偏东"，翻译成现代科学术语便是：地磁的南北极与地理的南北极并不完全重合，存在磁偏角！关于光学，他首次发现了小孔成像、凹面镜成像等原理，指出了光的直线传播、凹面镜成像的规律，揭示了现代光学中的等角空间变换关系，给出了表面曲率与成像之间的关系。他甚至发现，若将小平面镜磨凸就可"全纳人面"，如今，防盗门上的窥视孔便是例子。沈括正确给出了透光铜镜的原理，推动了后世的"透光镜"研究。他还给出了首个滤光应用例子，即刑侦中的"红光验尸"手段。关于声学，他发现音调的高低由振动频率所决定，并记录了声音的共鸣现象。他还用纸人来放大琴弦上的共振，首次形象说明了琴弦共振现象。他还提出了"虚能纳声"的空穴效应，并以此来解释"为什么士兵用皮革箭袋作枕头，便可听到远处人马声"的原因。

化学方面，沈括利用石油不易完全燃烧而生成炭黑的特点，首创了用石油炭黑来代替松木炭黑，从而制造出了"文房四宝"中的一种新"烟墨"，并得到了当年同事、著名文人墨客苏轼的权威好评："在松烟之上"，即用它磨出来的墨水比过去使用的松烟更好。他已经注意到石油资源丰富，"生于地中无穷"，还预料到"此物后必大行于世"。另外，"石油"这个名称，也是他首先提出并使用的。他首次清晰记录了"湿法炼铜"的例子，这其实就是当今化学置换反应的冶金法。

天文方面，沈括的成就主要有以下几点。

1）改进仪器。浑天仪是测量天体方位的仪器，经过历代的发展演变，到北宋时，结构已十分复杂，使用起来很不方便。沈括对此做了很大改进：取消了浑天仪上不能正确显示月球公转轨迹的月道环，放大了窥管口径。这使其更便于观测极星，既方便了使用，又提高了观测精度。漏壶是当时测定时刻的仪器，沈括对漏壶也进行了改革：把曲管改成直管，并将它移到壶体下部。于是，漏壶流水更畅，壶嘴也更坚固耐用了。

2）天象观测。沈括发现了"真太阳日"有长有短。经现代科学测算，一年中"真太阳日"的极大值与极小值之差仅为51秒。为了测量北极星与北天极之间的差别，他专门设计了窥管，并每夜3次、连续3月进行观测，得图200余幅，得出当时北极星"离天极三度有余"的粗测结论。

3）改革历法。他不但修成并颁行了《奉元历》，而且还进一步提出了《十二气历》，以代替阴阳合历。沈括不用闰月，不以月亮的朔望定月，而参照节气定月，一年分为12个月，每年的第一天定为立春。这样既符合天体运行的实际，也有利于农业活动的安排。

地理方面，沈括的成就涵盖了地形学和地图学。关于地形学，他正确论述了华北平原的形成原因。根据太行山的山崖间有螺蚌壳和卵形砾石的带状分布，他断定这一带是远古时代的海滨，而华北平原是由黄河、漳水、滹沱河、桑乾河等河流所携泥沙沉积而得的。根据雁荡山诸峰和西北黄土地区的地貌特点，他分析了其成因后，明确指出那是水流侵蚀作用的结果。关于地图学，沈括奉旨完成了《天下州县图》（又叫《守令图》），其图幅之大，内容之详，前所罕见。全套地图共有20幅，包括全国总图和各地区分图，比例为90万分之一。在制图方法上，沈括提出了分率、准望、互融、傍验、高下、方斜、迂直等方法，并按方域划分出了24个方位，从而提高了地图的科学性；他还首创了一种类似于航拍的"飞鸟图"法，从而增加了地图的精度。为使地图更形象，沈括还把相关山川、道路和地形等，在木板上制成了立体地理模型。此外，在自然地理方面，沈括还科学地记述了虹的大气折射现象，龙卷风的生成原因、形态和破坏威力，并用月亮的盈亏来论证了日月的形状及海潮与月球之间的关系等。

医学方面，沈括的贡献主要有4点：一是他提出的视疾医病的许多理论与观点，至今仍有重要的应用或借鉴价值；二是在其医著《良方》和《灵苑方》中，他搜集、亲为应用、长期验证了很多医方；三是详细论述了中药材的药用价值，将如何受到地域、时令、采制方法等方面的影响，这些见解至今仍为中医药界广为应用；四是他在药学方面有多项首创，例如秋石阴阳二炼法的程序要诀，这可能是世界上最早的提取"甾体激素"的制备法等。他还发明了磁化、矿化水的制备法。此外，还有一件趣事，流传至今的一本医书《苏沈良方》，竟然是后人把苏轼的医药杂说并入沈括的《良方》后而成的，莫非后人是想以此让这两位冤家在书中"破镜重圆"？

生物学方面，他对动植物的分类和形态等的记述，对动植物的地域分布记述，对一批药用植物进行的考辨与记述，对古生物化石的研究与记述，以及对生物的相生相克现象的观察与分析等都具有极高的价值。例如，他在分析了许多类似于竹笋、桃核、芦根、松树、鱼蟹等各种各样化石后，明确指出它们是古代动物和植物的遗迹，并且根据化石推论了古代的自然环境。

军事方面，沈括与他舅舅一样，也是文武双全。他将自己精心研究的军事城防、阵法、兵车、兵器、战略、战术等体会，编成《修城法式条约》和《边州阵法》等军事著作，把一些先进技术成功应用于军事科学，制造出了更好的弓弩、甲胄和刀枪等武器。更难能可贵的是，他还亲身在战场上检验了其兵法的正确性，并取得了若干场胜利，当然也吃过败仗。

艺术方面，沈括撰写过《乐论》《乐器图》《三乐谱》《乐律》等著作，研究并阐述了古代音乐的音阶理论，探讨了燕乐起源、燕乐二十八调、唐宋大曲的结构和演奏形式、唐宋字谱等，并考证了部分乐器的形制、用材、流布与演变。他还用诗歌方式，对两晋至宋代50多位名画家的作品及风格进行过品评。

沈括的著述至少有22种155卷。除了其代表作《梦溪笔谈》之外，沈括的著作还有综合性文集《长兴集》《志怀录》《清夜录》等；医药著作《良方》《灵苑方》等；科学著作《浑仪议》《浮漏议》《景表议》《熙宁奉元历》《圩田五说》《万春圩图记》《天下郡县图》《南郊式》《诸敕格式》《营阵法》等；音乐类著作《乐论》《乐律》《乐器图》等。这些著作，不但介绍了沈括本人的众多科学成果，而且还揭示了许多重要奥秘。

《梦溪笔谈》二十六卷

1）详细记述了庆历年间，毕昇发明活字印刷术的全过程及字印的下落。否则，作为"中国四大发明"之一的活字印刷术，也很可能会像火药和指南针那样，变成无主发明。只可惜沈括并未详细介绍毕昇的其他情况，以至今人只知其名。所以，我们也无法在本书中为他写一篇科学家简史，这确实是一件憾事。

2）记录了能工巧匠喻皓的高超建筑技术，尤其是摘抄了其著作《木经》的部分内容，这就为中国建筑史留下了极为宝贵的史料。

3）记述了治理黄河水患时，河工们巧妙地开合龙门的三节压埽法等。

综合而言，沈括在科学研究方面的宽度，几乎无人能出其右；但在科学研究方面的深度，还是稍逊于墨子和张衡。而评价一个科学家，显然深度比宽度更重要，这也是我前面不同意李约瑟评语的主要原因。

都说"一个成功的男人背后，站着一个伟大的女人"，但是，沈括的情况却又与众不同，这并非指他背后站着两个女人（原配和继室），而是指他背后站着的不是一个人，而是一只"母老虎"——继室张氏。也许张氏眼中只有失败的政治家，不见成功的科学家吧。据说，张氏骄蛮凶悍，经常责骂沈进士，甚至拳脚相加。有一次，张氏发飙，竟将沈老的胡须连皮带肉扯下来，吓得儿女们抱头痛哭，跪求母亲息怒。在悍妇的虐待下，沈老爷子在隐居梦溪园后大病一场，身体越来越弱，常自叹命不久矣。据说，张氏暴病而亡后，友人都向沈括道贺，恭喜他从此摆脱了家暴折磨。而此时的沈括却终日恍惚，精神已濒临崩溃，一次乘船过江时竟欲投水，幸好被旁人阻拦。

熬到公元1095年时，沈老爷子终于支撑不住了，不得不以65岁的享年，在其隐居地和亲人们永别了。同样也是这一年，被贬的苏轼却在悠闲地醉游西湖，并写下了著名的《江月五首》。"一更山吐月，玉塔卧微澜。正似西湖上，涌金门外看。冰轮横海阔，香雾入楼寒。停鞭且莫上，照我一杯残。"

沈括故居梦溪园，位于江苏省镇江市

第二十四回

科技干部好榜样，坚持真理不唯上

坦率地说，为本回主人公苏颂撰写科学家小传，我很纠结。这主要是因为他与第二十三回的科学巨人沈括相比，水平差距太大，且时间又靠得太近，间隔只有区区11年，从而失去了科学里程碑的价值。但是，最终我还是说服了自己，只是将其顺序颠倒了一下而已（实际上苏颂比沈括更早），因为，我想借机以实际案例局部回答这样的问题：宋朝为何会突然冒出这么多优秀科学家？其原因之一，也许正与苏颂这样一批杰出的"科技领导干部"有关。当然，还有一点必须明示，那就是下面所说苏颂的科学成就，其实不仅归功于他一人，而是在他的领导下，整个课题组的成就。换句话说，苏颂的科学成果，许多都是"职务发明"。

好了，闲话少说，还是书归正传吧。

伙计你说，到底是宋朝运气好，上天源源不断地派来各界超人呢，还是宋朝人民运气好，个个凡人都有大把的机会成为超人呢？反正，仅仅是在公元1020年这一年，就诞生了后来宋朝的文理两个支柱性人物。其中，文科支柱，便是那位吼出豪言壮语"为天地立心，为生民立命，为往圣继绝学，为万世开太平"的思想家张载；理科支柱，便是本回的男一号，姓苏，名颂，字子容，后来成了杰出的天文学家、机械制造专家、药物学家，还被李约瑟称赞为"中国古代和中世纪最伟大的博物学家和科学家之一"。细心的读者也许已发现，李约瑟给苏颂的评价确实低于沈括。

都说"一个好女人旺三代，一个坏女人败三代"，那么，苏颂家族的女人们到底怎么样呢？由于缺乏确凿的证据，咱不便猜测细节。但是，在那个十分重视人伦和道德的年代里，能得到皇帝赐封的女人，肯定是好女人，而且还是屈指可数的好女人。若按此标准来判断的话，那么苏颂家简直就是"好女人之家"了，你看：苏颂的曾祖母张氏，被皇帝封为"代国太夫人"；祖母刘氏，被封为"随国太夫人"；祖母翁氏，被封为"徐国太夫人"；母亲陈氏，被封为"魏国太夫人"；后来苏颂自己的原配夫人凌氏，也被封为"吴国夫人"；甚至连继室辛氏，也被封为"韩国夫人"。幸好苏家不是女儿国，女人不太多，否则，皇帝就甭干别的事了，专门给苏家的女人们封"某国夫人"吧。

生活在如此"好女人之家"，苏颂从小受到的家教之好，就可想而知了。早在5岁时，老爸就亲自教他背诵《孝经》及古今诗赋，结果这小子一学就会，再学就上瘾，从而养成了终生勤于攻读的好习惯。他一生博览群书，治学严谨，深通经史百家，举凡算学、阴阳、五行、星历等无所不研，地志、训诂、律吕、山经、本草等无所不精。换句话说，他见啥学啥，学啥精啥，而且还都能"探其源，究其妙"，并"验之实事"，终于成了一位学识渊博的大学者。在官场上，苏颂也相当成功，虽历经仁宗、英宗、神宗、哲宗、徽宗等五代皇帝的更替，甚至曾经惨遭贬谪，但仍然以宰相之职光荣退休。即使退休后，他也被宋徽宗拜为太子导师（太子太保），加封为"赵郡公"。甚至在他去世后，还被皇帝追赠为"司空"，而且更为震惊的是：宋徽宗为悼念他的逝世，竟然罢朝2日！后来，南宋皇帝宋理宗，又追谥苏颂为"正简"。

走马观花，综览苏颂一生的如下简历可知，他确实既是专家型的领导，也是领导型的专家。拥有此等人才，既是民族之幸，也是国家之幸，更是个人之幸。

苏颂故居，位于厦门市同安区

你看他23岁中进士，次年就获得了北宋政治家、文学家、唐宋八大家之一的欧阳修的信任，认为他办事慎重稳妥，并将重要政务委托于他；34岁任馆阁校勘，开始了校正和整理古典书籍的生涯，这便能接触到前人的众多科学成果；38岁任集贤校理（图书馆馆长）并负责医书的校正工作；40岁兼任殿试复试考官；42岁起，开始负责编校古籍，历时九载，后来还兼知制诰（诏书起草委员）和三司度支判官（财政监管委员）。51岁时，他冒死顶撞皇帝，竟三次拒绝起草诏书，被神宗怒斥为"轻侮诏命，翻复若此，国法岂容！"于是他被撤职查办。后因皇帝实在不舍其才能，次年他又被启用，并先后担任过婺州、亳州、杭州、濠州、沧州、扬州、应天府、开封府等地的"一把手"。58岁时，他被临时抽调到朝廷，参与《仁宗实录》和《英宗实录》的整理工作。67岁时，他第三次正式到朝廷任职，并先后出任刑部尚书、吏部尚书兼侍读、尚书右仆射、尚书左丞等。73岁时，他被任命为中书侍郎。此外，他还数次出使过辽国这个当时的超级大国，用友善和巧妙的示弱方法等为宋朝的发展赢得了数十年的和平大环境，顺带还掌握了辽国的政治制度、经济实力、军事设施、山川地理、风俗民情、外交礼仪等信息，并向朝廷做了系统的书面汇报，写成《前使辽诗》《后使辽诗》和《鲁卫信录》等书。特别是这第3本书，汇集了与辽国往来有关的各种礼仪和文件程式，因而颇受皇帝重视，甚至由神宗亲自题写了书名。

作为专家型的领导，苏颂一生曾两次领导过科研工作：一次是38岁那年，领导《图经本草》（以下简称《图经》）的编撰；另一次是67岁那年，领导研制"水运仪象台"（以下简称"水仪"）。两次都取得了圆满成功，例如，500年后，明朝著名医学家李时珍，都还在盛赞《图经》"考证详明，颇有发挥"。又例如，800年后，李约瑟在深入考察了"水仪"后，在《中国科学技术史》中说："我们借此机会声明，我们以前关于'钟表装置……完全是14世纪早期欧洲的发明'的说法是错误的……在中国许多世纪之前，就已有了装有另一种擒纵器的水力传动机械时钟。"换句话说，这位洋老李承认，"水仪"不仅是杰出的天文仪器，也是最古老的天文钟。

厦门市同安区苏颂公园里的水运仪象台

苏颂的科技领导工作，为什么每次都能取得重大胜利呢？在很大程度上，应该归功于苏颂卓越的情商和智商。

首先，他特别重视人才。一方面，他重视发挥现有人才的潜力，在编撰《图经》时，他就发动广大医师和药农，呈送标本和药图，并附上详细说明，从而避免了药物的混乱与错讹。另一方面，他更重视广泛延揽各方英才，在研制"水仪"时，他发现吏部令史韩公廉精通数学、天文和历法，于是，立即奏请皇上，以迅雷不及掩耳（没盗铃）的速度，就把老韩给挖了过来，而且还为他组建了一个完整的攻关小组。此外，苏颂还鼓励课题组成员大胆创新，仍然是那位韩公廉，某天突发灵感完成论著《九章勾股测验浑天书》，苏颂就立即支持他制成"原理样机"，并经严格考察后，赶紧替老韩向皇帝邀了功，申请获得了"重大科研专项经费"。

其次，苏颂领导科研时，不但统筹全局，还亲自动手，不惮繁巨，不畏劳苦，毫不马虎，既重视书本知识，也重视模型实验，更重视实际观测。比如，在编撰《图经》时，来自四面八方的标本和文档堆积如山，他亲自制定了详细而明确的处理流程，使得素材的整理工作有条不紊地顺利进行。对相关的疑难问题，他都要开展专项研究，不急于下结论。又比如，在研制"水仪"时，几乎所有重要部件，都要经过反复实验，再做成仿真的"小木样"，然后再行实测，确实满意后，才最终正式制造。

最后，苏颂领导科研时，总是努力钻研业务，力求精通其主管项目，避免外行领导内行的情况。在编撰《图经》时，他真的研读了从《内经》到《外台秘要》等历代医药著作，亲自校订了《神农本草经》等多种典籍，使自己也通晓了本草医药知识；在领导研制"水仪"时，他认真研究了两汉、南北朝、唐、宋各代的天文著作和仪器，随时向下属学习，向韩公廉请教历算，与成员亲量圭尺，和学生躬察漏仪等。

那么，作为领导型的专家，苏颂的水平又如何呢？客观地说，也是相当不错的，否则本书就不可能为他撰写科学家简史了。

在天文观测设备的研制方面，苏颂等创造性地把浑仪、浑象和报时装置3组器件综合在一起，建成了一个以水为动力的巨型高台建筑仪器，称为"水运仪象台"或"水仪"。它其实就是一个兼有观测天体运行、演示天象变化和准确计时三个功能的天文台，也是世界上最早出现的集测时、守时和报时为一体的综合性授时天文台。它的上层是观测天体的浑仪，中层是演示天象的浑象，下层是使浑仪、浑象随天体运动而报时的机械装置。其中，浑仪部分的原理，已接近现代天文台的跟踪装置，被李约瑟评价为"苏颂把时钟机械和浑仪相结合，在原理上已完全成功。因此，他比罗伯特·胡克先行了6个世纪，比方和斐先行了7个半世纪。"此外，"水仪"的顶部可以开合，这又是现代天文台圆顶的祖先。特别奇妙的是，"水仪"中还含有一套名叫"天衡"的系统，它其实就是现代机械钟表的关键组件，锚状擒纵机构，所以，李约瑟又惊呼"现代钟表的先驱，原来是在中国呀！"

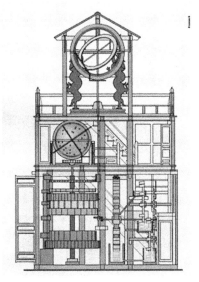

除了"水仪"外，苏颂等还研制了一台独立的"水力浑天象"。观察者甚至可钻入天球内，身临其境地观看天象，因为该天球"凿孔为星"，十分逼真。这是中国历史上第一架有明确记载的假天仪，即天体运行仿真设备。

在机械设计方面，苏颂等编撰了《新仪象法要》一书，其中绘制了有关天文仪器和机械传动的全图、分图、零部件图等50多幅，绘制机械零件150多种，

水运仪象台侧面图

并且它们多为透视图和示意图，这是世界上保存至今的最早机械图纸，而且还相当完整。我们甚至还可根据这些图纸，较准确地恢复出能够运行的"水仪"，它还真能与地球运动保持大致同步！因此，《新仪象法要》还有一个重要价值，那就是其中所附机械图，也是破解张衡、僧一行、张思训等同类著作的钥匙。

在星图绘制方面，苏颂等完成了14幅重要星图：浑象紫微垣星图、浑象东北方中外官星图、浑象西南方中外官星图、浑象北极星图、浑象南极星图、四时昏晓加临中星图、春分昏中星图、春分晓中星图、夏至昏中星图、夏至晓中星图、秋分昏中星图、秋分晓中星图、冬至昏中星图、冬至晓中星图。这些图（特别是前5幅）不但本身极具科学价值，而且其绘图的方法也是一种创新，因为它解决了长期以来"把球面上的星辰绘制到平面上时，一定会出现失真"的难题。实际上，苏颂巧妙地把天球沿赤道一分为二，再分别以北极和南极为中心画两个圆图，这种绘图法便是著名的"圆横结合法"。

守山阁丛书《新仪象法要》

若从所观测星体的数量上来看，苏颂星图的先进性也很明显，其所观测的星体数，甚至比约400年后欧洲的1 022颗星还多出422颗。能与苏颂星图相媲美的古代星图，只有现存于伦敦不列颠博物馆的敦煌星图。不过它们俩也各有特色，敦煌星图更早，绘于唐朝，苏颂星图更细致和更准确；敦煌星图含星1 350颗，而苏颂星图含星更多，有1 444颗；敦煌星图主要依据《礼记·月令》一书而绘，苏颂星图则是实测结果。此外，苏颂星图还去掉了敦煌星图中有关分野问题的非科学成分。

在药物学方面，苏颂等的成就主要体现在专著《图经》（20卷）中。该书系我国第一部流传至今的配图本草著作，共收中草药1 082种，载药图933幅，较之前的《开宝本草》增加新药103种,对动植物形态有准确生动的描述；它记述了食盐、钢铁、水银、白银、汞化合物、铝化合物等多种物质的制备；它还把野外采集到的动植物标本,绘制成图,并加以木刻印刷成书（提请读者注意,此处的"木刻印刷"字样表明:上一回提到的毕昇活字印刷还未出现,至少还未普及）。特别是在前人的《新修本草》《天宝单方药图》和《蜀本草》等同类书籍已经失传的情况下,《图经》填补了若干重大空白,不仅对药性配方提供了依据,而且还纠正了历代本草的谬讹,更使过去无法辨认的药物,变得确认无误。为编写《图经》而进行的全国性普查,还意外地扩大了药源,发现过去需要从朝鲜等地进口的许多药物,原来国内也有出产。《图经》中的许多记载,也颇具历史价值:关于矿物学,它记载了丹砂、空青、曾青等105种矿物药的产地、开采过程和特点等信息；关于冶金技术,它记载了3种钢铁冶炼的工艺过程,也记载了最早最详尽的"灰吹炼银法"；对动物化石、植物标本的绘制等,都在相应学科中占有领先地位。此外,苏颂等还编辑补注了《惠佑补注神农本草》,校正出版了《急备千金方》等经典书籍。

对了,别以为苏颂只是科学家、政治家或外交家,其实他还是文学家和收藏家呢,特别是在文献学、诗歌、散文、史学等领域,更是行家里手。作为一位"高产"诗人,他常与著名诗翁欧阳修、苏东坡等一起和诗,《全宋诗》中也录有他的多篇代表作,仅收录在《苏魏公文集》中的诗歌就有587首之多,大部分都是律诗或绝句,其中有长律多达1 400字,可谓"律诗之最"。他的诗作中,名言警句比比皆是,例如,《和土河馆遇小雪》中的"人看满路琼瑶迹,尽道光华使者行"就生动地反映了为使者送行的盛况,以及使者高尚又复杂的心理；《和就日馆》中的"戎疆迢递戴星行,朔骑奔驰束火迎"和"每念皇家承命重,愧无才誉副群情"则形象地记述了辽国使者迎接宋使的情形,反映了诗人忧国忧民、唯恐任务完成得不好的心情。此外,描绘北国风光的"青山如壁地如盘",描述劳动景象的"牧羊山下动成群",和描述异国风情的"依稀村落见南风"等都让人赞不绝口。

苏颂一生的著述颇丰,不计已经失传的书籍,至少还著有《鲁卫信录》《苏颂集》（72卷）、《图经本草》《略集》《苏魏公文集》《新仪象法要》《魏公题跋》《苏侍郎集》《魏公谈训》等。

光阴似箭,日月如梭,时间转眼就到了公元1101年,这一年好像是"名人扎堆去世之年":苏轼去世了,清水祖师圆寂了,辽国第八位皇帝辽道宗耶律洪基也去世了。在这一年的6月18日,苏颂终因病情恶化,医治无效,在家中逝世,享年82岁。

苏颂是一位出色的"科技领导干部"，他善于集中群众智慧，组织集体攻关；善于发现人才，并大胆加以提拔任用；勤于实验，设计多种方案，反复进行实验；勇于实践，大胆进行全国性药物普查；尊重科学，实事求是，一时研究不通的问题，宁可存疑，也决不附会。此外，更重要的是，他还富有科学研究必需的开拓进取和创新精神。

第二十五回

怀才不遇李白啼，诗酒不误穿越技

伙计，一看本回的题目，你可能就晕菜了！咋会写李白呢，莫非他也是科学家？！当然不是，无论怎么胡编乱造，我也不敢歌颂他的科学家事迹。因为谁都知道，传说李诗仙在天堂不得志，被贬降生到碎叶城（一说），成了人间"谪仙人"。李谪仙一生浪迹天涯，居无定所，怀才不遇，永远都在用其诗"抽刀断水水更流，借酒消愁愁更愁"。终于在公元762年时，穷困潦倒的他完成了"第一世的人间修行"。那么，此后他去哪里了呢？

一说他"醉致疾亡"（见皮日休《李翰林诗》）；二说他纵饮过度，酒精中毒猝死（见《旧唐书》）；三说他"酒醉入江捉月而溺"。此外，还有人说，这位李道士升天成仙，贬谪期满，回天堂复职去了。杨半仙我不信，利用大数据挖掘技术，掐指一算，哦，这李老兄原来是在玩"穿越"游戏。在李老兄去世了286年之后，一个宛如李老兄的男孩于公元1048年，"嗖"的一声就与宋神宗赵顼一起来到了人间，诞生在当时丝绸古道上的霍拉桑名城内沙布尔。据说，当年唐僧去西天取经时，还到过该地区附近呢。待到睁眼一看时，才发现惨啰！亲爱的父亲，咋只是一个普通的帐篷工匠嘛！唉，醉酒真害人啊！原来醉眼惺忪的李太白，在转世前一秒，竟将"帐篷之家"误看成了"天蓬之家"，或误将"天蓬之家"理解为"天蓬元帅之家"！更惨的是，他还面临如下4大难题必须解决。

难题一，前世简洁明快的两字名称"李白"，被老爸不容商量地给换成了一口气要读断气的长名：基亚斯丁·阿布·里法特·欧玛尔·本·伊卜拉欣·海亚姆·尼沙布里！于是，被"记名字"搞得头昏脑涨的"前世李白"一咬牙，自作主张，砍掉一大串字符，只保留了"海亚姆"或"欧玛尔·海亚姆"，作为今世和本回将使用的姓名。

难题二，前世自己最擅长的"五言""七绝"等唐诗，在这里压根儿就没踪迹了，更谈不上被众人喜欢！幸好，"波斯诗歌之父"鲁达基，这时刚好创立了一种类似于"绝诗"的所谓"四行诗"。这种诗共由四行组成，且第一、第二、第四行诗句的尾部要求押韵，不过对每行诗句的字数并无严格要求，可长可短，甚至每行中还允许使用标点符号。于是，本回的男一号，海亚姆，就像在急流中终于抓住了一根救命稻草一样，拼命地写诗，并且"语不惊人死不休"。他高兴时，摇头晃脑，来一首四行诗；悲伤时，泪流满面，来一首四行诗；愤怒时，咬牙切齿，来一首四行诗；愁闷时，垂头丧气，再来一首四行诗。到底他一生写了多少首诗，可能谁都不知道。约200年后的公元1208年，人们还在剑桥大学图书馆中发现了他写的252首四行诗呢。公元1859年，海亚姆的101首诗，最早被英国人菲茨杰拉德翻译，并汇编成《鲁拜集》。于是，随着诗集的畅销，西方世界很快就掀起了一阵阵"海亚姆风暴"：他被尊为"在英国最伟大诗人中间，有一席永久的地位"，其诗被认为"具有无与伦比的浪漫主义和经典特色"和"既有飘逸的旋律，又有持久的铭刻"。仅纽约图书馆，就藏有500多种不同版本的《鲁拜集》。在中国，则早在1919年2月，胡适先生就翻译了他的两首诗，并以《七绝》为题发表；5年后，郭沫若也翻译了《鲁拜集》；闻一多、徐志摩等著名诗人都以不同的形式翻译过他的四行诗。

《鲁拜集》（RUBAIYAT OF OMAR KHAYYAM）

时至今日，在中国乃至世界文坛，"海亚姆"这个名字几乎就是"诗人"的代名词，这一点倒很像他的前世之名"李白"。而且，这位老兄无论是叫"海亚姆"或"李白"，其"诗路"都好像未曾改变。当他名叫李白时，在《把酒问月》中吟道："青天有月来几时？我今停杯一问之。人攀明月不可得，月行却与人相随。……今人不见古时月，今月曾经照古人。古人今人若流水，共看明月皆如此。唯愿当歌对酒时，月光长照金樽里。"而当他名叫海亚姆时，他也"克隆"道："天边明月在寻找我们，她还将多少次转亏转盈；还将多少次来此园中哟，可惜也许我们早已无迹可寻。"

当然，下面我们将为他"平反"，重新恢复他的"科学家"身份，而且还是当时的"世界顶级科学家"。

难题三，禁酒！这对前生嗜酒如命的醉鬼来说，无异于被判剐刑！怎么办呀，怎么办！抓耳挠腮的海亚姆，左思右想，终于"叮"的一声找到了灵感！喝，喝，尽情地喝！白天不让喝，晚上喝；人前不让喝，人后喝；市区不让喝，郊野喝；醒时不让喝，醉时喝。反正"生命诚可贵,信仰价更高;若为喝酒故,二者皆可抛"。那么读者会问啦,你凭啥断定海亚姆也与李白一样是酒鬼?嘿嘿,这是他在诗中"不打自招"的。君若不信,请看下面的歪解。

他在一首诗中写道:"斟酒者啊,你与明月同来;你在散坐草地的宾客间巡回;当你欢乐地给我斟酒时哟,请为我倾倒一杯空怀。"哇,你看,这难道不是李白《月下独酌》的翻版吗?只是前世的他,好像更贪杯而已,只想独酌,连给玉兔尝一滴酒都舍不得,仅仅象征性地举杯邀一下嫦娥,馋得那吴刚哟,紧跟酒杯不放,伴随而行。你看他"花间一壶酒,独酌无相亲。举杯邀明月,对影成三人。月既不解饮,影徒随我身。暂伴月将影,行乐须及春。我歌月徘徊,我舞影零乱。醒时相交欢,醉后各分散。永结无情游,相期邈云汉。"

海亚姆又在另两首诗中分别写道:"来吧,且饮下这杯醇酒;趁那乖戾的苍天还未下手;命运一旦把我们逼向绝路哟;连口清水都不容你下喉。"和"我把嘴唇俯向可怜的陶樽;向着生命的奥秘探询;樽口轻轻对我说:生时饮吧!一旦死去你将永无回程。"妈呀,这绝对是诗人的一稿两世投!只是李白在《将进酒》中表白得更露骨而已,这也许是因为唐朝不限诗的行数吧。你看,他说:"君不见,黄河之水天上来,奔流到海不复回。君不见,高堂明镜悲白发,朝如青丝暮成雪。人生得意须尽欢,莫使金樽空对月。天生我材必有用,千金散尽还复来。烹羊宰牛且为乐,会须一饮三百杯。岑夫子,丹丘生,将进酒,杯莫停。与君歌一曲,请君为我倾耳听。钟鼓馔玉不足贵,但愿长醉不复醒。古来圣贤皆寂寞,惟有饮者留其名。陈王昔时宴平乐,斗酒十千恣欢谑。主人何为言少钱,径须沽取对君酌。五花马,千金裘,呼儿将出换美酒,与尔同销万古愁。"

反正,醇酒和美色挤满了海亚姆的诗,以至于被当时的领导斥为"色彩斑斓的毒蛇"。于是,为了减轻来自教会等各方的压力,海酒鬼不得不在晚年时,长途跋涉,远行至圣城麦加,以朝圣示忠。

难题四,中世纪禁言。人们必须无条件崇拜"绝对真理",更不允许"异端思想"存在。于是,作为一个据说"头上长了反骨"且已被科学催醒的人来说,海亚姆对此痛苦异常。终于,一个海"愤青"便出现了。唉,没办法!海亚姆只好把他那一首首流露出压抑、痛苦和愤懑心情的诗篇,藏而不发。直到他去世50年后的公元1173年,一个伟大的诗人才浮出水面。

如今,若从"绝对真理"角度,来重新审视海"愤青"的这些诗,哇,还真是太"反动"了。你看，他是这样诋毁"原罪说"的："你呀，你造人用劣质泥；却特地造蛇在乐园里；为了你涂黑人脸的万般罪孽——宽恕人吧！让人也好宽恕你。"他是这样怀疑天堂的："天堂不过欲望的幻景，地狱只是火烤灵魂的黑影。我们这么晚才浮现哟，却又这么早要向黑暗消隐。"他是这样批评"创世纪"的："最初的泥团捏出最后的人，最初播种却最后收成；黎明结账时将读到的哟，其实在创世之初早已写成。"

当然，海"愤青"也为此付出了沉重代价。尽管他生前已是著名科学家，但晚年却仍像李白那样穷困潦倒，不得不以隐居方式消失在红尘之外。他终生未娶，既没子女，也无遗产。公元1122年，他在平静中死去，享年74岁。朋友们按他的遗愿，将他安葬在郊外的桃树和梨树下。不过，海亚姆对自己的"叛逆"并不后悔，他甚至鄙视犬儒们说："许多学者却弄虚作假，摆脱不掉诡诈和做作的风气，他们利用自己的知识，去追求庸俗和卑鄙的目标。正义者若寻求真理，播扬正义，鄙弃庸俗利益和虚伪的骗局，便会立即遭到嘲笑和非议。"

为了解决上述4大难题，海亚姆可谓用尽了毕生精力。他独辟蹊径，首先从科学研究上打开缺口。

幼年时，海亚姆家住阿富汗北部。品学兼优的他，曾师从著名学者曼苏里和伊玛目莫瓦法克等。由于生活所迫，再加时局动乱，他父亲不得不经常率全家四处迁徙，以致他生活过的国家之多，恐怕只有古希腊的毕达哥拉斯可以超出。对此，海亚姆回忆说："我不能集中精力去学习代数学，时局的变乱阻碍着我。"不过，尽管如此，他还是克服困难，撰写出了颇有价值的《算术问题》和一本音乐小册子。

20岁左右时，海亚姆终于遇到了人生的第一个贵人，塞尔柱帝国的宰相尼扎姆·穆尔克。尼宰相邀他前往帝国首都，并提供了充足的生活资金和良好的工作环境。这使他终于能够安心从事数学研究，并很快完成了代数学的重要发现，包括三次方程的几何解法等，这在当时要算是最深奥、最前沿的数学课题了。基于这些成就，海亚姆完成了他的代表作《还原与对消问题的论证》，即后来简称的《代数学》。

不久，海亚姆又遇到了第二位贵人，塞尔柱帝国第三代国王马利克沙。国王命他主持天文观测和历法改革，并让他修建一座天文台。这第二位贵人可不简单啦，他是塞尔柱帝国著名的国王，17岁时就继承了王位，不但醉心于大肆开疆扩土，还对文学、艺术和科学等表现出了浓厚兴趣。他广邀并善待学者和艺术家，兴办教育，发展科学和文化事业。因此，海亚姆获得了一生中最安谧的时期，仅在此担任天文台台长的时间，就长达18年之久。在此期间，他编制了比现行公历更为精确的历法。实际上，若要累积一天的误差，今天的历法需要3 300多年，而海亚姆的历法则需要更长的5 000年。此外，他还编制了天文表，即《马利克沙天文表》，指出了一年内不同时期太阳升落的具体位置。遗憾的是，公元1092年时，皇族又照例发生了内讧。经过一番骨肉相残后，马利克沙本人无故死亡，其第二任妻子掌管了政权。可是，这位新女王对海亚姆很不友善，不但撤销了对天文台的资助，还阻碍了历法改革的继续，使得相关研究工作被迫停止。思想单纯的海亚姆却仍对女王抱有希望，不但坚持留下来继续担任御医，而且还梦想说服女皇，等待她回心转意。可是，皇族的内讧还没停止，终于到了公元1118年，末代国王不得不迁都。海亚姆也死心塌地随同前往，并在那里完成了另一本专著《智慧的天平》，即用数学方法计算金属比重和合金成分，该问题最早起源于阿基米德。

那么海亚姆的科学成就，到底都有哪些呢？下面简要介绍几例。

首先，他在数学方面的成果，主要体现在他于22岁时完成的专著《代数学》中。该书不但首次阐释了代数的原理，还发现了用圆锥曲线求解三次或更高次方程的方法，这也是中世纪阿拉伯数学家最值得称道的突破。该项成果本身不但颇有价值，而且其求解方法也堪称奇迹。因为，一方面，早在古希腊时，人类就开始研究三次方程了；另一方面，早在公元前4世纪，柏拉图学派的门内赫莫斯就已经发现了圆锥曲线。但是，直到海亚姆，人类才首次用圆锥曲线去求解三次方程，而且他穷尽了三次方程的所有形式，并逐一给出了解答。更意外的是，海亚姆在叙述其解法时，竟然只采用了文字，没用方程式，让读者很难理解。当然，这一点不值得鼓励，因为它可能阻碍数学的进一步发展，毕竟"解决数学问题时，最好请用数学语言"。《代数学》一书的影响之久远，可从如下事实中窥见一斑：约800年后的1851年，此书被韦普克从阿拉伯文翻译成法文；1931年，在海亚姆诞辰800周年之际，美国哥伦比亚大学再次出版该书。在该书的前言中，海亚姆还提到了他的另一本书《算术问题》中的一些结果，他说："印度人曾给出过开平方、开立方等方法……我写过一本书，在证明了印度方法正确后，还给出了相应的推广，可以求平方的平方、平方的立方、立方的立方等高次根。我的证明仅仅基于欧几里得《几何原本》中的代数部分"。

对了，为让各位读者体会高次方程求解的困难性，我们在此补充一点数学背景：海亚姆用几何法求解了三次方程，那么，能否用纯代数法来解决该问题呢？经过500多年的探索，最终才由意大利数学家给出了圆满结果。后来，又过了300年，直到19

世纪时，才由挪威著名数学家阿贝尔彻底解决了高次方程一般解的存在性问题，即5次及以上的方程没有一般解。不过，非常可惜的是，阿贝尔的这项重大突破，至死都未被同时代的数学家们认可。

其次，他在几何学方面的成果，主要体现在他29岁时完成的《辩明欧几里得几何公理中的难点》一书中。具体说来，包括两个方面：其一，是在比和比例问题上提出新见解；其二，便是对欧几里得第五公设（见本书介绍阿维森纳的第二十二回）进行了批判性论证。在书中，海亚姆试图用前四条公设，去推导第五公设。虽然最终失败，但是他的这种处理方式，却与19世纪才诞生的非欧几何学密切相关。事实上，从现代数学角度来看，从海亚姆的某两个假设中，几乎就可直接导出非欧几何学了。但遗憾的是，他当时并没意识到这一点，否则，他可能就是"非欧几何学之父"了。不过，虽然海亚姆没能证明平行公设，但他的方法却深深地影响了一大批西方数学家，包括牛顿的直接前辈沃利斯。

最后，他在天文学方面的成果，主要体现在两个方面：其一，是以《马利克沙天文表》为代表的星表绘制，由于相关结果大都失传，至今只留下了当初的"黄道坐标表"和发现的"一百颗最亮的星辰"；其二，也是更重要的是其历法改革。虽然海亚姆制定了历史上最精准的历法，取名为"马利克纪年"，但是，当时压根儿没人理睬海亚姆的这项成就。于是，海"愤青"又只好写了这样一首诗："啊，人们说我的推算高明；纠正了时间，把年份算准；可谁知道那只是从旧历中的消去哟；未卜的明天和已逝的昨日，谁能说清"。

位于马什哈德西南120公里外的内沙布尔城东的欧玛尔·海亚姆墓园

综观海亚姆的一生，几乎又与他的"李白前世"如出一辙！唉，人类呀，你何时才能不再瞎折腾！

　　最后，让我们一起来欣赏海亚姆的几段振聋发聩的忠告：别做坏事，否则你将自食其果；别往井里吐痰，你也会喝井里的水；低贱者来求助时，别侮辱他；别出卖朋友，因为他无可取代；别失去爱人，他（她）不会再回来；别欺骗自己，时间自会做出检测；若想活得聪明，就该知识丰富；最好独善其身，别拉帮结伙。

第二十六回

中药始祖唐慎微，海纳百川树丰碑

唐慎微，何许人也？

普通网民可能没听说过；电影迷则在看过《怪医唐慎微》后，又有可能被带偏了。例如，本该还在娘怀里吃奶的他，咋可能遇上赶考的苏轼呢？因此，本回就来重新演绎一段科学方面更严谨，文学方面更荒诞的《新版怪医唐慎微》。

话说，公元1056年的某天，宋仁宗正在朝廷训话时，突然手舞足蹈，口出涎水。大臣和太监们面面相觑，赶紧叩头，山呼万岁，退朝了事。

家丑好掩，可外宾咋办？因为按既定日程，仁宗皇帝当天还得在宫里亲自接见辽国使者呀！果然，刚开始时，万岁爷就语无伦次了。此后几天，皇帝病情愈益加重，天天大呼"皇后与张茂则谋大逆"，吓得宦官张茂则上吊自尽，以示忠诚。

皇帝病重，是没有良医治疗吗？其实不然，是缺少良方和良药呀！

原来，在宋代以前，中医药书籍的传承全都靠手抄、笔录或口传心授。因此，一本药书问世若干年后，要么流失殆尽，要么经反复传抄早已面目全非，甚至以讹传讹，错误百出。这当然就会严重影响医药的发展，甚至危及人民群众的身体健康。直到北宋时期，印刷术盛行，情况才稍微好转。但是，若医药书籍的源头本身就很混乱，那么刻版流传越广泛，副作用就反而越大。幸好，北宋政府及时发现了这个问题，并于开宝年间设立"国家重大专项"，由朝廷组织专家编写了《开宝本草》；又在随后的嘉祐年间，再由"卫生部"出面，编写了官方药书《嘉祐本草》。但事实证明，这两次编书行动效果不够理想，否则，他们就不会把自己的皇帝都给搞疯了，可怜的仁宗皇帝哟，您疯得好惨！实际上，这两次官方行动，只是有选择地采录和编辑了部分古典医药书籍，许多药学资料都被遗弃，若不及时收集和抢救，它们就会面临被湮没的厄运。

然而就在这个时候，在当年四川崇庆某地的一个中医世家的家中，随着一阵阵清脆的婴儿啼哭声，本回的男一号就降生到了人间。老爸一看儿子，唉，其貌不扬！但转念一想，丑虽丑，也许很温柔，况且行医又何必非要帅哥呢，只要谨小慎微就够了嘛。于是，他就给宝贝儿子取名为"唐慎微"。

果然，小微微心地善良，为人纯厚，行事谨慎，虽然举止木讷，不善言辞，但却极为聪慧，勤奋刻苦，而且从小就对医学表现出了浓厚的兴趣。爷爷诊脉时，他在旁边瞧；爸爸开处方时，他认真仿效；大人上山采药时，他更是忙前跑后，高兴得大呼小叫。在如此环境里耳濡目染，再加上家长们的有意教诲，慎微小朋友很早就对行医的精髓有了深刻理解，不但掌握了高超的医术，更对经方和本草有独特的体会。特别是，他继承了家传的良好医德，对待患者均一视同仁：凡是上门求医问药者，无论达官显贵或平民百姓，在其眼里都是病人，绝无高低贵贱之分。

刚过少年期，唐慎微就能独立行医了。他一边学习书本知识，一边给四里八乡的村民们看病。不断增长的理论知识，再加丰富的实践经验积累，使得唐大夫的医术飞速进步，并很快就成了当地的名医，成就感也迅速爆棚。

30岁左右，唐慎微这位医术精湛、医德高尚、好学不倦的乡村大夫，就已声名远播，甚至惊动了大城市成都的一位伯乐。书中暗表，此伯乐名叫李端伯，他可不得了啦，他所相过的千里马就更不得了啦！例如，程朱理学的鼻祖程颐和程颢，当年在四川时就是他的弟子。在李伯乐的诚邀之下，唐医生这位难得的人才，就以"院士"的待遇，被引进到了成都府东南郊的华阳地区，不但给解决了成都"户口"，还低价提供了一套"安居房"，再加一个无须摇号的"汽车牌照"。因此，也有史料说唐慎微是成都人。

到了大城市成都后，唐大夫行医就更卖力了，无论是寒冷的冬季，还是酷热的夏天；无论是刮风下雨，还是白天黑夜，病人只需一个招呼，他都有招必往，马上出诊。对病人，他既仔细望闻问切，又全面辨症，还小心处方。经他精心医治的病人，大都很快康复，因此广受赞誉，被人们称为"百无一失"。

据说，那时成都有一位高官，名叫宇文邦彦，患了严重的风毒病，请遍了成都名医，结果名医们都束手无策，只能眼睁睁地看着病情一步步恶化。也算这位高官命不该绝，偶然间找到了唐慎微。只见唐大夫，一手切脉，一手写方，口中念念有词，"唰唰唰"，三下五除二就发现了那病魔的踪迹。哪知，这病魔不识好歹，竟敢负隅顽抗，还想逃跑。于是，唐大侠眼观鼻，鼻观心，气守丹田，"嗨"就是一记"降龙十八掌"。再看那病魔时，早已被数剂服药给镇住了。高官的病情迅速好转，在唐大夫的精心调治下很快就痊愈了。

正当大家都在欢呼"华佗手到病除"时，唐大夫却早已料定，这风毒病魔一定不肯善罢甘休，只要高官的身体稍弱，病情就会复发，病魔也会卷土重来。于是，唐慎微仿效当年诸葛亮的做法，留下了3个锦囊妙计，然后告诉宇文公子："某年某月某日，你爹的风毒将再次发作，那时你必须这么这么这么做"。

唐慎微雕像

果然，时间一到，病魔就再次开始兴妖作怪了。

"呜……"，那妖驾一团黑云，就想来一招"风毒再作"。"啪"，胸有成竹的宇文公子就打出了第1个锦囊，只听得一声惨叫，病魔就从黑云上滚将下来了。

紧接着，那魔一翻身，又使出了更厉害的夺命招"风毒攻注作疮疡"。"官二代"手疾眼快，"吧唧"就将第2个锦囊砸在了病魔头上，瞬间那斯就现出了原形，原来它是一只千年癞蛤蟆。

杀红了眼的蛤蟆精，这回可要拼命了。但见它四肢趴地，鼓足了肚子，突然一蹿，就从九霄云外直扑下来，用尽全身力气，使出了惊天动地的绝招"风毒上攻、气促欲作咳嗽"。再看那宇文公子时，早已吓得六神无主，瘫在了地上。眼看那蛤蟆的毒爪就要刺破高官的命脉，家人已准备哭丧之时，突然，说时迟，那时快，只见这第3个锦囊"嗖"的一声，自动弹将起来，一下子就把那斯装进了口袋。顿时，一腔腥血从口袋中流出，病魔终于被彻底消灭了！半个月后，高官的风毒病就被根治了。这件事传遍了成都，从此以后，唐慎微便被人们称为"神医"了。

唐慎微的人生目标，当然不是只当"神医"，而是要成为医学家，更准确地说，是要成为中药学家，要填补朝廷的空白，要填补官方举全国之力才分两次完成的《开宝本草》和《嘉祐本草》所遗留下来的空白，要让前人的所有（而不只是部分）药学知识流传千古！

但是，此事谈何容易呀！首先面临的重大困难，就是收集素材。中国古代既无信息手段，更无计算机网络设备，手抄药学资料之多，浩如烟海且杂乱无章。别说单枪匹马的唐慎微，就算是前两次的"国家级成果"《开宝本草》和《嘉祐本草》，也只是处理了那些最容易收集的素材。为此，唐大夫想呀想，终于"叮咚"一声，灵感出现了。于是，他使出了以下三个妙招。

第一招，以方代酬。由于唐大夫名气很大，前来求医问药者络绎不绝。于是，在收取治病报酬方面，唐医生不是向患者索取诊金财物，而是鼓励病人及亲朋好友，以其抄写的各种民间良药效方为酬，即"以方代酬"。如此一来，大家就更愿意与他接近，更乐意找他治病，并且人人都主动把自己所知的好方、良药、秘录等告诉他。即使在经史诸书中发现了医药知识，也及时抄录下来，毫无保留地送给他。因此，唐慎微不但结交了许多朋友，还巧妙地将本该由自己一人承担的、几乎不可能完成的任务，分解给了众多患者来共同完成。这显然是当今"分布式计算"的先进思想。

第二招，积极参加"医药博览会"。当时的成都，每年都有3次定期的"药物展销会"，即2月8日和3月9日的"观街药市"以及9月9日的"玉局观药市"。届时，南来北往的药商都会云集于此。从各地送来的参展药物更是堆积如山。唐医生当然不会放过这些天赐良机，无论多忙，他都雷打不动，要在"展销会"上竭尽全力收集有价值的药物信息。他还要到各地回访刚认识的"展友"，主动出击，收集各种药物和民间方剂，从而得到了许多失传已久的古代用药法则。

第三招，大数据挖掘。具体说来，就是旁征博引诸如《补注神农本草》和《图经本草》等各类书籍，精细考察相关内容。例如，采用"图文对照"的形式，摘录了宋代以前的各家医药著作、经史外传、佛书道藏、笔记和文集等有关药物的记载。总之，见书就查，见方就收，见药就录。尤为可贵的是，他非常注意保持方剂原貌，以采录原文为主，从而为人类保存了大量后世失传的珍贵文献。《雷公炮灸论》这本中药炮制方面的名著，就是因为唐慎微的实录才得以保留至今；《食疗本草》《本草拾遗》《海药本草》《食医心镜》等失传典籍的许多重要内容，也都有赖于唐慎微的努力才得以流传下来，否则早就被遗忘了。

其实，前面三招的"素材收集"，只是万里长征的第一步！如何对这浩如烟海的各类资料进行分析、归纳和勘误呢？如何保留原始性呢？如何构建相应的药物学系统呢？如何方便后人使用或查阅呢？如何避免相似资料的重复呢？等等。反正，难题一大堆，而且好像每个难题都不可克服，更不可能被他唐慎微一个人所克服。

别的不说，单讲其中最简单的一个难题吧，那就是首先得对素材进行"去粗取精，去伪存真"的甄别。此事虽无太高的科学含量，但其技术含量却不低。对实践经验不够丰富的大夫来说，几乎是无处下手；对理论水平不高的医生来说，则很可能鱼目混珠。因此，唐慎微很难找到别的帮手，更不可能再"发动群众"了。如果这项工作是由唐大夫一人承担的话，那其工作量之大绝不亚于"愚公移山"；如果唐大夫聘用了若干医生帮忙的话，那么付给这些医生的巨额劳务费又从哪里来？总之，正如现代人想不出古人是如何构建金字塔一样，我们也不知道唐慎微到底是如何克服这最简单的第一个甄别难题的。

就算有超人帮助唐慎微完成了甄别工作，即使是采用现代最先进的大数据处理办法，接下来也还面临着诸如数据收集、数据集成、数据规约、数据清理、数据变换、数据挖掘、模式评估、知识表示等硬骨头要啃。唉，唐慎微呀，您到底是怎么完成这根本不可能完成的任务的嘛！莫非您真是观音菩萨派下来的？莫非观音菩萨也悄悄给了您什么神奇法宝，或教了您什么秘密口诀？反正，若无神助，打死我也不相信"仅凭一己之力，就能完成如此浩瀚的巨大工程"。然而，事实却是唐慎微竟然真的在42岁左右写成了划时代的巨著《经史证类备急本草》（以下简称《证类本草》）。

算了，不再纠结唐神人到底是如何写成《证类本草》的了，转而来看该书的质量咋样吧。因为，若是粗制滥造的话，那就与"拾荒者"无异了：把若干素材，堆放一起而已。

伙计，若要评价《证类本草》一书，千万别听什么"专家意见"，更别信什么"专家成果鉴定会结论"等现代文字游戏哟。最好还是让时间

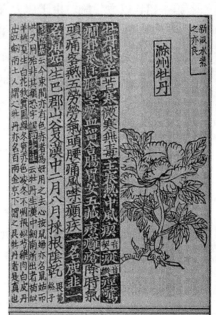
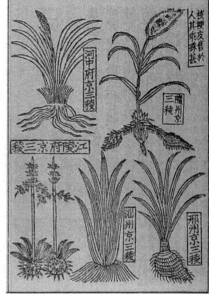

唐慎微撰的《经史证类备急本草》

来考验，让事实来说话吧。该书问世后，历朝历代都普遍使用，并数次作为国家法定本草颁行，沿用了500多年。甚至，明朝著名医药学家李时珍在编撰其巅峰之作《本草纲目》时，竟也以该书为基础和蓝本。李时珍高度赞扬唐慎微，说他"使诸家本草及各药单方，垂之千古不致沦没者，皆其功也"，还说"自陶弘景以下，唐宋本草引用医书，凡八十四家，而唐慎微居多"。又比如，约900年后，李约瑟在《中国科学技术史》中还称赞此书"要比15世纪和16世纪早期欧洲的植物学著作高明得多"。

从纯科学角度来看，《证类本草》的价值在于它使我国本草真正达到了"药物学"的水平，因此，唐慎微是当之无愧的"中药学始祖"。实际上，我国传统药学（亦称本草学）的起源，可追溯到"神农"的史前时代。东汉的《神农本草经》，则标志着传统药学的确立；晋代陶弘景（见本书第十七回）的《本草经集注》，则建构了按药物自然属性分类的理论模式；到唐代，官方编撰的"人类首部国家药典"《新修本草》，则迎来了药学研究的繁荣时期；而《证类本草》，则集秦汉到北宋药学之大成，囊括了上自《神农本草经》，下到《嘉祐本草》的历代单方、验方等医药文献精华，是我国现存年代最早、内容最完整的一部划时代的本草名著。总之，《证类本草》名副其实地创立了"药物学"。

《证类本草》首创了沿用至今的"方药对照"编写方法，而此前的同类书籍只是朴实地记载药物功能主治，不附处方，这使得医生在学习和使用时还需重检方药，极为不便。而唐慎微则增列了附方近3 000首，上自仲景方，下迄他自己的经验方，无所不收，使书中多数药物都有附方，有的甚至多达近20首，大大方便了临床使用。此书共32卷，60余万字，收载药物1 746种，多附药图，并说明药物的采集、应用方法、药物来源、栽培训养、药材鉴别、炮制方法和主治功能等，在每药之后还附有相关方剂。

《证类本草》还有很高的文献价值，其资料翔实可靠、注释清晰、体例严谨、层次分明，是后世考察本草学发展史，辑佚古本草、古医方书籍的重要文献源泉。特别是在体例上，它有不少革新，如将药物理论和药物图谱汇编成一书，对前人的书籍做了许多文字修订及续添、增补等。它对药物形态、真伪、炮制和具体用法等药物知识，兼收并蓄、汇编一体，使人开卷了然。

在药物炮制方面，《证类本草》充实了数百味中药的加工炮制方法，弥补了此前综合本草的不足。此外，该书还增加了食疗药物内容，尤其是增加了大量药物注文。以至于从该书问世到《本草纲目》刊行的500多年间，尚无任何本草书能与之媲美。

此外，《证类本草》还首创了"加用墨盖子"方法，来标注新增内容。在具体写法上，用不同的字体，例如单行大字、双行小字、黑底白字等来标示不同的引文；用不同的专用术语来特指相应的出处。总之，这些方法既使得全书浑然一体，又方便了文献的索引跟踪，《日本访书志补》一书更是对其撰写方法赞扬说："此书集本草之大成，最足依据，且墨框墨盖，黑字白字，……其体例亦最为严谨。"

《证类本草》还很重视药材产地，所记产地共有140多处，较孙思邈的记录更为丰富。由于唐慎微总是虚心向他人学习，又生长在药材之乡四川，所以他对川药的记载尤为翔实。例如，宜宾产巴豆；三台、平武、江油产附子、川楝子、猪苓；茂县、眉山市产独活、升麻、决明子、使君子等。

各位看官，花开两朵，各表一枝。正当《证类本草》在北宋得到广泛推广，救人性命无数之时，宋朝的皇帝们可不争气啦。疯皇帝宋仁宗死了，这还可理解，但随后的情况就大跌眼镜了！继位的英宗也死了，然后在短短的数十年间，神宗、哲宗等皇帝，纷纷赶往阎王殿了；甚至北宋也灭亡了。

唐慎微在完成了自己的心愿后，在将自己的两个儿子和一个女婿都培养成精通医理的名医后，终于在宋高宗创立南宋的第9年，即公元1136年，问心无愧地离开了人间，享年81岁。

幸好，当年岳飞被委以重任驻守襄阳，从而与其他同事一起为南宋开创了一个良好的开端，虽然这时整个北方已是金朝的天下了。

第二十七回

斐波那契盗火种，绝对真理要寿终

　　细心的读者也许还记得，我们曾在本书第二十回中这样小结过：人类的科学家轨迹，在公元前600年左右，几乎同时起源于东西方世界，并以西方为主，东方为辅；但在中世纪后，欧洲科学家就差不多销声匿迹了；再到公元7世纪阿拉伯世界突然崛起，中国也进入盛唐时，全球科学家竟然集体休眠了！幸好，经过"百年翻译运动"的发酵，花拉子密等阿拉伯科学家，借用欧洲曾经的火种终于又点燃了人类的科学家轨迹。虽然阿拉伯科学家们仅仅活跃了300多年，但随后宋朝的科学家又及时接过了火炬一直跑到了本回，进入了一个关键节点。因为，本回的主人公将盗取阿拉伯曾经的火种，试图重新点燃已经熄灭近800年的西方科学家轨迹。虽然男一号的成果只是火光一闪，黑暗的中世纪还将再延续200年，但是，它意味着欧洲文艺复兴的星星之火已经出现了。换句话说，与花拉子密的那个关键节点不同，这次的科学家轨迹将从阿拉伯世界重新"搬道"返回欧洲。

　　公元1175年是本回主人公的诞生之年。爱提问的读者问啦，这一年是中国的什么年？唉，还真不好回答！因为，若翻开当年的皇帝花名册，你将发现严重超员了，而且还有男有女！你看，单单是"正式工"皇帝，就至少有两位，南宋的孝宗、金朝的世宗；"临时工"皇帝，也至少有两位，西夏的仁宗、大理的宣宗等；"外卖小哥"皇帝就更多了，比如西辽的承天皇后、越南的李英宗、日本的高仓等。此外，在国际上，这年还诞生了若干"未来皇帝"，比如，匈牙利的安德烈二世等。反正，若单看皇帝纪年，那就只能是一头雾水。

　　不过，从东西双方的科学进程对比角度来看，这一年有两件事情必须同时列出：其一，意大利最早的大学之一，摩德纳大学成立了，这也算是200年后文艺复兴的另一束火种吧，它肯定有助于科学的腾飞；其二，在中国的鹅湖书院，发生了史上著名的、三位顶级理学家的"鹅湖之会"，即朱熹与陆九渊、陆九龄兄弟之间有关"为学功夫"的激烈辩论。甲方主辩手朱熹主张"读书穷理、积累贯通，才是做学问的基本功夫"，乙方铁嘴则反驳说"人心即是天理，不必读书穷理"。据说，双方争吵了4天，结果不欢而散。此处为啥要花费笔墨来描述"朱陆争议"呢？我们当然不是要给双方"亮分"当裁判，而只是想指出：历史事实证明，无论谁对谁错，他们共同创立的"理学"虽然随后影响甚至主导了中国社会近千年，但非常遗憾的是，它对中国的科学思想几乎没有促进作用。更直白地说，他们的"为学功夫"，并非"做科学的功夫"！

　　心急的读者可能要催问啦，为啥还不公布本回主人公的姓名？哈哈，我们当然不是想保密，而是因为他的名字"太不正经"了。他的正式名字，本来叫"比萨的列奥纳多（Leonardo Pisano）"，但若上网一搜，你可能会吓一跳，因为所找到的结果，要么是品牌为"列奥纳多"的比萨；要么是八竿子打不着的"列奥纳多·达·芬奇"。你若真想关注男一号的话，那就必须用他的外号"斐波那契"，意指"一个为人诚恳自然而单纯的好好先生的儿子"。难道他的老爸名叫"一个为人诚恳自然而单纯的好好先生"吗？非也，那又只是外号而已，也许他爸是典型的"热情奔放，乐观向上，无拘无束，讲求实际"的意大利人吧。其实他老爸的名字很简单，就两字：威廉。哦，原来儿子之所以"不正经"，是因为老爸就"不正经"！算了，本回就叫男一号为"斐波那契"吧！不过，善意提醒各位：若要上网搜索"斐波那契"的话，请你务必小心，千万别又被吓一跳，因为"斐波那契旋风"将几乎掀翻你的电脑，相关信息可能爆屏。

斐波那契生于比萨，早年跟随经商的父亲前往阿尔及利亚，在那里长大并接受教育，对算术产生了浓厚兴趣。从年轻时起，他就协助老爸经商，但却在算账时常被纷繁复杂的罗马数字系统搞得晕头转向。后来，他游历了埃及、叙利亚、希腊、法国等地，熟悉了各国的商业算术体系。经全面比较后，他发现：与当时通行但却十分笨拙的罗马数字系统相比，阿拉伯十进制系统更优越，不但计算更有效，算账也更方便，因为该系统具有位置值，且使用了零的符号。于是，他干脆就前往地中海一带，向当时著名的阿拉伯数学家们学习，熟练掌握了阿拉伯十进制系统，并在25岁左右回到意大利，潜心研究阿拉伯数学体系。27岁时，他将其研究成果写成了代表作《计算之书》。

作为一本广博的工具书，《计算之书》包含了阿拉伯、希腊、埃及、印度，甚至中国的许多数学内容，特别是详细介绍了阿拉伯十进制数字系统，以及如何运用它来进行加、减、乘、除等计算，如何用它来解决相关实际问题等，从而大大推进了十进制数字在记账、利息、汇率、重量计算等方面的应用，充分彰显了阿拉伯十字制数字系统的优势和价值。此书深刻影响了欧洲人的思想，甚至让西方世界感到震惊，因为，此前十进制数字体系还未大面积传到这里，大家都不愿改变老习惯。后来经斐波那契等的积极推广，一些精英分子带头接触阿拉伯十进制数字系统，欧洲终于被其优越性，特别是"乘数的位值表示法"所征服。于是，阿拉伯十进制数字系统便在欧洲流传开来，不但大受欢迎，而且不久便取代了原来的罗马数字体系。

作为一位普通公民，斐波那契为何能如此成功地推广《计算之书》呢？他到底使用了什么秘密武器，才将当时那么尖端的十进制体系让老百姓们迅速接受，甚至淘汰了官方的罗马数字系统呢？我们虽不清楚具体细节，但是，有一个人在其中肯定发挥了不可替代的决定性作用。那人是谁呢？他就是斐波那契的一个特殊朋友，神圣罗马帝国的皇帝腓特烈二世。对，就是那个声称"我是这个国家的第一公仆"的人。此处不想对该君进行全面评价，只陈述一个事实，那就是他确实热爱数学和科学。否则就不可能把斐波那契这样的科学家当成"座上宾"了。而且，这位腓特烈大帝在政治、经济、哲学、法律、甚至音乐等诸多方面，确实颇有建树，甚至是欧洲启蒙运动的一大重要人物。

如果《计算之书》只是一本工具书，如果斐波那契只是在"第一公仆"的帮助下，将十进制系统成功引进了欧洲，那么，按我们的选择标准，他就没有资格享受一篇"科学家列传"。幸好，《计算之书》还是一部专著，它对代数和几何进行了深入研究，并给出了若干重要结果。而且，斐波那契还不断地对该书进行完善和补充。1228年，53岁的他又出版了流传至今的《计算之书》（再版），其中引进了下面将要详细介绍的、至今仍在股市中呼风唤雨的、以他的名字命名的"斐波那契数列"。

此外，斐波那契还撰写了多部其他数学著作。例如，他45岁时，完成了聚焦于希腊几何与三角术的《几何实践》；50岁时，完成了论述二次丢番图方程的《平方数书》。特别好玩的是，他还专门为自己的朋友腓特烈二世，撰写了一本名字很优美内容却相当深奥的专著《花朵》，其中不但有许多烧脑的"宫廷数学竞赛问题"，而且还包含了一个三次方程的求解，并论证了其根不能用尺规做出，即不能是欧几里得无理数。他甚至还给出了该方程的非常复杂的、令人头皮发麻的近似解。哈哈，看来这位皇帝还真是"骨灰级"数学爱好者呀，若活到现在，也许都够得上"院士"水平了！

还有一点非常可贵，那就是在斐波那契的年代，欧洲的科学（当然也包括数学）已停滞800多年，并刚刚出现复苏迹象。这种复苏最初得益于翻译和传播阿拉伯、希腊、中国等地的学术著作。由于特殊的地理优势与贸易联系，作为东西方文化的融合地，意大利出现了首批唤醒欧洲科学的功臣。斐波那契则是其中一位，也是最有影响的一位数学家，他甚至改变了整个欧洲数学的面貌。对斐波那契，还有这样一种评价，"他也许是生活在丢番图（公元246—330年）至费马（公元1601—1665年）之间，这1300多年内，欧洲最杰出的数论学家"。对此评价，我们不想发表意见，但至少说明本回为他写"科学家列传"是应该的。

"数学院士"级的读者也许又要催啦，赶紧详述斐波那契在代数、几何、数论等方面的成果吧！对不起，请稍等一等。若你追问要等多久？嘿嘿，快了，下辈子吧，等我下辈子也成为全能数学家后，马上就介绍！确实，没办法，谁叫这老兄的数学成果太抽象，太难懂了呢！不过，下面我将试着用最直观的语言，将他最具代表性，也最著名的成果"斐波那契数列"给你介绍一下。相信你一定能看懂,至少你不敢承认自己看不懂。

那么什么是"斐波那契数列"呢?这就得从兔子的故事开始了。一般而言,兔子出生两个月后就有繁殖能力,一对兔子每月能生出一对小兔。若所有兔子都不死,那么,一年后可繁殖多少对兔子呢?为了回答这个问题,我们不妨拿一对刚出生的小兔来分析。

第一个月,小兔没有繁殖能力,所以还是一对。

两个月后,生下一对小兔,总数为两对。

三个月以后,老兔子又生下一对,因为小兔还没繁殖能力,所以一共是3对。

依次类推,便可知道,若以$A(i)$记为经过i个月后,兔子对数的总数,那么就可得到如下数列:$A(0)=0$,$A(1)=1$,$A(2)=1$,$A(3)=2$,$A(4)=3$,$A(5)=5$,$A(6)=8$,$A(7)=13$,$A(8)=21$,$A(9)=34$,$A(10)=55$,$A(11)=89$,$A(12)=144$……该数列就称为"斐波那契数列",这是因为斐波那契首先提出并研究了该数列。若用数学公式来定义的话,那就是

$$A(n+2)=A(n+1)+A(n),n=0,1,2,\cdots$$

因此,只要已知$A(0)$和$A(1)$,那么,斐波那契数列的其他项也就被唯一确定了。

关于斐波那契数列的介绍,我们将按"上帝的归上帝,恺撒的归恺撒"原则来进行。例如,让数学家们去研究诸如该数列的通用公式,$A(n)/A(n+1)$逼近黄金分割值0.6180339887……在杨辉三角中也隐藏着斐波那契数列啦等抽象难题。而作为"下里巴人",我们则只来玩玩该数列而已,看看它到底有啥神奇之处。

先来看树木的生长问题。由于新生的枝条,往往需要一段"休息"时间,供自身生长,而后才能萌发新枝。例如,一株树苗生长一年后长出一条新枝;第二年新枝"休息",老枝依旧萌发;此后,老枝与"休息"过一年的树枝同时萌发,当年生的新枝则次年"休息"。这样,一株树木各个年份的枝丫数便构成斐波那契数列。树木生长的这个规律,早就被生物学家们独立发现了,并称为"鲁德维格定律"。由此可见,这是多么的不可思议呀!看似完全没秩序的植物生长,竟然也可以用斐波那契数列来描述。

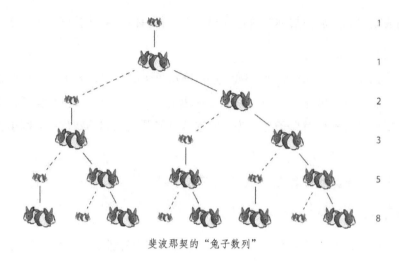

1

1

2

3

5

8

斐波那契的"兔子数列"

　　其次来看蜜蜂的祖先问题。若从蜜蜂的繁殖角度观察，它们的生长规律很有趣。雄蜂只有母亲，没有父亲，因为蜂后产的卵，受精的孵化为雌蜂（即工蜂或蜂后），未受精的则孵化为雄蜂。一只雄蜂的第n代祖先的数目，又刚好就是斐波那契数列的第n项，即$A(n)$。

　　再看花瓣数目问题。自然界中一些花朵的花瓣数目，竟然也符合斐波那契数列，也就是说，在绝大多数情况下，花朵的花瓣数目都是3、5、8、13、21、34等斐波那契数列中的数。例如，百合和蝴蝶花，有3个花瓣；蓝花楼斗菜、金凤花、飞燕草，有5个花瓣；翠雀花有8个花瓣；金盏草有13个花瓣；紫宛有21个花瓣；雏菊的花瓣则为34、55或89等。另外，延龄草、野玫瑰、南美血根草、大波斯菊等的花瓣数目，也都是斐波那契数列中的数。

　　再看植物的果实数目。许多植物的果实数目，也对斐波那契数列特别青睐。例如，成熟的向日葵"瓜子"，在葵盘上的自然排列，可同时看作是两组螺旋线：一组顺时针方向旋转，另一组逆时针旋转。若沿顺时针旋转的螺旋数目，是某个斐波那契数的话，那么，沿逆时针旋转螺旋的数目一定就是另一个斐波那契数，而且这两个斐波那契数还是相邻的。具体说来，向日葵上"瓜子"的排列，可以是(21,34)、(34,55)直至(89,144)或(144,233)，其中这前后两个数字分别表示顺、逆时针的螺旋数。类似地，在菠萝表面，最常见的鳞片排列一般为(5,8)和(8,13)，它们也是两对相邻的斐波那契数。此外，松子、菜花等，也都遵从同样的规律。

　　总之，连动物和植物们好像都懂斐波那契数列似的。其实，植物们只是按自然规律，在"优化方式"的引导下才最终演化成这样的。对向日葵等来说，斐波那契数列能使所有"瓜子"具有差不多大小的体量，并且还疏密得当，既不至于都挤在圆心，也不至于圆周处过于稀疏。叶子的生长方式，也是这个道理。对于许多植物来说，每片叶子都是从中轴附近生长出来的，而且还是一片一片逐渐生长出来的，不是一下子同时出现的。所以，为了能最佳利用空间和阳光，每片叶子和前一片叶子之间的夹角，应该是"黄金角度"的222.5度，因为它和整个圆周360度之比是黄金分割数

与斐波那契数列有关的向日葵花特写

0.618033989……而这种生长方式，也就自然决定了斐波那契螺旋的产生。

另外，伙计，你相信吗？斐波那契数列还与股市的涨跌密切相关呢！具体说来，考察斐波那契数列 $A(0)=0$，$A(1)=1$，$A(2)=1$，$A(3)=2$，$A(4)=3$，$A(5)=5$，$A(6)=8$，$A(7)=13$，$A(8)=21$，$A(9)=34$，$A(10)=55$……那么，根据历年股市的真实统计数据，人们惊奇地发现：当股票趋势运行到该数列中相应的天数、周数、月数时，股市最容易发生突变（由涨变为跌，或由跌变为涨）。股民读者若不信的话，可以自己去验证！

还有，钢琴的13个半音阶的组成为8个白键、5个黑键。而(5,8)又是一对相邻的斐波那契数，这其实并非偶然，而是因为音调也与斐波那契数列有关。

最后，再来看一个数学游戏问题。假如某楼梯有10级台阶，规定每一步只能跨越1级或2级台阶。请问，要登上10级台阶有几种不同的走法？这其实又是一个典型的斐波那契数列。你看，登上第1级台阶，有一种登法：跨1级。登上2级台阶，有两种登法：每次跨1级，共跨2次；或一次跨完2级。登上3级台阶，有3种登法：1次跨1级，共跨3次；或先跨1级再跨2级；或先跨2级再跨1级。登上4级台阶，共有5种登法：1次跨1级，共跨4次；或一次跨2级，共跨2次；或先跨2个1级，再跨1个2级；或先跨1个2级，再跨两个1级；或先跨1级，再跨2级，再跨1级……依此类推，将得到一串斐波那契数列1、2、3、5、8、13……所以，登上10级台阶的走法，就刚好是斐波那契数 $A(10)=89$，即共有89种走法。

怎么样，伙计，斐波那契数列确实出乎你意料吧！它简直就是无处不在，而且还雅俗通吃，既能登得上"高等数学"的厅堂，又能下得了"鸡鸭鱼肉"的厨房。君若对它有特殊兴趣，欢迎阅读相关专业书籍，没准你会惊奇不断呢。

好了，每篇科学家小传中最不愿意触碰，但却又必不可少的场景，马上就要出现了，因为本回的男一号该退场了。不过，神奇的事情又再一次发生：斐波那契与其好友腓特烈二世，竟然在同一年（公元1250年）去世了。他们分别享年76岁和57岁。看来，这对君臣还真是"不求同年同月同日生，但求同年同月同日死"的生死之交呀！

不过，在结束本回前，还想简述一下本年度（1250年）的一些重要科学事件，从中你可明显感到：虽然极不情愿，但黑暗的中世纪快要过去了。你看，罗马的马格努斯，将雄黄与肥皂共热时得到了砷；

位于比萨的斐波那契纪念碑

由于其科学思想不为教会所接受而被囚禁15年的罗吉尔·培根，回到了英国并在牛津大学任教；火药在中国终于不再限于爆竹娱乐，而开始用于制造火炮和枪支了。

第二十八回

名门之后破程朱，法医鼻祖写奇书

伙计，你可以跳过此回不读，因为部分内容确实令人毛骨悚然，但此回我不得不写，因为主人公宋慈，在最不容易创立科学分支的地方竟然真的成功创立了"法医鉴定学"，因此，这样的科学家更值得尊敬！其实，除了数学等极少数科学分支外，几乎所有其他分支都必须基于长期的观察、大量的实验、反复的校正、不断的改进等。然而，对于法医鉴定学来说，这些条件却都不容易满足，其面临的困难至少包括以下3个方面。

1）与伽利略在比萨斜塔上反复扔球相比，各种案件，特别是凶杀等刑事案件，所能提供的观测机会（或实验样本）就明显偏少，可重复性也明显降低。这就意味着宋慈等必须具有更加敏锐的观察能力，更加科学的推理能力，更加细致的分析能力，更加强大的归纳能力，更加全面的综合能力和更加出色的逻辑思维能力等关键科研素质。

2）与物理学等纯粹的自然科学相比，对被研究对象（经常是残尸断体）的心理恐惧，也会强烈干扰相关的科研活动。这些恐惧既可能源于人的天性，也可能源于宗教信仰等原因。

3）时代的文化和政治因素，也会严重影响法医的鉴定过程。特别是在宋慈的时代，一方面有视死如生的传统，故家属对尸检行为会有抵触；另一方面，按当时官方意识形态"程朱理学"的要求，必须"视听言动，非礼不为"和"内无妄思，外无妄动"。换句话说，在尸检时，至少不能触及隐秘部分。这就要求宋慈这位"学科创立者"，要敢于打破"意识形态"的束缚，真正以科学精神来严肃对待法医鉴定学。

那么，在克服上述重重困难后，在逝世前仅两年，宋慈基于其代表作，也是全球首部同类学术专著《洗冤集录》，而建立的法医鉴定学的水平到底又如何呢？由于该学科属于应用类学科，所以，同行的使用情况就最有发言权。据不完全统计，《洗冤集录》一问世，就被当时的南宋政府作为官方法医学专著而广泛使用，甚至被认为是尸检的金科玉律，成为"公检法"界的必读书籍，诉讼界的圭臬。而且，其中许多内容，还被随后的历朝历代使用了600多年，成了具有法律效力的检验规范。书中倡导的司法检验原则、技术和方法，也不断地得到延续和开拓。

作为创立了一门新学科的学术专著，《洗冤集录》还激发和引领了众多后续研究，例如，宋、元、明、清等各朝各代都出现了不少同类书籍。不过这些专著几乎都以《洗冤集录》为蓝本，有的是从检验技术方面进行订正，有的是对综合体系进行完善，有的是对其司法思想进行凝练，还有的从法学史角度来对其研究等。元代就至少有《无冤录》和《平冤录》；到了清代，更出现了研究宋慈的高潮，至少出现了《洗冤录详义》等数十部著作；即使是在今天，研究《洗冤集录》的学术著作、专业期刊、博士和硕士学位论文等也层出不穷，而且还横跨多个领域，包括但不限于《中华医史杂志》《中国司法鉴定》《自然科学史研究》《中国法学史》《中国古代法医学史》《法律与医学杂志》《法医学杂志》等。至于相关的文学演绎，那就更热闹了。例如，仅仅是以宋慈为主角的电视剧就至少有1986年的《阴阳鉴》和《宋慈断狱》，1999年和2003年的《洗冤录（1、2）》，2005年和2006年的《大宋提刑官（1、2）》等。总之，从后世整理《洗冤集录》的人数和版本之多，激发的后续研究之广泛，就足见其影响之大。实际上，数百年来，《洗冤集录》已成了法医鉴定界的重要指南。而宋慈创立的法医鉴定学，虽然在整体上属于科学领域中的边缘交叉学科，但它在司法系统中却变得越来越不可或缺了。

宋慈作品《洗冤集录》

此外，宋慈于1247年完成的《洗冤集录》及其开创的法医鉴定学学科，在全世界也产生了广泛而持久的影响。早在1438年，它就被引入朝鲜，翻译成《新注无冤录》；1796年，朝鲜又再版；1736年，被引入日本；1779年，被法国节选翻译；1882年，又被法国的《远东评论》提要发表；1908年更有法文单行本正式出版；1853年，被英国《亚洲文会会报》发表；1875年，英国剑桥大学教授分期发表了它的译本；1924年，英国皇家医学会杂志又重刊全书，以后又有英文单行本出版；1863年，荷兰译本发表；1908年，德国译本出版；1950年左右，苏联也发表了评论，称它是世界上最古老的法医名著等。总之，在人类科学史上，中国人虽也取得过不少具体科研成果，但是由中国人创立的学科却非常稀少，而能像法医鉴定学和《洗冤集录》这样，引起长时间、大面积、系统性关注和跟进的科研成就，就更是凤毛麟角。这也是我们不惜牺牲本书幽默风格，而要坚持为宋慈写一篇科学家小传的主要理由，因为本回的部分内容可能会让你不适。

好了，下面有请主人公宋慈正式登场！

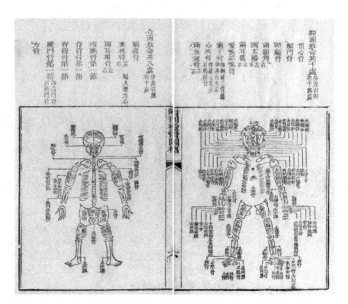

宋慈在《洗冤集录》里对人骨的命名

公元1186年，宋慈出生于理学大师朱熹的故乡，今福建南平市。为啥要强调他与朱熹的关系呢？因为，在创立法医鉴定学的过程中，宋慈其实打破了由其老乡领衔创立的"程朱理学"桎梏，而这一点在当时是相当危险的。因为那时的"程朱理学"已是至高无上的"真理"了，哪能容你怀疑，更不允许违犯。上一回中我们曾暗示过，"程朱理学"对科学几乎没有推动作用。本回中宋慈在科学上的成功，又再一次佐证了这个观点。书中暗表，成吉思汗的第三子元太宗窝阔台，也在同年呱呱坠地了。此人可是南宋的重要"掘墓者"之一哟，这就意味着新的"改朝换代"程序又要启动了，更多的人将死于非命，尸检和法医鉴定的现实需求将更大了。

宋慈肯定算得上"名门之后"，若查查他的家谱，你就不得不对其基因质量点一个大大的赞。在其祖宗名单中，既有北魏吏部尚书宋弁，也有北齐吏部尚书宋钦道，更有唐朝著名宰相，被称为"唐朝四大贤相"的宋璟。对，就是那位历仕过武则天、唐中宗、唐睿宗、殇帝、唐玄宗等五代，一生为振兴大唐励精图治，辅佐唐玄宗创立"开元盛世"的传奇人物。但是，待到宋慈出世时，家族的光荣早已成了过去时，不过幸好吃穿有保障，家境也算小康。非常凑巧的是，宋慈竟然还是"刑二代"，因为，他老爸曾任职广州节度推官，负责辖区内的刑狱事务，这肯定会使宋慈有大把机会，从小就接触到众多刑事案件，不但有助于他克服对死尸的天然恐惧，而且，没准儿还有助于他从小立志"长大以后，要像爸爸那样"呢。看来，宋慈创立法医鉴定学的军功章上，不但有他自己的一半，还应该有他老爸的一半。

宋慈的启蒙教师，就是父亲宋巩。直到10岁时，他才正式进入学堂读书。也许是出生于圣人故乡的原因吧，他的小学教师一个比一个牛，不但有黄干、李方子等名师，更有朱熹的得意弟子吴稚等。19岁时，宋慈进京入太学，由于其文章感情真挚，发自内心，故深得太学博士真德秀的赏识。而这位真博士，可是当时的"社科院院长"、著名理学家、朱熹再传弟子哟。后来，宋慈干脆拜真"院长"为师。从此，宋慈便跟着这位真老师，学到了不少真本领，既包括高深的理论知识，也包括丰富的实践经验。

屡考屡败、屡败屡考的宋慈，终于在31岁时勉强考中了乙科进士，并被任命为浙江鄞县县尉（宁波市公安局局长）。但不幸的是，刚好又赶上父亲病故，按当时的规定，他必须放弃此次机会，回家守孝。于是，直到40岁时，宋慈才再一次有机会出山，并担任了江西省信丰县主簿。因此，从官场角度来看，咱们的宋主簿，真可谓是大器晚成啊。

进入官场后，宋慈的履历就让人眼花缭乱了，简而言之便是今天协助张三平匪，明天与李四一起治乱，后天又独立处理各种天灾人祸，再后天又巧断冤假错案等。反正，按照惯用的"古代好人模式"，无非就是对皇帝来说，他是忠臣；对百姓来说，他是清官；对坏蛋来说，他是"包青天再世"等。我们没兴趣赘述这些千篇一律的老套，不过，冥冥之中好像始终都有一条主线，若隐若现地贯穿于他的一生，那就是无论担任什么角色，他都与刑狱之事脱不了干系。

好了，时间到了公元1245年，已经59岁的宋慈分别利用担任常州知州、广西或湖南提点刑狱兼直秘阁的机会，决定正式开始撰写《洗冤集录》。由于他已拥有20余年的实践经验，再加上其雄厚的文字功底，以及良好的思想品德和深厚的医药学知识等，所以，在短短的两年后，法医鉴定学的开天之作《洗冤集录》就在公元1247年正式问世了！一时间洛阳纸贵，该奇书迅速传遍全国司法系统，作者不但获得了学术界的充分肯定，而且在官场上也"坐上了直升机"，次年被任命为宝谟阁直学士（副部级巡视员），奉命视察各地，掌管刑狱，紧接着又升为焕章阁直学士（正部级巡视员）和广州知州（市长）兼广东经略安抚使等职。

当宋慈春风得意，正欲大展宏图时，意外却发生了！公元1249年3月7日，为南宋忠心耿耿奉献了一切的宋慈，永远倒在了工作岗位上，享年仅仅64岁。宋慈安息吧！

宋慈去世的原因虽然不详，但是有两点是肯定的：其一，病因源于上年参加祭孔典礼时的突发头晕；其二，不是谋杀或他杀，故无须做任何法医鉴定，更不必尸检。若翻开黄历看看，这一年"永远倒在工作岗位上"的名人还真不少呢，例如，苏格兰国王亚历山大二世和第43任威尼斯公爵雅科波·提埃波罗等。不过，对科学来说，这一年也有一个重大利好，那就是牛津大学成立了。由此可见，欧洲科学的复苏，确实漫长而艰辛。

建阳宋慈像

也许有读者会奇怪啦，为啥宋慈仅用两年时间，就能撰成科学巨著《洗冤集录》？其实，虽然此书的正式立项确实只有两年，具体地说，是借重修地方志《毗陵志》之机而"立项"的，但是对"刑二代"和先后担任过4次高级刑法官的宋慈来说，他其实早就在做各方面的准备了。例如，本来是医盲的他，若干年前就已开始刻苦研读医药著作，并有意识地将生理、病理、药理、毒理等知识及诊察方法，运用于检验死伤的实践；他随时都在总结前人经验，以防"狱情之失"和"定验之误"；他非常清楚尸检的难度，即给死者诊断死因，技术性很强，在一定程度上甚至难于给活人诊病；他长期从事司法刑狱的专业工作，积累了丰富的法医经验，已平反了众多冤案。还有一点也特别重要，那就是他极其重视法医鉴定，他认为"刑事案件莫重于死刑，死刑莫重于初情，初情莫重于检验"。对待判案，他坚持审之又审，务必现场勘验。在进行法医鉴定时，他不放过任何可疑之处。例如，堪检女尸时，他并不回避羞耻之处，甚至连阴门也要认真检查，以防"自此入刀于腹内"；若死者是富家女，则为了表示公开、公正、公平，避免贿赂之嫌，他甚至还要把女尸抬到室外，当众进行法医鉴定。总之，对于宋慈来说，撰写《洗冤集录》之事，其实早就胸有成竹，而正式动笔的这两年，只不过是绘出其胸中的"成竹"而已。

喜欢思考的读者也许会问啦：与包拯和狄仁杰相比，宋慈的断案技巧并不更强嘛，甚至其断案的名气还不如他们呢，可为啥只有宋慈才是科学家呢？问得好！因为，技巧不等于科学，甚至若干技术（哪怕是高精尖技术）的堆积，也不等于科学。宋慈的英明之处在于，他将技巧提升成了技术，再从若干技术中凝练出了知识点，又把知识点组成了体系，从而找出了相关事物的基本规律，最后把相关的规律融合成一个全面、系统、可用的学科，虽然只是一个边缘交叉学科。

其实，我国法医检验的历史相当悠久，早在先秦时的《礼记》中就已有相关记载了，翻译成白话便是"伤皮为伤，伤肉为创、伤骨为折，骨肉皆绝为断。斗殴未致死者，当以伤、创、折、断、深浅、大小判断罪之轻重"。早在周代时，就已有专门的法医了，而且对骨肉皮伤等都有较严格的分辨。在五代时，就有法医鉴定案件集《疑狱集》（4卷）。在宋代时，类似的案件集就更多了，例如《续疑狱集》《谳狱集》《内恕录》《结案式》《折狱龟鉴》《棠阴比事》等。可惜，这些书的作者都称不上科学家，可见并不是有书就能成"家"，因为这些书仅是案件的堆积。形象地说，它们只是一盘散乱的"珍珠"，而不是像宋慈那样，贡献的是一副漂亮的"项链"，虽然该项链中的许多珍珠还属于前人呢。

那么宋慈的"项链"是啥样呢？从形式上看，《洗冤集录》一书分为5卷，共53项，包括了法医学的主要内容，如现场检查、尸体现象、尸体检查以及各种死伤的鉴别，同时涉及了广泛的生理、解剖、病因、病理、诊断、治疗、药物、内科、外科、妇科、儿科、骨伤和急救等方面的医学知识。从内容上看，《洗冤集录》主要由四大部分组成。

第一部分，是针对检验官的纪律和注意事项。

第二部分，是检验官应有的态度和原则。

对上述第一部分和第二部分，也许某些工科读者会不屑一顾，认为它们主要涉及管理科学，"硬货"不多。非也，它们其实很重要，因为如果缺少了这些"软货"，那么相关的"硬措施"就无法操作，毕竟法医鉴定学是一门交叉学科，准确地说是自然科学和社会科学的交叉。实际上，宋慈在"软货"部分的许多思想，至今仍是闪闪发光的普遍标准。

第三部分，是对各种尸伤的检验和区分方法，它是"项链"的主体和精华。此部分对许多处于疑似之间、真假难辨的伤、病、毒死等，都给出了相应的详细分辨办法。例如，辨认刃痕到底是生前或死后伤时，它说："活人被刀刺死时，创口处会皮肉紧缩；活人若被肢解，筋骨皮肉会稠粘，受刃处皮肉会骨露。死人若被割截尸首，则皮肉如旧，血不灌荫，被割处皮不紧缩，刃尽无血流，其色为白，即使痕下有血，但若洗检挤捺，肉内也无清血出。"在分辨自缢、勒死与死后被假作自缢、勒死状时，它说："其人已死，气血不行，虽被系缚，其痕不紫赤，有白痕可验。死后系缚者，将无血荫，系缚痕虽深入皮，却无青紫赤色，但只是白痕。"这些方法都完全符合现代法医学的原理。关于分辨生前溺死与死后推尸入水时，它说："若生前溺水的尸首，口鼻内有沙泥、水沫及微小的淡色血污，或有擦损处。死后被抛入水内者，将口鼻无水沫，肚内无水，不胀。"关于被烧死与焚尸的区别，它说："活人若被烧死，其尸口鼻内有烟灰，手脚皆拳缩；若死后被烧者，其人手足虽拳缩，但口内无烟灰，若未烧着两肘骨及膝骨，手脚亦不拳缩。"关于中毒症状，它说："中毒者未死前会吐出恶物，或泻下黑血……死后将口眼多开，面紫黯或青色，唇紫黑，手足指甲为青黯，口眼耳鼻间有血出。"这些辨别方法，至今也时有应用。

第四部分，是各种处罚和救急措施。其中介绍了数十种行之有效的急救方法，包括自缢、水溺、饿死、冻死、杀伤、解毒等应急处理。例如，所举的抢救缢死方法，与今天的人工呼吸几乎完全一致。此外，关于尸体的四季腐化情况，也与实际情况大体相符。

宋慈纪念园，位于福建省南平市建阳区

书中还多处提到了用酒糟、醋、白梅、五倍子等作为伤痕局部敷洗之用，这其实是预防细菌感染，减轻伤口原有炎症，将伤口固定起来，也符合现代科学原理。

当然，由于历史的局限性，《洗冤集录》中也有若干错误之处。例如，人体本来应有206块骨头，但宋慈却犯了一个低级错误。面对那么多死尸，为啥不亲自去数一数呢？此外，书中还有许多迷信甚至荒诞之处，这里就不细说了。

第二十九回

宋元数学四大家，混战乱世皆奇葩

若只考虑中国的科学家轨迹，将有3个历史时期非常奇怪。

其一，是前面已说过的盛唐：浩浩荡荡300年的世界超级帝国，竟然全体科学家都"休眠"了。

其二，就是本回主角们所在的13世纪：在短短的100年时间内，竟然扎堆似地涌现了一大批科学家，其中能挤进"中国古代百位科学家"的就多达十余位。例如，金末元初数学家李冶、南宋晚期数学家秦九韶、金末元初木工理论家薛景石、南宋末期天文学家郭守敬、元初棉纺专家黄道婆、元初数学家朱世杰、元初农学家王祯、元初地理学家朱思本、元朝中期天文学家赵友钦、元朝中期医学家朱震亨等。若再加上虽出生在12世纪，但生活在该世纪的科学家，那么就还有金代医学家刘完素和宋代法医学家宋慈等。也许有人说，这该归功于中国历史上科学高度发达的宋朝，但是，即使是在宋朝的鼎盛期，科学家的密度也没这么高呀！更难理解的是，这段时期可能是中国历史上最混乱的时期之一，简直就像元朝、金朝、宋朝在重新演绎"大三国"一样，其热闹程度绝不亚于汉末的魏蜀吴"小三国"。退一万步来说，在乱世中即使要产生科学家，按常规也应该以医学家为主，可是在这100年中，却出现了众多"毫无用处"的数学家，反而只有一位医学家。真是百思不得其解，这难道受益于混战和民族大融合期间，"程朱理学"的统治力减弱？因为，随后到了元朝中晚期，科学家们又突然不见了，莫非"真理"又恢复元气了？此外，元朝早期皇帝们对科学的热心态度，也许是另一个原因吧。例如，忽必烈就多次召见过本回的主角们，并极力邀请他们入朝为官，更没有将科学家们当成"臭老九"。

其三，是16世纪的明朝中后期：在这100年中，科学家涌现的密度达到了最高峰，能挤进"中国古代百位科学家"的人数竟然多至15位！包括农学家黄省曾、兽医学家喻氏兄弟（喻仁、喻杰）、水利专家潘季驯、水利专家徐贞明、数学家程大位、历法学家朱载堉、油漆专家黄成、火器专家赵士桢、外科专家陈实功、传染病专家吴有性、园林学家计成、地理学家徐霞客、生物学家屠本畯、火器专家茅元仪等。关于此阶段的科学家扎堆现象，也许有以下几个原因：1）王阳明于1508年创立了"心学"，这就在理论根基上动摇了"程朱理学"；2）1505年登基的皇帝朱厚照，以其贪杯、好色、尚兵、无赖、荒淫暴戾、怪诞无耻等行动，带头违犯了"程朱理学"；3）1536年出生的"史上最牛乞丐"朱元璋的九世孙朱载堉率先崇尚科学，并成为著名的律学家、历法学家和音乐家。此外，明朝早期的皇族成员们好像对科学本来就有天生的爱好，比如，朱元璋的第五子朱橚 [sù]，就是一位杰出的科学家。不过，非常可惜的是，此时欧洲已经文艺复兴了，中国科学家们纵向比较时，虽有不小进步，但横向一比，几乎就"鸡立鹤群"了。所以，自哥白尼之后，中国选手就很难再进入本书了。各位读者朋友加油吧，也许下一位入谱的就该是你了！

由于中国的科学家，主要分布在医学、数学、农学和天文学等方面，也为了弥补欧洲文艺复兴后，中国科学家很难再入谱的遗憾，我们从本回开始，将分别针对清朝以前中国的数学、天文学和医学，并结合数位顶峰人物，各撰写一篇小传，以使大家了解中国科学的概貌。当然这三回的幽默性将会大打折扣，敬请读者原谅。机灵的读者马上就会问啦：为啥漏掉了农学？唉，坦率地说，我们为此也纠结了许久，而且还专门阅读了大量的农书和农史，更对贾思勰、宋应星、王祯、陈旉、孟祺、徐光启、张廷玉等著名农学家的个人信息进行了深度挖掘，但最终仍然选择了放弃。这绝非我们不重视农学，而是因为"农学"有两种含义：其一是，中国的传统农学；其二是，现代实验农学。所以，中国农学的成果还有待史学家们进一步挖掘，本书实在无能为力。

本回便是第一篇：中国数学简史。

中国数学的发展，可分为6个阶段：萌芽期、体系形成期、发展期、繁荣期、中西融合期、衰落期。其中繁荣期刚好就处于宋元时期，而主要功臣则是本回的主角，即被称为"宋元数学四大家"的李冶、秦九韶、杨辉、朱世杰。而且，更出乎意料的是，这4位主角不但做事很奇葩，在战乱中竟把中国数学推向了几千年的顶峰，而且作为自然人，他们也无比奇葩！君若不信，请听我慢慢道来。

先看老大李冶。他是金朝北京大兴人，生于1192年。这一年前后发生的可能影响科学走向的事件至少有两件：其一是，第三次十字军东征结束，进一步推动了欧洲文艺复兴，促进了阿拉伯数字、代数、航海罗盘、火药和棉纸等传到西欧；其二是，著名理学家陆九渊1193年1月去世，这对程朱理学肯定有影响。李冶的奇葩之处，数不胜数。

首先，他的信仰很奇葩。他真的把"科学研究"当成了信仰，甚至纯粹是为了科研而科研，既不是为了

数学家李冶

当官，也不是为了发财。这在中国历史上，几乎是绝无仅有的；在人类历史上，也只有毕达哥拉斯（见本书第二回）能比他更奇葩，只可惜李冶没有形成自己的"学派"，否则，中国的数学一定会比现在强得多。李冶的这种信仰，可能源于他老爸。据说，他那博学多才的老爸，本来是金朝大兴县的推官（法院书记员），但因受不了上司的刁难，一怒之下辞官回家，从此不再过问政事，专心吟诗作画，并语重心长地告诫儿子"积财千万，不如薄技在身……金璧虽重宝，费用难贮蓄；学问藏之身，身在即有余"，一句话，就是"才艺胜黄金"。于是，在李冶幼小的心灵中，便播下了重视知识的种子，更对文学、史学、数学、经学等特别感兴趣。在若干知名导师的培养下，小李不久便成了当地的权威专家，收获了不少成就感，这又进一步强化了他的科研信仰。

其次，他的人生经历也很奇葩。38岁那年，他好不容易在金都洛阳考中"词赋科进士"，并被任命为陕西高陵县主簿（秘书长）。但是，当他兴高采烈前往衙门上任时，却惊见城墙上高悬的已是元朝旗帜了！连滚带爬逃出"敌占区"后，他总算在金朝地盘上的河南禹县政府，找到了一份知事的工作。两年的试用期还未满，元朝军队又"清场"，吓得李冶胡乱化妆后，混在难民中连夜北渡黄河。从此，老李就更坚定了自己的科学信仰，甚至沉溺于学术研究近50年，哪怕饥寒交迫，也不再追逐世间名利了。

再次，科研过程很奇葩。42岁那年，他曾经的祖国金朝终于被"机构调整"合并到元朝。于是，死心塌地献身科学的"亡国奴"李冶，一边流浪，一边研究数学，经常是吃了上顿没下顿，但却始终不改自己的科学信仰。终于，在56岁那年（1248年），在流浪了14年之后，几乎快穷成叫花子的李冶，总算完成了数学巨著《测圆海镜》。于是，李冶一鸣惊人，经济状况也有所好转。59岁时，李冶才结束了近20年的逃难生涯，回到老家开办学堂。

功成名就后，李冶的表现更奇葩。蒙古大汗忽必烈，屈尊"一顾茅庐"，要请李冶出山为官，竟被65岁的李冶毫无理由地婉拒了。而且，这老兄当年又完成了他的第二部数学著作《益古演段》。一年后，忽必烈登上皇位，再"二顾茅庐"，又请李冶为高官，可仍被这位66岁的倔老头给谢绝了，只不过这次给了皇帝一点面子，找了一个老病借口。7年后，皇帝又"三顾茅庐"，73岁的李冶才终于勉强就职，但也只是象征性地为皇帝打了一年工，随后便迫不及待地辞职了。作为古稀之年的闲云野鹤，李冶竟然又完成了多部著作，包括《敬斋古今黈(tǒu)》《泛说》《文集》（40卷）、《壁书丛削》（12卷）等。反正，这位科学信徒，一心追求思想自由，在学术上绝不唯命是从。公元1279年，李冶以88岁高龄病逝。同年，南宋灭亡，元朝彻底统一中国。

老二秦九韶，比老大李冶年轻16岁，南宋安岳县人，出生于公元1208年。这一年发生的可能影响中国科学走向的事件至少有3件。宋朝与金朝签订"嘉定和议"，宋朝试图坐山观虎斗，怂恿元金两国鹬蚌相争。果然，金朝第6位皇帝驾崩，无能的绍宗继位，成吉思汗在次年立即挥戈金朝。此外，忽必烈的前任、蒙古大汗蒙哥诞生。阿拉贡国王海梅一世也紧随诞生。与老大相比，这位老二更奇葩。

秦九韶像

首先，他做事很奇葩。从23岁中进士开始，他终生都在当官，先后在湖北、安徽、江苏、浙江等地，当遍了诸如县尉、通判、参议官、州守、同农、寺丞等各种官职。那么，他的众多科研工作是何时做的呢？一部分是在政务之余和战争间隙，更主要的是在37至40岁时为其母亲守孝期间完成的。因此，他的科学巨著《数学九章》完成于1247年。如果此君多有几段类似的长期空闲时间，也许会出更多、更高水平的数学成果，也许中国数学的国际地位会大幅度提高。

秦九韶纪念馆，位于四川省资阳市安岳县

其次，更主要的是，这家伙做人很奇葩！当然，这并非指他是"官二代"，虽然他父亲也确实是南宋的大官和进士，也不是指他本人是官迷，而是指他是一个名副其实的贪官！他在和州当官期间，利用职权贩盐，强行卖给百姓，从中牟利；在定居湖州期间，生活奢华，用度无算；在守孝结束后，又极力攀附和贿赂当朝权贵，并在51岁时担任琼州长官，于是害得当地百姓"莫不厌其贪暴，作卒哭歌以快其去"，用白话简译就是"恨不能这个贪官，早点去见阎王"；离开琼州后，他又投靠了另一贪官吴潜，并得到其赏识，两人狼狈为奸，关系甚密。当祖国正处于内忧外患，战乱不断，随时都可能被外敌吞并的紧要关头，当老百姓在水深火热之中挣扎时，秦九韶却热衷于贪污腐化，一心谋求官职，追逐功名利禄。终于，在南宋高官之间的斗争中，他的靠山吴潜被罢官，秦九韶也受牵连，并在53岁时被贬至梅州，直到公元1268年郁郁而死，享年61岁。时年，忽必烈采纳了刘整的计策，取襄阳以灭宋。于是，南宋的灭亡进入倒计时。

再次，秦九韶的历史待遇也很奇葩。如此著名的科学家，在《宋史》中竟然无传！这绝非摇摇欲坠的南宋不重视科学家，而是这位贪官"捡了芝麻，丢了西瓜"。

老三杨辉的奇葩之处在于：像他这样做出过如此重大贡献的著名数学家和数学教育家，而且，据说还担任过南宋的地方官，且为政清廉的超级大腕，竟然未留下任何生平和履历信息！若他只是纯粹的数学家，那还可以用诸如"隐居"或"出家"来解释，但是，

数学家杨辉像

他却是"数学教育家"且足迹遍及苏杭一带，难道就没有任何一位弟子知道哪怕一丁点儿老师的个人信息？除了"奇葩"，很难有别的其他解释。

老四朱世杰是金朝北京人。他比老二年轻41岁，生于公元1249年，即上回主角宋慈去世之年。若考虑十月怀胎，那么他的受孕时间，几乎就是老大的代表作《测圆海镜》的诞生时间（1248年），也紧挨着老二的代表作《数学九章》的完成时间（1247年）。由此可见，在这段时间内，科学家和重大科研成果是多么密集啊！朱世杰的奇葩之处，与老大和老三都有相似之处。他作为一介布衣，却要研究高深的纯数学理论，因此，也好像是把科学当信仰的人，只是没有确凿证据而已。他的生平信息少得可怜，人们只知道他的代表作《算学启蒙》和《四元玉鉴》分别完成于1299年和1303年。他以著名数学家的身份周游各地20多年，四方登门求教者颇多，特别是在融合和传递南北双方的数学成果方面贡献突出。人们还知道朱世杰逝世于1314年，这一年发生了一件可能影响中国科学走向的重大事件，那就是所谓的"延祐复科"，即元朝皇帝又

恢复了科举取士之法。从此，科学又被当作"课外内容"给扔掉了！

　　上述4位数学家，不管是什么身份，他们事实上却同心协力，与其他同时代的数学家们一起，将宋元时的数学推上了历史高峰。具体说来，宋元期间出现了一大批著名的数学著作（如贾宪的《黄帝九章算法细草》，刘益的《议古根源》，秦九韶的《数书九章》，李冶的《测圆海镜》和《益古演段》，杨辉的《详解九章算法》《日用算法》和《杨辉算法》，朱世杰的《算学启蒙》和《四元玉鉴》等），使得中国数学在很多领域都达到了当时的世界数学高峰。特别是在开平方、开立方到四次以上的开方等方面，实现了认识上的飞跃；发现了二项式系数表，创造了增乘开方算法，并将它推广到数字高次方程，或负系数情形的求解；高次方程的解法已系统化，包括常数项可正可负，方程的根可为非整数等；解决了三次函数的内插值问题；在四元高次联立方程组中，提出了四元消元法等突破性的线性方法组解法。

　　可惜宋元以后，随着欧洲的文艺复兴，西方数学的先进成果和思想传入中国，于是"中西融合"便出现了。换句话说，中国数学就像滚滚长江，奔入了东海，从此就消失得几乎无影无踪了。如果努力挖掘的话，那么还能找到的仅有亮点，可能就是"珠算的普及"了，因为算盘已进入普通百姓家庭，成了生活必需品。好了，伤心话题不说了，下面快速回顾一下宋元之前，中国数学的千年简史吧。

　　中国数学萌芽于原始社会末期，用文字符号取代结绳记事开始之时。私有制和货物交换产生以后，数与形的概念便有了进一步发展。仰韶文化时期出土的陶器上，就刻有表示1、2、3、4的符号。西安半坡出土的文物中，也有用1至8个圆点组成的等边三角形、正方形、圆形等图形。《史记·夏本纪》记载，大禹治水时已使用了规、矩、准、绳等作图和测量工具，并早已发现"勾三股四弦五"这个勾股定理的特例。商朝人已会用10个天干和12个地支，组成甲子、乙丑、丙寅、丁卯等60个名称，来记录60天的日期。周朝又将八卦发展为六十四卦，表示64种事物。

　　中国数学源于《易经》，在甲骨文卜辞中也有很多记数的文字，包括从一到十，及百、千、万等专用记数文字，还有十进制的记数法，出现的最大数字为3万。公元前1世纪的《周髀算经》中，也提到了西周初期用矩来测量高、深、广、远的方法。《礼记·内则》篇提到，西周贵族子弟从九岁开始便要学习数目和记数方法，要受礼、乐、射、驭、书、数的训练。作为"六艺"之一的数，已开始成为专门的课程。算筹是中国古代最早的计算工具，产生年代虽不可考，但筹算在春秋时代就已普遍了。战国时期，齐国人写的《考工记》中已涉及一些几何知识，如角的概念等。战国时的百家争鸣，也直接与数学有关，例如，把"无穷大"定义为"至大无外"，把"无穷小"定义为"至小无内"；还提出了"一尺之棰，日取其半，万世不竭"等极限命题。

中国数学体系，形成于秦汉时期，其主要标志是：算术已成为一个专门学科。特别是《九章算术》已问世，所探讨的数学问题已相当广泛，包括，分数四则运算、开平方与开立方运算（包括二次方程数值解法）、各种面积和体积的计算公式、线性方程组解法、正负数运算的加减法则、勾股形解法（特别是勾股定理和求勾股数的方法）等。中国数学已形成了一个以筹算为中心、与古希腊数学完全不同的独立体系。《九章算术》的特点主要有：采用按类分章的数学问题汇集的形式；算式都是从筹算记数法发展起来的；以算术、代数为主，很少涉及图形性质；重视应用，缺乏理论阐述，甚至排除了墨家所重视的名词、定义与逻辑，这便对后世中国科学的发展产生了直接的负面影响。

魏晋以后，是中国数学的发展期。此时出现的玄学，因其"诘辩求胜"，在事实上推动了逻辑思维和义理分析等，因此有利于数学理论的提高。吴国赵爽《周髀算经注》，汉末魏初徐岳撰《九章算术注》，魏末晋初刘徽撰《九章算术注》《九章重差图》等著作，都出现在这个时期。特别是赵爽，他最早对数学定理和公式进行证明与推导，甚至提出了用弦图证明勾股定理和解勾股形的五个公式，用图形面积证明重差公式等。几乎与赵爽同时代的刘徽，继承和发展了墨家思想，主张对数学名词和概念给出严格定义。刘徽认为对数学知识必须进行"析理"，才能使数学著作简明严密。刘徽还创造了割圆术，利用极限思想来证明圆的面积公式，并首次用理论的方法算得圆周率为157/50和 3 927/1 250之间，证明了直角方锥与直角四面体的体积比恒为2∶1。祖冲之父子（详见本书第十六回）在刘徽的基础上，又把传统数学向前推进了一大步。隋炀帝大兴土木，在客观上也促进了数学的发展。唐初王孝通的《缉古算经》，在不用数学符号的情况下，列出数字三次方程，不仅解决了当时的社会需要，也为后来天元术的建立打下了基础。唐初，公元656年，朝廷在国子监设立算学馆，由太史令李淳风（详见本书第十九回）等编纂注释《算经十书》，作为算学馆的教材。此外，隋唐时期，由于历法的需要，创立了二次函数的内插法；隋代刘焯在制订《皇极历》时，首次提出了等间距二次内插公式；唐代僧一行在其《大衍历》中，将刘焯的成果发展为不等间距二次内插公式。唐朝后期，计算技术有了进一步的发展和普及，出现了很多种实用算术书，对于乘除算法力求简洁。随后，中国的数学就进入了前面已说过的"繁荣期"。

归纳而言，中国数学具有如下几个特点。1）以算法为中心，属于应用数学。2）具有较强的社会性，数学作为六艺（礼、乐、射、御、书、数）之一，其作用在于"通神明、顺性命，经世务、类万物"，所以，数学常与术数交织在一起，比如，数学家往往都是天文官员。3）寓理于算，高度概括。在中国数学的算法中，经常蕴涵着建立这些算法的理论基础，中国数学家习惯于把数学概念与方法建立在少数几个不证自明、形象直观的原理上，如代数中的"率理论"、平面几何中的"出入相补原理"、立体几何中的"阳马术"、曲面体理论中的"截面原理"等。

第三十回

中国天文登顶峰，宋元两朝立大功

本回是中国天文学小传。就文献数量来说，中国的天文学仅次于农学和医学，可以与数学并列，是构成中国最发达的四门自然科学之一。中国天文学发展的最高峰，出现在元代，其标志性成果就是郭守敬等完成的《授时历》。随后，天文学便在明代停滞了200余年，接着，与数学的发展轨迹类似，天文学也淹没于欧洲文艺复兴的众多成果之中了。具体说来，元朝时中国天文学的顶峰状态，主要表现在以下四个方面。

第一，制造了多种新的天文仪器，比如简仪、仰仪、高表、景符、正方案和玲珑仪等。特别是简仪，它对浑仪进行了革命性改造，其设计和制造水平，不但在当时居世界领先地位，而且还超前300多年，直至1598年才被第谷发明的仪器所取代。仰仪利用针孔成像原理，把太阳投影在半球形的仪面上，以直接读出其球面坐标值。高表把传统的八尺表加高到四丈，使得在同样精度下，其误差只有原来的五分之一。景符是高表的辅助仪器，它可消除高表影端的模糊性，提高观测精度。正方案是一种便携式野外工作仪器，既可测出正南方向，也可测量北极出地高度。玲珑仪是一种可从内部观看的表演仪器。

中国古代天文仪器，发明于元代郭守敬，现流传的简仪技术为明正统二年至七年（公元1937—1442年）固定的技术，可测出二十八星宿距位置

第二，完成了一次空前规模的观测工作。在全国27个地方设立观测所，测量当地的地理纬度，并在南起南海（北纬15度）、北至北海（北纬65度），每隔10个纬度设立一个观测站，测量夏至日影的长度和当天昼夜的长短。

第三，实测、核审并挑选了一系列最精准的天文数据，例如，回归年数值，取自南宋《统天历》；朔望月、近点月和交点月的数值，取自金朝赵知微重修的《大明历》和元初耶律楚材的《西征庚午元历》。对于二十八宿距度的测量，平均误差不到5′，精确度较宋代提高一倍。新测黄赤交角值，误差只有约1′。

第四，编成并推行了《授时历》。它用三次差内插法来计算太阳每日在黄道上的视运行速度、月球每日绕地球运行的速度；用类似球面三角的弧矢割圆术，由太阳的黄经来计算赤经赤纬、白赤交角、白赤交点与黄赤交点的距离等。这两种计算方法，无论是在天文学史或数学史上，都具有重要地位。《授时历》从元代一直用到明亡(公元1644年)。只不过在明朝，它名叫《大统历》而已。

将中国天文学推向历史高峰的功臣，非郭守敬莫属。此兄于公元1231年生于邢台县。这一年，欧洲文艺复兴的又一重要举措被实施，那就是剑桥大学成立。也正是在这一年，在中国版图上，元、金和宋之间的"大三国"还未落幕。元太宗窝阔台决定兵分三路，全面攻击金；果然在3年后，在南宋政府"配合"下，金被灭；紧接着，唇亡齿寒，元与南宋便拉开了长达45年的混战。随后的事实也证明，郭守敬在天文、历法，特别是在水利方面的成果，在加速元灭南宋的过程中，起到了不可替代的作用。

郭守敬父母早亡，由学识渊博、爱好广泛的爷爷郭荣抚育长大。守敬从小沉默寡言，不贪玩乐，好思考，善观察。他的成功主要得益于爷爷，因为，郭老爷子不但通晓五经，精通数学、天文、历算等，而且还交友甚广，与许多社会名流都保持着密切联系。其中就有郭守敬人生中的一个重要贵人，张文谦。10岁时，爷爷便把孙子送到张文谦门下学习了三年多，为随后的科学研究打下了坚实基础，也在无意中为孙子建立了一个良好的人脉。

郭守敬像

让郭守敬首次表现出超人科学才能的事情，是他凭一己之力，真正造出了一种先进的计时设备"莲花漏"。其实，莲花漏本是北宋科学家燕肃的发明，但由于它太复杂，以至没引起北宋政府的重视。于是，燕肃到处奔走呼吁，宣传莲花漏的优越性，甚至把莲花漏的图样刻在石头上，让群众了解其功能。100多年后，待到元朝建立时，人们早就忘记莲花漏的构造和原理了。大约16岁时，郭守敬偶然被一份模模糊糊的《石本莲花漏图》给迷住了，于是，他废寝忘食，潜心钻研，终于复制出了一台莲花漏。

正是这台准确的计时设备，使得郭守敬名声大噪，以至20岁时他就被指定为设计和修复邢州石桥的"总工"。这项工程大受时人传颂，甚至著名文学家元好问都专门为此写了一篇《邢州新石桥记》，文中的"郭生"便是年轻的郭守敬。

古代计时工具"莲花漏"

郭守敬30岁时，刚登基的忽必烈皇帝邀请张文谦出任高官，张文谦便邀郭守敬一同赴任，至此，郭守敬便进入了政坛。两年后，又赶上忽必烈广招天下英才，张文谦便极力推荐郭守敬，并很快被皇帝接见。郭守敬趁机将他复制的那个莲花漏改名为"宝山漏"后，献给了忽必烈。忽必烈大喜，遂将这套构造精巧、水流均匀、计时准确的设备当成了元朝司天台的官方计时工具。从此，元朝的"科技国宝"就诞生了！只见他，今天奉命去西夏治水、修浚唐来、汉延等古渠，使当地农田得到灌溉，深受百姓爱戴，甚至被立生祠；明天应诏制定新历，于是，经过四年多的艰苦攻关，终于制订出了通行360多年的《授时历》，成为当时世界上最先进的一种历法，而且，为了修订历法，郭守敬还改制、发明了简仪、高表12种新仪器；后天，又上奏开凿通惠河，乐得那忽必烈在运河工程开工之日，命丞相以下官员一律到工地劳动，听从郭守敬指挥，此举虽然只是个象征，但却反映了皇帝的态度。

总之，郭守敬的一生，是成功的一生，祖国需要他干啥，他就干啥，而且他干啥就能成啥。难怪忽必烈为他点赞道："任事者如此，人不为素餐矣"。继任皇帝铁穆耳也惊叹"郭太史神人也"。300多年后，意大利传教士利玛窦还在表扬他说："（郭守敬的天文仪器）规模和设计的精美，远超曾在欧洲所见所闻的任何同类东西。这些仪器虽经受了250多年的风吹雨打，却丝毫无损于它原有的光荣"。甚至，1970年，国际天文学会还将月球背面的一座环形山命名为"郭守敬环形山"；1977年3月，国际小行星中心，又将小行星2012命名为"郭守敬小行星"。

其实，除了将中国天文学推向顶峰之外，郭守敬在水利和地理等方面也有许多重大贡献。例如，他是提出"海拔"概念的第一人，也是探寻黄河源头的第一人；由于他负责兴建了许多运河，在很大程度上便利了元朝中央政府的指挥联系和军粮运输，从而也就加快了元朝消灭南宋的步伐。在学术著作方面，郭守敬也非常高产。《授时历》制定以后，他又先后编撰了《推步》（7卷）、《立成》（2卷）、《历议拟稿》（3卷）、《转神选择》（3卷）、《上中下三历注式》（12卷）。56岁那年，当他把这些著作献给忽必烈时，皇帝高兴地将它们珍藏进了翰林国史院，于是便被流传至今。在以后的岁月里，他还陆续撰写了《时候笺注》（3卷）、《仪象法式》（2卷）、《二至晷影考》（20卷）、《五星细行考》（50卷）、《古今交食考》《新测二十八宿杂座诸星入宿去极》《新测无名诸星》《月离考》等。

公元1316年，神圣罗马帝国皇帝路易四世承认瑞士独立，这意味着"绝对真理"的控制力不断减弱，欧洲文艺复兴即将"雄鸡一唱天下白"。同年，郭守敬逝世，享年86岁。只可惜郭守敬的后代至今不知去向，据推测，这可能是元朝的改朝换代所致吧。

中国天文学之所以能在元朝登上顶峰，一方面，得益于有郭守敬这样的官方力量；另一方面，众多的民间力量也不可忽略。其中最典型的代表，就是宋末元初的赵友钦（1279—1368年）。据说，此君是宋朝汉王12世孙，宋朝灭亡后，为免受迫害，他浪迹江湖并在天文学、数学和光学等方面取得了众多成就，著有《革象新书》《金丹正理》《盟天录》《推步立成》等书籍。特别是《革象新书》一书，探究了天地四时变化规律，以及若干几何光学方面的实验及成果，甚至发现了"照度随着光源强度增强而增强，随着像距增大而减小"这一粗略的定性照度定律。该定律在400多年后，才由德国科学家来博托更精准地表述为"照度与距离平方成反比"。

好了，中国天文学的巅峰状态就介绍到此了，下面该浏览宋朝以前的天文学简史了。与数学史类似，我们也将中国天文学历史分为萌芽期、体系形成期、体系发展期、由鼎盛到衰落期等。

萌芽期，是从远古到西周末年这段时间。从出土文物上看，在山东莒县和诸城分别出土的两个距今约4 500年的陶尊上，都有一个天象符号"旦"字，宛如云气托出朝阳。从文献上看，根据《尚书·尧典》记载，在传说中的帝尧（约公元前2400年）时，就已有了专职的天文官，负责观象授时。《尧典》还说，一年分为四季，有366天，用闰月来调整月份和季节，这些都是中国历法的基本内容。

夏朝（公元前21世纪—公元前16世纪）的天文学，主要记录在《夏小正》一书中。它反映的夏代天文历法知识为：一年十二个月，除二月、十一月、十二月外，每月都用一些显著的天象作为标志。《夏小正》还发现了3个重要天象：黄昏时南方天空有恒星（昏中星）、黎明时南方天空恒星（旦中星）有变化、北斗星的斗柄方向每月都在变。

殷商（公元前16世纪—公元前11世纪）的天文学，体现在相应的甲骨卜辞中，其中干支纪日的材料很多。在一块武乙时期（约公元前13世纪）的牛胛骨上，完整地刻画着60组干支，它可能是当时的日历。当时的历法可能是用干支纪日，数字记月；月有大小之分，大月30日，小月29日；有连大月，有闰月；闰月置于年终，称为十三月；季节和月份有大体固定的关系。甲骨卜辞中还有日食、月食和新星纪事。

西周（公元前11世纪—公元前8世纪）的天文学，由铸在铜器（钟、鼎等）上的金文所体现，其中有大量月相的记载。《诗经·小雅》中有这样一段话："十月之交，朔日辛卯，日有食之……彼月而食则维其常，此日而食，于何不臧？"它不但记录了一次日食，而且还表明那时已经以日月相会（朔）作为一个月的开始了。《诗经》中还有许多别的天文知识，比如七月流火、三星在户、月离于毕；还记载了金星和银河，以及利用土圭测定方向等。《周礼》中也有漏壶记时的内容了，而且已按照二十八宿和十二干来划分天区。总之，到了西周末期，中国天文学就已初具规模了。

体系形成期，是从春秋到秦汉（公元前770—公元220年）这段时间。其中，春秋时期已开始从一般观察过渡到数量化观察阶段。例如，《春秋》和《左传》中就记载了37次日食，现已证明其中32次是可靠的；鲁庄公七年"夏四月辛卯夜，恒星不见。夜中，星陨如雨"，这是对天琴座流星雨的最早记载；鲁文公十四年"秋七月，有星孛入于北斗"，这是关于哈雷彗星的最早记录。大概在春秋中叶，已开始用土圭来观测日影长短的变化，以定冬至和夏至的日期。

春秋后期战国前期，已出现了天文学专著。例如，齐国的甘公（甘德）著有《天文星占》八卷，魏国的石申著有《天文》八卷。这些书虽属占星术，但却包含了行星运行和恒星位置的许多知识。当时，各诸侯国都在王公即位之初更换年号，因此各国纪年不统一，交流起来很不方便，于是便出现了"岁星纪年法"，即只同天象联系，而与社会变迁无关的纪年方法。岁星即木星，古人认为它的恒周期是12年，因此，若将黄、赤道带分成12个部分，称为十二次，则木星每年行经一次。这样，就可用木星每年行经的"星次"来纪年。此法不断演变，到汉以后就发展成为干支纪年法。

战国时期的百家争鸣，大大促进了天文理论的发展。此时的许多著作中，都提到了天文学的内容，如《庄子·天运》和《楚辞·天问》就提出了一系列深刻问题，比如，宇宙的结构怎样？天地是怎样形成的？为了回答第一个问题，便出现了"盖天说"，先是认为"天圆如张盖，地方如棋局"，后来又改进成"天似盖笠，地法覆槃"。关于第二个问题，从老子的《道德经》和屈原的《天问》中所述及的内容来看，大概在战国时代已有了回答。但是，明确而全面记载"天地的形成过程"的，则是汉代的《淮南子》，它认为天地未分以前，混沌既分之后，轻清者上升为天，重浊者凝结为地；天为阳气，地为阴气，二气相互作用，产生万物。《淮南子》不但汇集了中国上古天文学的大量知识，也首次把天文学作为一个重要的分支，专立了一章来叙述，把乐律和计量标准附在其中，对后来的著作有一定影响。战国后期，与农业生产密切相关的二十四节气也逐步形成，它们的完整名称也始见于《淮南子》。

秦统一中国后，便在全国颁行统一的历法，颛顼历。它以十月为岁首，岁终置闰，以甲寅年正月甲寅朔旦立春为历元，在历元这一天，日月五星同时晨出东方。汉承秦制，仍然使用颛顼历，一直到太初年间，才由汉武帝用新的历法《太初历》来替换。

《太初历》是中国第一部有完整文字记载的历法，它的先进性表现在以正月为岁首，以没有中气的月份为闰月，使月份与季节配合得更合理；将行星的会合周期测得很准，如水星为115.87日，比今测值只小0.01日；采用135个月的交食周期，一周期中太阳通过黄白交点23次，两次为一食年，即1食年=346.66日，比今测值大不到0.04日。

由于太初历的回归年和朔望月的数值偏大，所以《太初历》在使用了188年以后，它长期积累的误差就很大了，于是在东汉元和二年，又改用了更先进的《四分历》。在制定《四分历》期间，贾逵大胆借用民间天文学家傅安的做法，从黄道测定二十八宿的距度和日月的运行。贾逵还确证月球运动的速度是不均匀的，月球的近地点移动很快，每月移动3度多。为表示这种变化，他提出"九道术"，企图用9条月道来表示这种运动。

东汉期间，出现了一位多才多艺的科学家，他就是张衡（详见本书第十回），他以发明候风地动仪闻名于世，他也是"浑天说"的代表人物。除了"盖天说"和"浑天说"以外，比张衡略早的郗萌还提出他先师宣传的"宣夜说"，即认为并没有一个硬壳式的天，宇宙是无限的，空间到处有气存在，天体都漂浮在气中，它们的运动也是受气制约的。

《汉书·五行志》记载了征和四年的日食，有太阳的视位置，有食分，有初亏和复圆时刻，有亏、复方位，非常具体。而河平元年三月关于日面黑子的记载，则是全世界最早的记录。《汉书·天文志》说："元光元年六月，客星见于房"。因此，自汉代以来，关于奇异天象详细和丰富的记录，构成中国古代天文学体系的又一特色。

东汉末年，刘洪在《乾象历》中首次把回归年的尾数降到1/4以下，为365.2462日，并确定了黄白交角和月球在一个近点月内每日的实行度数，大大提高了计算朔望和日月食的准确度。《乾象历》还是第一部传世的载有定朔算法的历法。

总之，到汉代为止，中国古代天文学的各项内容大体均已完备，一个富有特色的体系已经建立。两汉时期对天象观察的细致和精密程度，令人十分惊叹。例如，1973年，在湖南长沙三号汉墓出土的帛书中，就有29幅彗星图和长达8 000字的关于行星的《五星占》。前者显示了当时已观测到彗头、彗核和彗尾，而彗头和彗尾还有不同的类型；后者列有金星、木星和土星在70年间的位置。

体系发展期，是从三国到宋朝这段时期。三国在历法、仪器、宇宙理论等方面都有不少的创新。曹魏杨伟创制的《景初历》，发现了黄白交点有移动，它对于推算日月食有很大帮助；东吴陈卓，把战国秦汉以来发现并命名的星官（相当于星座）总括成一个体系，共计283星官、1 464星，并描绘于图。陈卓的星官体系沿用了1 000多年，直到明末才有新的发展。葛衡在浑象的基础上发明浑天象，它是今日天象仪的祖先。

后秦的姜岌造《三纪甲子元历》，以月食来计算太阳的位置，从而提高了观测的准确性。姜岌还发现，日出日落时日光呈暗红色是地面游气的作用，天顶游气少，故中午时光耀色白，这是对"大气选择性吸收太阳光"认识的开端。东晋虞喜发现岁差，南朝祖冲之（见本书第十六回）把它引进历法，将恒星年与回归年区别开来，这是一大进步。祖冲之测定一个交点月的日数为27.21223，同今测值只差1/100 000，堪称精确。北齐的张子信发现太阳和行星的运动也不均匀：合朔时月在黄道南或黄道北，会影响到日食是否发生，而月食则没有这一现象。张子信的这些发现，直接导致隋唐时期天文学的飞跃发展。

隋朝的《大业历》考虑到了张子信的发现，利用等差级数求和的办法，编制了一个会合周期中的行星位置表，对行星运行的计算又有所提高。在《大业历》使用过程中，刘焯于604年完成了《皇极历》，它用等间距二次差内插法来处理日、月的不均匀运动，成为中国天文学的一个特点。

唐朝贞观七年，李淳风（见本书第十九回）制成浑天黄道仪，把中国观测用的浑仪发展到极为复杂的程度。开元十三年，僧一行和梁令瓒改进了张衡的水运浑象，造出了最早的自鸣钟，名叫"开元水运浑天俯视图"。他们还造了一架黄道游仪，并用它观测了150多颗恒星的位置，发现与过去的星图、星表和浑象上所载恒星位置有很大变化，即现在的岁差。柳宗元认为宇宙既没有边界，也没有中心。僧一行等于开元十五年完成《大衍历》初稿，在计算行星的不均匀运动时，僧一行等发明了不等间距二次差内插法，并使用了具有正弦函数性质的表格和含有三次差的近似的内插公式。《大衍历》把全部计算项目归纳成"步中朔"等7篇，成为后代历法的典范。

唐代后期和五代时期的历法，值得一提的有长庆二年颁行的《宣明历》和建中年间流行于民间的《符天历》。其中，徐昂的《宣明历》在日食计算方面提出了时差、气差、刻差三项改正，把因月亮周日视差而引起的改正项计算向前推进了一步；曹士苟的《符天历》简化了历法的计算步骤，因此颇受民间欢迎。

由鼎盛到衰落期，是从宋初到元末这段时间。宋朝先后进行过5次恒星位置测量，其中第一次的观测结果被绘成星图，刻在石碑上保存下来，这就是著名的苏州石刻天文图。同时，该结果也以星图的形式，保存在苏颂（详见本书第二十四回）著的《新仪象法要》中。与苏颂同时代的沈括在天文学上也有重要贡献，详见本书第二十三回。宋朝实行过的历法有18种，其中比较有创造性的是北宋姚舜辅的《纪元》和南宋杨忠辅的《统天历》。前者首创了利用观测金星来定太阳位置的方法；后者确定的回归年数值为365.2425日，与现行公历的平均历年完全一样，还提出了回归年的长度在变化，其数值古大今小。

第三十一回

中医中药本不错，西医冲击靠边坐

本回是中国医学小传，原以为比较容易，哪知在选择素材时就犯难了。一方面，若只是孤芳自赏吧，中医当然在不断进步，可是自从清朝中后期，西医传入中国后，中医就几乎被边缘化了。另一方面，若只从中国科学角度来看吧，李时珍和叶桂都是顶级科学家，可他们都诞生在文艺复兴之后，与同时代的其他科学家一比，还真的就不能入谱了。还有一方面也必须明确指出，那就是中医的理念其实相当先进，若用"现代系统论"来描述便是把人体作为一个系统来看待，若原有的系统平衡被打破，那就会生病；而所谓的"治病"，其实就是要恢复原有的平衡。只可惜中医的诊病手段不多，仅以望闻问切为主，很难发现早期的"不平衡苗头"；治病方法也有限，仅以药方为主，手术等现代手段不足；恢复平衡的速度太慢，很难应对千变万化的急性病症等。

最终，经反复考虑，我们折中选择素材如下：以明朝的李时珍和清朝的叶桂为人物的领衔主角；以清朝中期以前的事为主，来介绍中医的发展概貌。

有一个美丽的传说，精美的石头会唱歌。它能给当事者以智慧，也能给众读者以欢乐。只要你懂得它的珍贵啊，山高那个路远也能获得……哈哈，本回为啥要以一首改编的现代歌曲来开始呢？因为，在中医界确实有这样一个著名的传说。公元1518年7月3日，有一位名叫李言闻的"医二代"，由于行医收入太少，再加妻子二胎即将分娩，所以不得不前往雨湖打鱼，以贴补家用。可是，一整天下来全无收获，最后一网感觉沉甸甸的，心中暗喜，以为是条大鱼，结果却是一块大石头。李大夫叹道："石头呀石头，我与你无冤无仇，你为何捉弄我，叫我愁上加愁？"哪知这石头突然说话了："李老头呀李老头，石头贺喜不用愁。你的娘子快落月，不知先生有何求？"原来这石头就是雨湖神。李大夫急忙赶回家，正好老二呱呱坠地，于是便给儿子起名"石珍"。当晚老爸又梦见"道教八仙"之首的铁拐李，前来道喜说："时珍时珍，百病能诊。做我高徒，传我名声。"于是，李大夫又赶紧将儿子更名为"李时珍"。那位聪明的读者，嘴一撇评价道：一派胡言！哇，现在的读者真精呢，这么神奇的传说都骗不过你！其实，关于李时珍的诞生，还有其他版本的传说呢。例如，李时珍出生之时，有白鹿入室啦，或有紫芝产于庭中啦等。反正，神人出世都要有一点异象嘛。不过，传说归传说，李时珍的出生日期可是准确无误的哟。

其实，父亲并不希望老二学医，因为他不愿让后代都像自己这样，虽已是"名医"，但却既受穷，又受官绅欺侮；而是希望儿子走科举之路，既要当官，又要出人头地。可李时珍自小就咬定自己是"铁拐李的徒弟"，一心要修习"神仙之学"，要像师父那样成为"药王"，不但要重演"八仙过海"，更要再显神通。不过，为了让父亲不失望，自小体弱多病的李时珍，还是从14岁中了秀才后就走上了长达9年的科举之路，连考三次都名落孙山：第一次，被八股文打败；第二次，没能胜那八股文；第三次，他想"和棋"，那八股文不让！于是，23岁的他，最终还是放弃了做官的打算，专心学医，并向父亲表决心："身如逆流船，心比铁石坚。望父全儿志，至死不怕难。"面对冷酷的现实，老李只好咬牙同意了儿子的请求，并精心向他传授医技。

李时珍汉白玉雕像

李时珍博览群书，尤其喜欢读医书，再加出身医生世家，自幼耳濡目染，所以在名医父亲的指导下，这位"医三代"很快也成了当地的一位名医。由于在33岁那年，李时珍治好了明朝富顺王朱厚焜儿子的怪病，更是名声大噪，甚至被另一位王爷，武昌的楚王朱英㳆，聘为王府的奉祠正，兼管良医所事务。38岁时，李时珍又被推荐到太医院（三甲医院）工作，并任太医院判（总医师）。3年后，李时珍又被推荐到首都任"皇家三甲医院"总医师。但不知何故，李总师一年后竟辞职回家了。不过，在太医院工作的这几年，对他的一生影响重大，为今后编写《本草纲目》打下了重要基础。因为，在此期间，李总师积极从事药物研究，经常出入太医院的药房及御药库，认真对比鉴别各地药材，搜集了大量的资料，同时，还饱览了王府和皇家珍藏的丰富典籍，包括《本草品汇精要》等。此外，李时珍还从宫中获得了大量的民间本草信息，并看到了许多罕见的药物标本，开阔了眼界，丰富了知识。

离开太医院回家后，李大夫开始自己创业，并于40岁那年开办了以自己别名命名的"东璧堂"。从此，他一边坐堂行医，一边研究古典医籍，一边致力于药物考察。其实，在很年轻时，李时珍就发现古代本草书中错误连篇。于是，在33岁入太医院前，他就已下定决心要重新编纂一部本草书籍。为此，他以《证类本草》为蓝本，参考了

800多部书籍，甚至从48岁开始多次离家外出考察，足迹遍及许多名山大川，弄清了许多疑难问题。

在编写《本草纲目》的过程中，李时珍最头痛的问题就是药名混杂，弄不清药物的形状和生长情况。过去的本草书，虽有许多解释，但几乎都是作者们的"纸上得来之物"，经多次转手抄写，难免矛盾百出，让人莫衷一是。于是，在父亲的鼓励下，李时珍决心在已经"读万卷书"的基础上，再"行万里路"，既要"搜罗百氏"，又要"采访四方"，深入实际进行调查。为了广泛收集药物标本，他先后到过庐山、茅山、武当山、牛首山等，足迹遍布湖广、安徽、河南、河北等地。为了获得众多散落民间的处方，他广拜渔人、樵夫、农民、车夫、药工、捕蛇者等为师。总之，经过27年的长期努力，在浩瀚的"考古证今"和"穷究物理"之后，李时珍终于在61岁时完成了《本草纲目》的初稿。随后又经10余年的3次修改，总算在他去世后的第3年，才由其儿子及弟子等在南京正式刊行了《本草纲目》，前后共耗时40余年。

当然，李时珍的医著还有《奇经八脉考》和《濒湖脉学》等，不过其代表作始终都是《本草纲目》。因此，现在就来简要介绍一下李时珍父子及众徒弟合作完成的这部中医巨著。《本草纲目》借名于朱熹的《通鉴纲目》，共含16部、52卷，约190万字。全书收纳诸家本草所收药物1 518种，在前人基础上增收药物374种，合1 892种，其中植物1 195种；共辑录古代药学家和民间单方11 096则；书前附药物形态图1 100余幅。它吸收了历代本草著作之精华，尽可能地纠正了前人的错误，补充了不足，并有很

《本草纲目》印本

多重要的发现和突破。它是到16世纪为止，中国最系统、最完整、最科学的一部中医药学著作。《本草纲目》打破了自《神农本草经》以来沿袭了1 000多年的三品分类法，把药物分为16部、60类。每药标正名为纲，纲之下列目，纲目清晰。书中还系统地记述了各种药物的知识，包括校正、释名、集解、正误、修治、气味、主治、发明、附录、附方等项，从药物的历史、形态到功能、方剂等，叙述甚详，丰富了本草学的知识。《本草纲目》在植物学方面所创造的人为分类方法，是一种按照实用与形态等相似的植物，将其归之于各类，并按层次逐级分类的方法。它将1 000多种植物按照

其经济用途与体态、习性和内含物的不同，先把大同类物质向上归为5部，部下又分成30类，再向下分成若干种。它不仅提示了植物之间的亲缘关系，而且还统一了许多植物的命名方法。《本草纲目》不仅为中国药物学的发展做出了重大贡献，也对世界医药学、植物学、动物学、矿物学、化学等产生了重大影响。它先后被译成日、法、德、英、拉丁、俄、朝鲜等十余种文字在国外出版。书中首

李时珍纪念馆，位于中国蕲春县

创了按药物自然属性逐级分类的纲目体系，这种分类方法是现代生物分类学的重要方法之一。

公元1593年，即意大利科学家伽利略发明温度计的那一年，李时珍终于像他臆想中的"药王师傅"铁拐李那样，用《本草纲目》大显了一回神通，被后世尊为"药圣"。然后，他欣然去世，重演了"第九仙过海"，享年76岁。至此，中国的名医中又多了一位道教徒。

在清朝康熙亲政那年，即公元1666年，在苏州的一个医学世家也诞生了一个道教徒，只不过姓叶，名桂，字天士，号香岩，别号南阳先生，晚年自号上官老人，人称"叶半仙"。

叶桂12岁时就随父亲学医。他父亲医术高明，满腹经纶，喜欢收藏，好饮酒，善诗赋。可惜叶桂14岁时，父亲就早逝了。小叶就只好当了一名江湖医生，以此来维持生计，养活母亲及全家，所以，叶桂又是一个有名的大孝子。同时，小叶还拜父亲的门人朱某为师，继续学习。由于他聪颖过人，闻言即解，一点就通，再加上勤奋好学，虚心求教，所以，其见解很快就超过了朱先生。叶桂坚信"三人行必有我师"，只要有更高明的医生，他都愿意拜其为师，即使对方只有一技之长，他也拜师无妨，反正有技必学，有师必拜。据不完全统计，从12岁到18岁期间，他先后

叶桂像

拜过的名医就至少有17人。因此，后人称其"师门深广"。叶桂不但遍求名师，还博览医书，既熟读《内经》《难经》等古籍，也对历代名家之书广搜众采。

叶桂本来就神悟绝人，再加他求知若渴且能融会贯通，因此其医术突飞猛进，不到30岁就医名远播。他最擅长治疗时疫和痧痘等症，是中国最早发现猩红热的人。他的《温热论》，为我国温病学说的发展提供了理论和辨证基础；他的《临证指南医案》《未刻本叶天士医案》等医书，也成为后世经典。他不但将自己的两个儿子叶奕章、叶龙章培养成了著名医生，而且，还培养了一大批济世救人的名医，甚至形成了中医史上的一个重要流派——叶派。该流派的影响力，竟然持续了200多年！

公元1745年，意大利物理学家伏特诞生，这位"伏特"就是后人用电压单位去纪念的那位伏特。也是在这一年，叶桂在家中安然去世，享年80岁。在临终前，他警戒儿子们说："医可为而不可为，必天资敏悟，读万卷书，而后可借术济世。不然，鲜有不杀人者，是以药饵为刀刃也。吾死，子孙慎勿轻言医。"果然，至今中医界再无任何人能超过叶桂了！因此，下面就该按历史年代，叙述中医简史了。

在原始社会中，"中医"先后有两大类重要成果。

其一，是发现了某些植物的药用效果。其中，最著名的当数《淮南子·修务训》中所记载的"神农氏尝百草"，皇甫谧《帝王世纪》记载的"炎黄因斯乃尝味百药而制九针……（黄）帝使岐伯尝味草木，典主医药，经方、本草、素问之书咸出焉"等。总之，最早的中医大夫，好像也是中华的始祖炎黄两帝等。

其二，是发现了某些动物的药用效果。特别是动物的肉、脂肪、内脏、骨骼及骨髓等的药效。许多日积月累的经验，也不断地被总结了出来。

在夏商西周时期，人类已对自身的体格有了一定的认识。例如，在甲骨文中已经出现了诸如首、耳、目、鼻、口、舌、齿、项、手、肱、身、臀、足、膝、趾、眉、腋等有关人类外部器官的象形字。商周时期，人们又开始由表入里，认识到内脏器官的某些结构；由局部到整体，开始涉及生理活动的一些现象，甚至对解剖的认识也日益深化。

在春秋战国时期，中医的成果主要体现在两方面：一方面，本草知识不断丰富；另一方面，方剂学开始萌芽。例如，阜阳出土的汉简《万物》中，所载药物就70多种；马王堆出土的帛书《五十二病方》所载药物247种，所载医方283个。而且，《万物》所载几乎都是单功能药物，《五十二病方》记载的已是临床治疗的方书了。可见，春秋战国时期，随着用药知识的积累，逐渐由使用单方过渡到使用复方，并且不断探索组方的原则和理论。至此，方剂学已经萌芽。《内经》虽非方书，但它却奠定了方剂理论，因为它出色地归纳和总结了方剂理论和组方配伍原则，对后世有很大影响。

秦汉时期是中医承前启后、继往开来的发展期。主要有以下4个特点。

1）张仲景（见本书第十四回）撰《伤寒杂病论》等，创立了辨证论治思想。

2）出现了医案，为后世医家书写医案树立了榜样。

3）在临床医学方面进展突出，尤以华佗（见本书第十三回）和张仲景等的成果为最佳。

4）初步奠定了药物方剂学体系，特别是出现了《神农本草经》等药物学名著。

六朝时期的中医进展主要体现在以下4个方面。

1）在内科、外科、骨伤科、妇儿科以及各种急救处理等方面，均有很大进步。

2）诊断学和针灸学的基础理论和实践规范化，特别是晋王叔和的《脉经》和魏晋年间皇甫谧的《针灸甲乙经》等著作更有深远影响。

3）药物学有突出进步，本时期本草著作达70余种，最有影响的是陶弘景的《本草经集注》。此外，雷敩的《雷公炮炙论》，是我国现知药物炮炙的最早专著。

4）在玄学思想影响下，炼丹术迅速发展，由此也推动了药物学的发展。

隋唐五代时期，中医的发展可以归纳为4个方面。

1）医药文化绚丽纷呈，医药学思维活跃，内外交流频繁，出现空前昌盛的局面。以前只以局部地区或个人医学经验从事医疗实践和著述活动的局面已被打破。

2）医药学术和疾病防治的研究，趋向深入细致，对每一类疾病和每一症候的病因、病理、临床表现在更深的层次中提高了认识，治疗的针对性更强，也更为有效。

3）兴办医学教育，形成较完整的医学教育体系，同时注意医药学术和防治知识的规范和普及，培养医学后继人才，促进医药卫生事业的发展。唐代，从中央到地方已形成了较为完整的医学教育体系，还吸收外国留学生入学，从而极大地促进了医学整体水平的提高。到唐代先后编有《广济方》《广利方》等，对普及医药知识促进卫生事业发展起了良好的作用。

4）中外医学双向交流效果明显。一方面，唐代文成公主、金城公主入藏，带去了大批医书药物等，对藏医学的形成和发展产生重要影响；另一方面，在唐代医学著作中，有明显的印度医学痕迹。此外，日本和朝鲜等国留学生来华，也促进了中医对这些国家的影响。

辽夏金元时期是中医的学术争鸣与创新时期。金元时期战争频仍，疫病广泛流行，过去对病因、病机的解释和当时盛行的经方、局方等医方，已不能适应临床需要，当时一些医家产生了"古方不能治今病"的思想。刘完素、张元素、张从正、李杲、王好古、朱震亨等医学家相继兴起，他们从实践中对医学理论进行新的探讨，阐发了各自不同的认识，创立成各具特色的理论学说，形成以刘完素等为代表的河间学派和以张元素为代表的易水学派，并展开了激烈的学术争鸣。他们在医学理论和医术方面，勇于创新，各成一家，风之所被，延续至明清两代，开拓了中医学发展的新局面。

清代前期和中期，中医的发展错综复杂。一方面，中医学传统的理论和实践经过长期的历史检验和积淀，已臻于完善和成熟，无论是总体的理论阐述，或是临床各分科的实际诊治方法，都已比较完备，且疗效在当时的条件下也很不错，甚至与世界各国的情况相比还略胜一筹。尤其是温病学派的形成，在治疗传染性热病方面起到了积极作用，降低了死亡率，有效预防了传染。特别是"人痘接种"预防天花的方法更是成果辉煌。另一方面，在解剖学的革新方向，中医也希望能寻找到新的突破口。但是，由于长期闭关自守，使得这时的中医停滞而不能真正实现突破。其实，西医传入的势头在清初之后不久就低落下去了，那时中医复兴本来还有机会的。但是，晚清时，西医对中医的淘汰式冲击真正到来了。

好了，各位读者朋友，至此，有关中国数学、医学和天文学的3篇小传，及其相应顶峰领衔人物就都介绍完了。从下一回开始，欧洲的文艺复兴就正式登场了，人类最顶级的科学家将喷涌而出，他们的耀眼光彩所照亮的，既不是一条轨迹，也不是星星之火，而是一大片科学文明的燎原。因此，随后各回的时间顺序就不再重要了，不过，为了整本书的风格一致，我们仍然按当事科学家的诞生日期来排序。

第三十二回

虔诚神父哥白尼，转动地球撼上帝

伙计，就算你见过泼妇，也肯定没见过本回这么牛的泼妇，简直就是"神泼"。只见她，叼着烟，瘪着嘴，掐腰叉腿，横挡在西方科学之路上，身后还竖着一幅巨大的告示牌，在斗大的"绝对真理"下面，罗列了包括"地心说"等在内的众多细项。这泼妇不但擅长狮吼功，而且还心狠手辣，杀人不眨眼。从公元5世纪开始，她就把持在这里。任何人，哪怕是一国之君，若想打此路过：对不起，先交出思想，若发现思想中有违背"绝对真理"之处，咋办？嘿嘿，很简单，就两字：烧死！公元1327年，意大利天文学家采科·达斯科里就被活活烧死，因为他竟然认为"地球呈球状，在另一个半球上也有人类存在"；公元1506年，哥白尼亲眼见证了一次这样的血腥镇压，许多"异端分子"都被抓来活活烧死；公元1600年2月17日，在罗马的百花场上，布鲁诺也被活活烧死，因为他竟敢否定"地心说"。书中暗表，本回这位"泼妇"的官方名称叫"罗马教皇"。原来在中世纪的欧洲，虽然有一堆国家，每个国家也有自己的君主，但是君主们只能分管本国的行政事务，而各国人民（含君主）的思想，却归罗马教皇统一管辖，罗马教皇对《圣经》拥有绝对的解释权。

如果携带的书籍中含"异端"，或歌颂"绝对真理"不到位的内容，那当事者肯定也会被严惩，相关书籍更要被无情焚烧。据说，有时一天被火葬的珍贵科学著作就多达20大车。宗教裁判活动之频繁，简直令人发指：在哥白尼一生中，仅在波兰就被处理过300多次。在哥白尼旅居意大利时，罗马教皇干脆重新颁布圣谕，禁止印行未经教会审查的任何书籍，可疑者一律焚毁。至于被焚毁的，到底是书籍还是活人，嘿嘿，"你懂的！"

就这样，这位"母老虎"在此"一要泼"就是2 000多年，而且还滴水不漏，以至整个"黑暗中世纪"期间，欧洲几乎就没出现过科学家！当然，老虎也有打盹的时候，细心的读者也许还记得，在12世纪时，有一位名叫斐波那契（见本书第二十七回）的"盗火"科学家，侥幸闯过了罗马教皇的关卡，把阿拉伯的数学带入了意大利。现在回想一下，假若哥白尼等不懂数学，那么压根儿就不会有"日心说"，也更不可能出现文艺复兴，"绝对真理"就还会继续下去。哈哈，看来"泼妇"也有"死穴"，天书般的数学公式，照样让她眼花缭乱。

其实，这"泼妇"还有另一个更致命的"死穴"，其细节此处暂且按下不表，后面将另行交代。这里先介绍本回的男主角哥白尼，他诞生在波兰托伦城的一户高官之家。接生婆一看黄历，原来是公元1473年2月19日。那一年，明朝宪宗皇帝正在思考，是否接受刘大夏和项忠的建议，废止郑和已进行过7次的"下西洋重大献礼工程"呢。

小尼尼是家中的老幺，有两个姐姐和一个哥哥。老爸是当地的市长，妈妈是"富二代"的大家闺秀。两口子拿幺儿当心肝宝贝儿，顶在头上怕摔了，含在嘴里怕化了。妈妈亲自全程负责了他的启蒙教育。上小学时，他进入了全市最好的学校，接受了最先进的基础教育，不但学习拉丁文和数学等课程，还很早就接触了天文学。可惜，在他10岁时，爸爸就染瘟疫逝世了，不久妈妈也跟着去了。从此，小尼尼和他哥哥就由已升任大主教的神父舅舅卢卡斯领养，并继续读完了中学。

18岁时，哥白尼考入了舅舅的母校克拉科夫大学。他本想攻读天文学，但出于就业考虑，舅舅劝他改成了医学，因而，哥白尼的本科学位，其实是医学。不过，在大学期间，有两个贵人对哥白尼的一生产生了重大影响。一个是"革命家"卡里玛赫，此兄给哥白尼装了块"反骨"，从此，哥白尼就敢于怀疑一切，反对一切了；另一个是科学家沃伊切赫，此兄给哥白尼插上了"科学翅膀"，不但教会了哥白尼如何使用天文仪器，而且还传授给他许多天文学理论知识，特别是亚里士多德和托勒密的天文学学说。其实，这第二个贵人本身就是当时欧洲著名的数学家、天文学家和人文主义者。

23岁时，哥白尼披上僧袍，动身到文艺复兴的发源地——意大利留学，先后在多所大学学习过神学、数学、医学、天文学和法律等。27岁时，由于经济困难，哥白尼到罗马当了数学教师。次年，因取得教会的资助，哥白尼才又回到意大利继续学医。30岁那年，哥白尼在费拉拉大学完成宗教法的学习，获得教会法学博士学位，神父老舅为他在弗伦堡谋得了一个教士职位。哥白尼在意大利共留学10年左右，期间深受先进的人文主义思想影响，重读了古代希腊和罗马的若干著名科学著作，得到了诸多教授的指导和朋友的帮助，例如，他有幸结识了文艺复兴的杰出人物达·芬奇，并师从诺瓦拉。正是在诺瓦拉的影响下，哥白尼开始怀疑"地心说"，并通过长期的天文学理论研究和天象观测，基本弄清了地球及其运动情况，从而"日心说"才在心中萌芽。

33岁时，留学归来的哥白尼，一边在里兹堡从医，担任神父老舅的私人大夫和秘书；一边研究天文学，并开始构思其第一篇重要的天文学论文。经过3年多的努力，37岁时，他终于完成了处女作《浅说关于天体运动的假设》（简称《浅说》），其中毫不含糊地指出：地球和行星都围绕着太阳运动，只有月亮才真正围绕地球旋转。39岁时，因神父舅舅去世，哥白尼受到继任大主教的排挤，便离开老家移居到弗洛恩堡，在一所大教堂里任僧正。同时，他在教堂的箭楼上搭建了一座小型天文台，用自制仪器孜孜不倦地从事天文观测和研究长达30余年，并在这里度过了余生。他利用箭楼"天文台"，获得了大量的第一手资料，通过观测计算得出的数值精确度之高，令人惊叹。例如，他算出的恒星年时间为365天6小时9分40秒，与现代的精确数值相比，误差仅有百万分之一；他得到的月亮到地球的平均距离是地球半径的60.3倍，与现代值的误差，也只有万分之五等。

"日心说"雕塑

57岁时，哥白尼终于圆满完成了"日心说"。60岁时，他将该成果整理成不朽专著《天体运行论》，但却迟迟不敢公开发表，因为，他深知该书的结论与"绝对真理"是多么的不一致。直到66岁时，在朋友们的劝说下，已处于严重中风状况并陷入半身不遂的他，才同意发表该专著。70岁那年，即1543年，《天体运行论》终于正式出版。也就是在这一年的5月24日，在弥留之际，摸着刚收到的《天体运行论》样书，哥白尼便含笑九泉了。同年，人类的另一本科学巨著——《人体的结构》，也由比利时医学家维萨里正式出版，这标志近代人体解剖学的诞生，从此，血液运动真相大白。而这一年，我大明朝皇帝在干吗呢？唉，说起来都丢人啦！咱们的嘉靖皇帝，当然既不关心天体是如何运动的，也不在乎血液是如何运动的。这位万岁爷，竟然正在骗子段朝用的蛊惑下，扔掉国家大事不管，"告假"炼制"长生不死药"呢。

科学研究的关键就是：大胆猜测，小心求证！所以，不同观点的争论，本该非常正常。可在"地心说"这个科学问题的争论过程中，却突然一竿子插进了那个"泼妇"，把本来很平和的事情搞得剑拔弩张。其实，"地心说"的产权者，也并非"泼妇"，至少早在公元前300多年，那时"泼妇"还没诞生呢，亚里士多德和托勒密（见本书第十一回）就已提出该观点，并开始"小心求证"了。另外，"日心说"的产权者也不是哥白尼，至少早在公元前300多年，古希腊天文学家阿里斯塔克就提出过"日心地动说"。因此，哥白尼只不过是在"小心求证"比自己早1700多年的古人的"大胆猜测"而已。其实，若从现代眼光来看，哥白尼的"日心说"也不对，但即使是求证过程有瑕疵，也不该问罪于求证者吧。看来，事实再一次证明：不允许讨论的真理，一定是伪真理。

也许有读者问啦，为啥罗马教皇非要坚持"地心学"呢？其实，你上网一搜，就能找到一大堆相似的答案，大意是说"上帝的龙椅就在地球上，龙椅咋能动呢！所以，只能是其他星球围绕地球运转"。

为了试探"泼妇"的底线，哥白尼先撰写了一篇不太致命的小论文《浅说》，而且也并未立即大范围公开发表，只是将它放在朋友圈中转发，既让若干专家同行知悉，也不激怒当权者要泼。果然，《浅说》的手抄本传遍了欧洲许多国家，引起了天文学界的广泛重视，以至100多年后，丹麦著名天文学家第谷·布拉赫也得到了一份手抄本，

哥白尼著作的首页

并传承至今。当然，为了让自己的理论引起学术界的更多关注，哥白尼有时也大胆地在某些高级别、小规模的重要论坛上以学术报告的形式宣传自己的成果。

经过30余年的小心求证，终于完成划时代的科学巨著《天体运行论》，哥白尼深知这将从根本上动摇"泼妇"的世界观，同时也明白相应的严重后果，他甚至直接写道："我清楚，一旦他们明白我在论证地球非静止时，就会竭力把我送上宗教审判台……"所以，在撰写和出版《天体运行论》时，他尽量低调，决不打草惊蛇，反而却采取了许多看似"软弱"的行动。例如，选择拉丁文为写作语言，于是，只有数学爱好者才能读懂专著，从而使专著在大众中影响不大，更不会被检举。因此，该书果然安全地传播了70多年，未曾引起"泼妇"的注意，直到约90年后才"东窗事发"。又例如，选择生命的最后阶段为专著的出版时间，这样即使"泼妇"要发淫威，可能也只好"望尸兴叹"了。此外，在专著序言中，尽量拍拍"泼妇"的马屁，甚至在扉页上还醒目地写着"谨以此书献给伟大的教皇保罗三世"；他还嫌保险系数不够高，出版商又邀请了某位神学家（奥幸德）匿名撰写了一篇前言，声明书中的理论"只是为了便于计算行星位置的一种人为假设，并不代表行星的真实运动，而仅是一种富于戏剧性的幻想"云云。反正，所有这些"烟幕弹"的唯一目的就是瞒天过海，尽量拖延罗马教皇发飙的时间。

事实证明，哥白尼生前的预料相当精准。意大利著名哲学家、天文学家布鲁诺因

广泛宣传哥白尼学说，于1600年被罗马教皇烧死在罗马的火刑场上。在《天体运行论》出版90年后的1633年6月22日，罗马教皇宣布哥白尼学说为"邪说"。意大利物理学家和天文学家伽利略是哥白尼的忠实崇拜者，他曾经担心道"我一想起哥白尼的命运，就感到心惊胆战"，但他自己却因继续坚持和发展哥白尼的学说而被宗教裁判所宣判为终身监禁，并被迫认错。100多年后，德国天文学家开普勒，在1609年和1619年分别出版了《新天文学》和《宇宙谐和论》，提出了行星运动的三大定律，澄清了太阳系的空间位形，将哥白尼的学说推进了一大步。这时罗马教皇不敢再耍泼了。1687年，牛顿发表了《自然哲学的数学原理》，哥白尼天文学体系终于取得了最后胜利。罗马教皇羞红了脸，不敢抬头了。约300年后的1822年，罗马教皇终于认错，罗马教廷正式撤销将哥白尼的《天体运行论》列为禁书的教令；1992年10月31日，罗马教皇约翰·保罗二世最终决定为哥白尼学说的支持者伽利略平反，为他恢复名誉。

《天体运行论》带着遍体鳞伤，在人世间流传了300多年，直到19世纪中叶，该书的原稿才在布拉格一家私人图书馆里被发现。1873年，出版了增补哥白尼原序的《天体运行论》，但是有关原子说的章节仍未补入。1953年，《天体运行论》发行第4版时才全部补足原有的章节，这时哥白尼已经逝世410年了。

那位读者着急啦：所谓的"死穴"到底是啥，咋还没看见呢？嗨，这不明摆着嘛，那就是哥白尼出生在了"神父之家"，化装成一个虔诚的神父，利用教会提供的助学金完成学业；用神职做掩护，却用大把的业余时间研究天文学；在神的地盘上搭建"天文台"，从事天文观测和研究；甚至，在出版《天体运行论》时也始终念念不忘给神唱几句赞歌等。总之，若把对付"泼妇"的办法归纳成3个字，那就是：以神治神！数学家读者又急眼了，掰着指头一数"以——神——治——神"，不对呀，4个字嘛！唉，哥们儿，莫非你刚读过此文，就敢挑战我这个"真理"了？！标准答案就是：3个字！谁敢不信，就让他数学不及格：同一个"神"字，出现两次也只算一个字嘛，哼！

哥白尼的巨著《天体运行论》到底有什么重大意义呢？从科学角度看，它是人类对宇宙认识论的革命，它使人类的整个世界观都发生了颠覆性变化。虽然书中也有不少错误，例如误以为宇宙是有限的、误以为太阳是宇宙的中心等。但是，哥白尼的思想对伽利略和开普勒的工作，是一个不可缺少的序幕。而他们俩又是牛顿的主要前辈，换句话说：正是由于伽利略和开普勒的发现，才使得牛顿有能力确定"三大运动定律"和"万有引力定律"。从历史的角度来看，《天体运行论》既是当代天文学的起点，也是现代科学的起点。最后，从社会发展角度看，它敲响了"绝对真理"的丧钟。

哥白尼雕像，位于华沙（Warsaw）

其实，哥白尼的传奇故事还多着呢，甚至有些还是鲜为人知的。比如，42岁时，他还提出了一个重要的经济定律，即至今仍然如雷贯耳的"劣币驱逐良币定律"。他其实是一位名医，并以其精湛的医术和乐善好施的医德，赢得了患者的信赖；晚年时，他的医名早已跨越瓦尔米亚地区，闻名于整个普鲁士，甚至更远的地方；准确地说，生前的哥白尼，其作为医生的知名度远远高于其天文学家的知名度，甚至还被称为"神医"呢。

哥白尼还有一个秘密更令人震惊，那就是作为神父的他，还曾经犯过色戒。据说，那是1525年的秋天，53岁的哥白尼在他自己搭建的那个小型天文台上，一边观测天空，一边创作《天体运行论》。这时，一位名叫安娜的美丽女管家，走进了他所献身的教堂，也走进了哥大叔的心。安娜出身名门，性情贤淑，衷心爱慕哥白尼，毅然抛弃世俗的成见与"色戒在身"的神父哥白尼同居。而且，在安娜的帮助和照顾下，巨著的进展更加迅速。后来，这段"俗外情"被告密，教长强迫哥白尼和安娜脱离关系，可他俩已同居近10年，感情很深。哥白尼甚至表示，为了安娜自己愿意还俗。为了不影响哥白尼的创作，安娜忍痛离开了教堂，不久，她又被驱逐出境。特别申明，我们介绍这段"野史"，绝不是要诋毁哥白尼，而是要让大家了解一个全面、真实的哥白尼，一个愿意做"真实的自己"的哥白尼。

伙计，别以为哥白尼的故事就讲完了，最神奇的高潮情节就没出现呢！

那是2005年，在一个月黑风高之夜，在波兰弗龙堡教堂内，有人在一个阴森的角落里寻获了一具白骨遗骸。经现代手段多方核实后，人们愕然发现：天啦，他竟是462年前去世的哥白尼！于是，2010年5月22日，人们在波兰弗龙堡大教堂举行了隆重的仪式，为这位伟大的科学家重新下葬。至此，哥白尼才终于可以回到天堂，向师傅交差了。

安息吧，哥白尼！

哥白尼的棺材与他的遗体，2010年

第三十三回

言不刺人誓不休，行不出格死不收

谁都知道科学界怪人多，但是能怪得像本回主人公这样的人，还真不多！这老兄该怪时，肯定怪；不该怪时，也照样怪。他不但怪得全面，还怪得深入；不但怪得可恶，还怪得可爱；不但外表怪，还内心怪；不但为人怪，还处事怪；不但学术思想怪，还生活风格怪。有些怪，出于他的主动；也有些怪，则是他处于被动，是外界强加给他的怪。反正，他言怪，行怪，无所不怪；因怪，果怪，怪上加怪。横向看，他怪得翻江倒海；纵向看，他怪得惊天动地。总之一句话，他已怪得前无古人，甚至可能会怪得后无来者，至少至今科学界还没人比他更怪。

先看他的出生日期，1493 年 11 月 11 日。"剁手党"或"单身人士"一看该生日就会两眼放光吧。就算只看年份，这一年的怪事、大事也不少：哥伦布发现新大陆后，顺利返回了西班牙；地球被切割成东西两半球，即在罗马教皇亚历山大六世的仲裁下，东半球的殖民地归葡萄牙，西半球则归西班牙；苏格兰国王詹姆斯四世诞生；法国文艺复兴时代的伟大作家，人文主义的代表，弗朗索瓦·拉伯雷诞生；此外，最后一位神圣罗马帝国皇帝腓特烈三世也在这年逝世。不过，处于明朝弘治六年的中国，在这一年倒好像平安无事。

再看他的名字。老爸给他取名为"菲利普斯·奥里欧勒斯·德奥弗拉斯特·博姆巴斯茨·冯·霍恩海姆"，此处我们肯定不敢说他的这个名字怪，因为，不同民族的取名习惯各不相同，都应该充分尊重嘛。但是，这老兄长大后，却给自己换了一个很怪的名字，叫"帕拉塞尔苏斯"，而且，现在科学界也都用该名字来称呼他。你也许觉得"帕拉塞尔苏斯"这个名字不怪呀，很正常嘛！但是，该名字翻译出来的含义却是"赛过塞尔苏斯"！你可能还是觉得，翻译后也不怪呀？！但是，告诉你吧，他想"赛过"的那个"塞尔苏斯"，可不是一般人，而是比这老兄年长 1 500 岁的古人，也是罗马贵族中门第最高贵的成员之一。你老兄移民到罗马贵族的地盘上生存，却莫名其妙地声称要赛过别人的最高贵祖先，这难道不是无故树敌吗！这老兄想赛过的那个人，还是当时的红人，因为他早在公元 1 世纪就清楚地记录了扁桃体切除手术和许多其他手术，并探讨了心脏病、白内障等病症，还介绍了牙镜的使用和牙科学等。不过，现在回过头来看，更奇怪的事情却发生了：一方面，由于"帕拉塞尔苏斯"这老兄，要赛过"塞尔苏斯"，使得自己借势出了名，管它是善名还是恶名；另一方面，也正是因这老兄后来果真赛过了"塞尔苏斯"，才使得人们至今还记得"塞尔苏斯"，否则这位贵族"塞尔苏斯"早就被世界遗忘了。

好了，下面我们就正式称呼本回的男一号为"帕拉塞尔苏斯"吧。关于他的各种怪，读者朋友们请自己去体会，咱就不再一一点明了。不过，我还是想先打一点预防针：尽管文艺复兴是一个百花齐放、百家争鸣的时代，尽管这是欧洲乃至世界科学文化发展的黄金时代，尽管这个时代人才辈出，涌现出了包括达·芬奇、但丁、米开朗琪罗等历史巨人，尽管这个时代的包容性空前绝后，但是，帕拉塞尔苏斯却仍然以他那难以容忍的"怪"，以他那最具破坏性的思想和叛逆精神，以他那独树一帜的主张，饱受当时主流社会的排斥，背负着冰火两重天的评价。

帕拉塞尔苏斯生于瑞士苏黎世，父亲是穷困潦倒的赤脚医生。所以，经常随父出诊的他，从小就迷恋医学，并对矿物学、植物学及自然哲学产生了浓厚兴趣。9岁时，他随家迁往奥地利费拉赫，并在这里接触到了炼金术；随后进入当地的矿厂和冶金厂当学徒，从而有机会全面了解炼金术的相关技能。令人惊奇的是，这位稚嫩的小娃娃，竟然在此发现了矿工疾病的特点，即矽肺和肺结核，甚至直接促成他后来撰写了人类第一本职业病专著。父亲见儿子如此了得，便将他送到大主教门下求学；可这小子却一头扎进了教堂的炼金实验室，只沉溺于炼金术之中。在此期间，他遇到了影响自己一生的重要人物，阿格里帕。此人给帕拉塞尔苏斯装了块"反骨"，从此，一个天不怕、地不怕，敢于怀疑一切、批判一切的"洋悟空"就诞生了。

从14岁起，"洋悟空"就离家求学，既读万卷书，更行万里路。据不完全统计，他游遍了德国、法国、西班牙，还可能远至莫

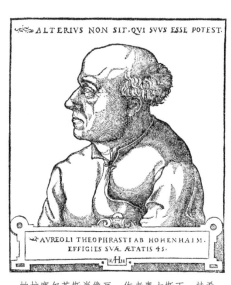

帕拉塞尔苏斯肖像画，作者奥古斯丁·赫希沃格尔（Augustin Hirschvogel）

斯科、伊斯坦布尔及亚洲大陆等地。他留学过的大学，简直多得不可思议，比如巴塞尔大学、图宾根大学、维也纳大学、维滕贝格大学、莱比锡大学、海德堡大学、科隆大学、费拉拉大学等。17岁时，他获维也纳大学医学学士学位；21岁时，再入奥地利的某矿山和冶金厂工作，然后去瑞士巴塞尔大学学医；紧接着，23岁时，闪电般地又从哥白尼的母校，意大利的费拉拉大学，获得医学博士学位。

毕业后，帕拉塞尔苏斯在欧洲及中东游历行医十余年，期间广泛接触了各类江湖郎中，积累了丰富的临床经验。也正是在该时期，这位居无定所的游医，竟不知天高

地厚地将自己改名为"赛过塞尔苏斯";当然,也被对手戏称为"无知的流浪者"。几乎在任何事情上,帕拉塞尔苏斯都会反其道而行之,例如,常人看不起的吉卜赛鞑靼人、流浪的魔法师、古老的农谚等,在他眼里却都是大师和宝贝,诚心诚意地从中取经;常人奉为圣典的医学理论和著作,却成了他的攻击对象,常常被嗤之以鼻。他对观察与实验方法推崇备至,特别注意研究不同国家的常见病,分析各地的治疗方法,再予以改进。他坚信"要了解人类自己,就必须了解所有人",并以此作为自己的任务。在长期漫游过程中,他处处留心身边的一切知识。此外,他更擅长于从日常生活中得到启发,总结出简便有效的治疗方法。面对当时医学权威们束手无策的梅毒病,他却大胆地以毒攻毒,给出了令人毛骨悚然,但确实有效,今天也证明是正确的疗法:口服适量汞剂。为了获得更多的第一手资料,为了掌握丰富的观察样本,已获博士学位的帕拉塞尔苏斯,又罕见地选择了当兵,做了一名随军外科医生。

主流界医学对这位"洋悟空"又爱又恨。恨的是他毫无例外地攻击所有权威的几乎所有方面,甚至是为了攻击而攻击,让人无法与他相处,有时不得不予以回击,于是,在众人的"群殴"中,帕拉塞尔苏斯只能节节败退;爱的是他确实在医学理论和临床治疗方面都非常优秀。例如,1527年时,巴塞尔的一位社会名流,约翰·弗洛本,患上了严重的足部坏疽;虽请遍了当时的医学权威,但仍丝毫不见好转,甚至已感染到即将截肢的地步。绝望中,患者请来了帕拉塞尔苏斯,结果真的被这位非主流大夫以出人意料的非主流方法给治好了!因此,尽管遭到医学界的强烈反对,巴塞尔市政厅仍坚持允许帕拉塞尔苏斯在本地大学任教。于是,巴塞尔大学很快就聘请他为医学教授;此举立即就产生了"正能量",迅速吸引了欧洲各地的许多优秀生源,让校方高兴得合不拢嘴。

但是,校方高兴得太早了;因为,这位34岁的"洋悟空",已拖着"金箍棒"打上了"南天门"!只见他,指东打西,捣南毁北:校方规定课堂上得讲"普通话"——拉丁语,他却偏要讲日耳曼方言,让听众目瞪口呆;校方规定要着正装上讲堂,他却偏不修边幅,带着满身臭气冲进教室,衣服脏得像叫花子,全无教授应有的尊严;校方规定第一课要讲"正能量",他却偏要以焚烧权威"正能量书籍"为开讲仪式,让台下嘘声一片;校方规定闲杂人等不得进入课堂,他却偏要邀请像什么理发师呀、药剂师呀、不入流的外科医生呀、流浪时结识的"狐朋狗友"等来免费听课,还试图建立"医学家与工匠联盟"等。他还经常在课堂上嘲笑重视经典的医学家,藐视他们忽视病人和临床经验,批评他们把医学知识当作文字功夫等。他性格古怪,自负而又傲慢，用极其尖刻的语言，攻击同行和古代权威。在课外，帕拉塞尔苏斯教授有时很正常，与学生谈笑风生，讨论各种新思想；但多数时间，仍属于"非正常人类"，其反传统性格已深入到生活的各个方面：为人粗暴，狂放不羁，经常与学生狂饮作乐，追蜂逐蝶等。帕拉塞尔苏斯的学说和举止，被激进的学生们所推崇和喜爱，曾在历史上引起了数次罕见的大规模争论，这在客观上促进了其思想的传播。几乎从来没人会像他这样，瞬间就能交到朋友；同时，在另一个瞬间，又非常彻底地失去这些朋友。总之，大学权威教授应有的严谨和庄重，在他身上甚至连半点踪影也没有。

若有谁请他做学术报告，哇，其出格程度，只有你想不到，没有他做不到。据说，有一次他受邀去某大学演讲。本来，从纯学术角度看，他的这次演讲相当成功，甚至对医学思想都发生了颠覆性的影响，但他却节外生枝，使自己再一次成了众矢之的。原来，在演讲前，他贴出了一张异常出格的演讲通告，竟然自我宣布"帕拉塞尔苏斯，是医学界唯一伟大的、最有学问的人……"；而且，在整个报告过程中，他不断亵渎经典，让学生们兴奋不已，让教授们无比震惊。反正，他那离经叛道的本性在巴塞尔大学发挥得淋漓尽致，引起了几乎全体教授的强烈反感。终于，仅仅一年之后，即1528年，帕拉塞尔苏斯在众人的谴责声中，被迫离开了巴塞尔，甚至有人要置他于死地。

重新开始游医生涯后，帕拉塞尔苏斯一边漂泊，一边行医，也一边开始撰写医学著作。他的科学思想和医学著作，也无不充满一个"怪"字，但历史事实却证明，其中不少东西是超前而正确的。

例如，在帕拉塞尔苏斯所处的文艺复兴时代，炼金术的发展主要有两个方向：一是继续沿着传统，把它当作点石成金之术，如今已彻底失败；二是将炼金术用于矿物冶炼，从而形成了早期的矿物学，至今已是硕果累累。但是，帕拉塞尔苏斯却异想天开，无中生有地开创了炼金术的第三个方向：将炼金术用于医药，从而掀起了浩浩荡荡的医学化学运动。医学化学给药剂师的技术提供了一种新理论，使他们可

位于萨尔茨堡的帕拉塞尔苏斯纪念像

根据该理论，结合自己的情况去展开医疗实践。如今，"医学化学"已成为全球各高等医科学院和相关专业的重要基础课程，因此，帕拉塞尔苏斯也是当之无愧的"医学化学始祖"了。其实，帕拉塞尔苏斯的医学化学思想，绝非初看起来那么荒诞，而是有理有据的。他认为"炼金术是一门科学，它把天然原料转变成对人有益的东西"，他赞同炼金士的朴素观点，即，既然矿物在地下能自然生长并发展成更为完善的东西，那么，在人工实验室里也该能够模仿出自然环境，从而获得本该由地下天然形成的东西。他主张一切物质都是活的，并且都能自然生长；坚信人类能够为实现自己的目标，而加速或改造这种自然生长过程。熟悉道学思想的朋友，也许此刻又会叹惜了：唉，我们的炼丹术咋没能发展成医学化学呢！而且，帕拉塞尔苏斯的医学化学思想，与道家学说又是何其相似也！

又比如，在对人体的认识方面，帕拉塞尔苏斯认为，从医学上看，人体本质上是一个化学系统。该化学系统由某些元素组成，所谓疾病，可能就源于元素之间的不平衡；所谓治病，就是恢复这些平衡。恢复平衡的手段，既可用矿物药物，也可用有机药物。他进一步认为，疾病的行为具有高度特殊性，每种疾病都有相应的特效化学治疗法；因此，不可能存在包治百病的万灵药。他主张服用单一的物质药剂，促进了西方医学的专科疾病研究，并有助于区分益药和害药。从病理角度看，帕拉塞尔苏斯的思想与我国的中医思想是多么相似呀。从系统科学角度看，帕拉塞尔苏斯的思想相当先进，甚至任何系统（包括人体）发生故障（生病）的原因都可归罪于某种失衡。当然，由于历史的局限性，从现代科学角度看，帕拉塞尔苏斯当年认定的那个具体元素盐是错误的，而且还错得很离谱。运用炼金术蒸馏提纯的原理，帕拉塞尔苏斯还认定疾病的种子（外来物质）进入体内后，分为营养和毒素两个部分，随着双方的此消彼长，决定了人体的健康状况，这是自然化学的过程。他坚信化学方法可制备针对不同疾病的特种药剂，他主张"以毒攻毒"的化学治疗法。

帕拉塞尔苏斯在萨尔茨堡
（Salzburg）的墓

帕拉塞尔苏斯兴趣广泛，才华横溢，他毕生都在与外界进行无畏或无聊的战斗，当然也会受到别人的反击，甚至他的方法、他的主张、他的自负、他的一切都成了大家的笑柄。人们用谎言和诽谤来败坏他，很少有人同情他，好像他孤身一人在与全球作战似的。但是，他仍不知悔改，继续战斗，用刻薄的语言去发起挑战，去诅咒别人。不过，非常奇怪的是，无休止的尖锐舌战，好像并未影响他的科研创意。他的头脑中总会冒出各种奇怪的学说和理论，不少还是自相矛盾的，许多理论甚至让今人也无法容忍。他还有许多其他奇怪的医学思想，在当时和对后世都产生了不小的影响。比如，他指出硅肺，是吸入金属蒸汽所致；甲状腺肿大，与饮水中的金属（尤其是铅）有关；药用植物的外形，与其治疗作用有关等。他还制备过多种含汞、硫、铁、硫酸铜等的药物。他认为，上帝创世是一个化学过程，一切东西都来自最初的物质，其他的东西则是最初物质的生成物；物质会不断循环往复，一直持续到再一次回到原初物质。他还认为，宇宙是一个大宇宙，是以化学方式创造出来的；而人类则是一个小宇宙，根据大小宇宙的对应性，小宇宙也必定以化学的方式起作用等。

在第二次长达10余年的流浪生活中，他不断地对世界吼出真理，可惜没任何人愿意倾听他的呐喊，好像谁都不知道他的知识、价值和才能一样，好像大家都不知道他的启示和力量一样。帕拉塞尔苏斯，始终与贫穷为伴，稀稀拉拉的几个病人，微不足道的诊金，没有实验室，没有图书馆，更没有固定的写作场所，有时连夜晚的住宿都得不到保障。但是，怪事再一次出现了，那就是他竟然是一个特别高产的科学家：他生前出版的著作就有23部，其中1536年出版的《外科大全》使他留名医学史，且经济状况得以暂时好转。他的大部分著作都是在他去世以后才出版的，从1541—1564年这23年中共有42部著作相继问世，而在1565—1575年这10年间，出版的总篇目就达到了103种。近代编纂的其各类著作更有14卷之巨，而且还不断有各种手稿在陆续出版中。这些著作的内容十分广泛，涉及宗教、医学、哲学、伦理学、天文学、冶金学、采矿学、炼金术及占星术等，其中1/3为化学著作。即使是一位衣食无忧、助手成群的科学家，要想创作如此众多的作品，也都算奇迹了。

甚至连帕拉塞尔苏斯的死亡也都非常奇怪。据说，在他历经了10余年的流浪之后，特别是《外科大全》等名著在社会上引起强烈反响后；终于在1541年，萨尔茨堡的大主教厄斯特向这个流浪汉伸出了"橄榄枝"，希望他回到正常社会。这对帕拉塞尔苏斯来说，简直就像久旱逢甘雨，因为这意味着从此以后，他就有良好的经济环境，充足的创作时间，宽敞的实验室，丰富的资料和仪器，以及轻松的心情来做自己想做的事，把过去的若干思想认真记录下来，重新验证过去的许多理论等。但是，仅仅在几个月后，即1541年9月24日，当帕拉塞尔苏斯走进某个小酒店后，他就再也没能活着走出来。他肯定不是自杀，也不是暴病而亡；但谁也不知道，到底为什么、到底是谁残杀了这个伟人！

帕拉塞尔苏斯临终的纪念匾，位于萨尔茨堡

帕拉塞尔苏斯的一生，颠沛流离，饱受争议。这个享年仅仅48岁，与传统和时代格格不入的叛逆者，充分体现了文艺复兴的复杂性，也体现了时代转折点的矛盾。帕拉塞尔苏斯的墓志铭是这样的："他以高超的医术治愈了重伤、麻风、痛风、水肿和其他传染病，并希望把他的财物施舍给穷人。"

这就是史上最难理解的一位科学巨人，这就是伟大科学家帕拉塞尔苏斯的小传。

第三十四回

维萨里亲自操刀，众权威慌忙接招

话说，在海瑞出生那年的最后一天，即公元1514年12月31日，凌晨5点45分，本回主人公安德烈·维萨里，作为长子诞生在了布鲁塞尔的一个"医五代"之家。为啥时间如此精准呢？因为，据说接生婆是一位"半仙"，她仔细考证了生辰八字后，掐指一算预言道："此婴日后将为人热情，动手能力强，头脑发达，口才超群，地位显要，死后将成为知名人物。"我也紧跟着掐指一算，此"半仙"一定是"事后诸葛亮"。

不过，作为一位"医五代"，维萨里的出生时间精准到"分"，并不为过。维萨里的家族来自荷兰"鼬之家"，因为"维萨里"在荷兰语中，就是"鼬"的意思。维萨里家族的故事，还真不少呢。

他高祖父名叫彼得，是当时的一代名医，收藏了众多珍贵医学典籍，还写过不少读书心得和长篇医学评注，其中有些手稿一直传到维萨里手中，成了他学医时的课外资料。

曾祖父名叫约翰，也是一代名医，中年时还任过宫廷大夫，晚年时在鲁汶大学任医学系主任。除了医学，约翰对天文学和数学也颇有研究，而且还特能挣钱，他为家族积蓄的财富之多，以至于传到维萨里这一代时都还盆满钵满。

祖父名叫艾佛拉德，也是宫廷医生，而且在学术方面也很厉害，发表过不少重要医著，以至于维萨里的毕业论文灵感都来自祖父的著作。可惜祖父英年早逝，36岁时就去世了，只留下与玛格丽特·温特斯的非婚生儿子，名叫安德烈。他便是维萨里的老爸。

由于老爸是私生子，所以按当时的规定就不能享受许多公民权力。因此，老爸认定自己不能像祖辈那样入宫廷服务，于是就放弃了家传医学，跟着一位药师当学徒。哪知老爸这位学徒特出色，出师后竟就成了名家，而且又被一位公爵聘为私人药师，后来又服务于该公爵的侄儿查理五世。1519年，查理五世成为神圣罗马帝国皇帝。于是，老爸意外地延续了家族光荣，又进入了宫廷，只不过这次是做药师，而非医生。

维萨里的母亲，名叫伊萨贝拉·克莱伯，是一位大家闺秀。妈妈心地善良，在1553年去世前，特地立下遗嘱：每周为当地的某5个穷孩子布施一个苏（货币单位）。妈妈一直以夫家的"宫廷医生世家"为荣，常给维萨里讲述祖上的骄傲，从而激发了儿子奋发向上的决心。维萨里从小就有强烈的好奇心，童年游泳时就对猪膀胱游泳圈特感兴趣，盯住家长问长问短：为啥膀胱的伸缩性这么好呢，为啥它都胀到透明却还不炸呢？

当维萨里降生时，老爸高兴之余也心事重重。毕竟自己只是一个小药师，而且还戴着"私生子"的帽子，若想恢复家族荣誉，单靠自己这一辈子，可能没希望。于是，他就让儿子与自己共享了同一个名字，也叫安德烈·维萨里，希望家族能在"安德烈·维萨里"这个名字之下重振雄风。儿子15岁预科选专业时，老爸又犯愁了：学医吧，家族传统已断；学药吧，自己都才只是个小药师。幸好儿子本人喜欢绘画，所以，就尊重儿子的个人兴趣，让他进入鲁汶大学修读美术。哪知这个看似毫无用处的美术专业，在后来维萨里的解剖学事业中，却意外起到了关键作用，真是造化弄人呀！不过，这是后话，此处暂且按下不表。

维萨里19岁时，老爸突然受到皇室垂青，进入皇宫成了皇帝的贴身药师，不但撕掉了自己的"私生子"标签，而且还续写了家族光荣。这时，维萨里也突然意识到，原来自己的真正兴趣，还是想继承和发扬家族传统。于是，在次年，20岁的维萨里便转学到巴黎大学就读医学院。哪知第一门医学基础课，解剖学，就让维萨里强烈不满。因为，这门课本该有实验，而教授们却都习惯于照本宣科：要么通篇背诵1 300多年前盖伦的解剖学经典；要么让助手解剖几只动物应付一下；好不容易真正有机会观察尸体时，更是马虎得出奇，甚至只想验证盖伦经典著作的正确性而已。最搞笑的例子是：盖伦说"人的肝脏有五叶"，教授便宣布"人的肝脏有五叶"；而现场的解剖助手明明知道"人的肝脏只有两叶"，但就是不捅破这层窗户纸，学生们也不关心人的肝脏到底有几叶。就这样以讹传讹，好像人的肝脏真的是五叶一样。

既然无法在课堂上学到真正的解剖学知识，甚至不能观看完整的尸体，于是，维萨里就想到了一种替代办法，那就是观看人体骨骼。哪里的人骨最多呢？当然就是墓地，而且，在巴黎刚好有一个特殊墓地，圣婴公墓。它其实就是一个无主公墓，由教会提供土地，让意外举家灭绝的人们，死后有地方安葬。后来，巴黎翻修城墙时，不少尸骨便暴露了出来。就是在这个令人恐怖的"人体骨骼图书馆"里，维萨里忘情地刨骨头、记笔记、想问题、绘草图，简直达到了痴迷程度。没多久，维萨里就精通了人体骨骼系统的解剖学结构，甚至只凭手摸，就能正确识别出人体的任何一块骨头。据说，他凭该本事与同学打赌，还赚了不少零花钱呢。一次，维萨里经过某刑场，赫然看见绞架上挂着一具完整的人体骨骼，那是数日前被绞死的罪犯，尸首腐烂后，又被野鸟吃掉了皮肉和内脏。于是，他决定冒险，在黑夜的掩护下，分若干次偷偷运输，竟然真的将一副完整的人体骨骼搬回了宿舍，从而制作了有文字记载的、史上第一具完整的人体骨骼标本。

凭着其超强的学习热情和领悟力，维萨里的解剖学水平迅速提升。22岁时，医学系进行第二次人体解剖展示。按传统，本该由助手来实施解剖，但是，维萨里却突发奇想，申请由自己来亲自操刀。结果维萨里的表现出人意料，甚至其刀法比解剖学助手还熟练，同学们纷纷称赞，说这次观摩效果极好，看得特别清楚。于是，在随后的人体解剖课上，维萨里就干脆代替了解剖助手。

他23岁时，法国和西班牙交战。作为敌对国家的公民，维萨里当然就不能待在巴黎大学了，只好回到家乡的鲁汶大学继续其学业。幸好他在巴黎大学的学分被认可，所以，他很快就获得了医学本科学位。维萨里

维萨里的故事——半夜盗尸体

在鲁汶大学还干了一件惊天动地的大事，那就是他向校方建议做一次公开人体解剖。哪知校方真的同意了，而且市长亚德里安甚至积极提供了一个死刑犯的尸体。当地已有18年未做过这种演示了，所以消息一传出，全校师生都来围观。只见维萨里刀法娴熟，对组织和器官的展示非常清晰，大家都不由得点头称赞。

为了继续深造，维萨里决定到意大利的帕多瓦大学留学，攻读博士学位。虽然维萨里曾学过绘画，但随着解剖学绘图要求的不断提高，他明显感到需要有专家帮忙了；于是，刚到帕多瓦时，维萨里就有意结识了一个重要朋友，画家卡尔卡。由于维萨里基础扎实，所以，他获博士学位的过程简直就像变戏法：10月入学，仅仅两个月后，就顺利通过了3场考试，博士学位答辩的结果竟然还是"全票通过"，紧接着在12月上旬，就获得了帕多瓦大学的医学博士学位，这时维萨里还未满24岁。有好事者算了一笔账：扣除学校的各种减免和优惠后，维萨里攻博期间的总花销，只有十七个半的达科特金币，相当于免费。

拿到博士学位的第二天，在仅仅做了一个解剖演示之后，维萨里就同时拿到了两份聘书，一份是做帕多瓦大学解剖学教授，另一份是做外科主任。后者的工资虽然略高，但维萨里更喜欢研究解剖学，所以，他毫无悬念地选择了前者。登上讲台后的维萨里，决心改变解剖学教育中的既有弊病，让巴黎大学的失败方法不再延续。首先，

他改变思维方法，教导学生们做研究不要盲从权威，要用自己的眼睛观察事实，得出结论；不要只拘泥于课本，只要有心，哪里都有学习和观察的机会。其次，他改变教学方法，辞掉解剖助手，由自己一边讲课，一边做解剖演示，让学生们有更立体的理解。最后，他鼓励学生自己动手做解剖实验，以获得更好的教学效果，给学生们留下更深刻的印象。维萨里的这些改革措施，深得校方的支持和学生的拥戴；以至于校方主动出面，与当地教会达成协议：解剖学教授每年可得到两具死刑犯尸体，用于课堂教学。

维萨里讲课很有技巧，不但亲自操刀解剖，而且还善于运用类比，让学生既容易理解，也容易记忆。这让他的课程颇具吸引力，教室里总是挤满听众，不仅学生们踊跃听课，城里的医生，甚至普通市民，也都特地跑来旁听。由于实物尸体实在不足，维萨里便首创了一种图形教学法，哪知由于维萨里具有超强的绘图本领，此法竟然获得了意外成功，以至于他随手画出一套人体静脉图时，就能立即获得满堂喝彩。于是，绘制各种解剖图就成了课堂的亮点，这既有助于学生们的消化吸收，又让学生们更容易理解。为了提高效率，维萨里干脆将常用的人体解剖图绘制在三块大板上，并加上必要的文字注解后立在教室里，让学生对比学习，自行临摹。

维萨里的人体解剖教学图大受欢迎，听众们一传十，十传百，甚至其中的第一张图，还被维萨里的父亲作为礼物呈给了罗马皇帝。很快，出版商就发现了商机，于是，正式出版人体解剖图就摆上了议事日程。这时，维萨里的画家朋友卡尔卡就大显神威了。只见他在维萨里的指导下，唰唰唰，就画出了另外三幅人体骨骼系统图。于是，卡尔卡和维萨里各画的三个图板就合并在一起，加上相关文字解说后，于1538年4月正式出版了，这就是维萨里的处女作兼成名作《解剖六板》，书中的绘图不仅高度写实，也非常清晰。此外，《解剖六板》还解决了当时解剖领域的一个大问题，那就是相关名词不统一：词义凌乱，同一器官有多种名称，同一名词也意指多种器官。为避免歧义，维萨里就在插图里，为各器官和结构列出所有同义词；这样一来，当读者在其他地方看到不同名词时，便都能在《解剖六板》里找到对应的解剖结构。

由于维萨里的名气越来越大，各方面的支持也就越来越到位，特别是法官们更愿意向他提供尽可能多的死囚尸体，甚至宣布所有死囚尸体都需经维萨里解剖后才能下葬。有这样的强力支持，维萨里就能进行更多的实际观察，也就发现了过去解剖学经典——盖伦体系的更多错误。

　　1539年冬季，25岁的维萨里在整理了盖伦的一系列错误后，正式在帕多瓦大学公开挑战盖伦的"绝对权威"。他安排了一次比较解剖的演示课，现场摆放了两具尸体：一只猴子和一个人。他分别解剖同样的组织结构，指出人和猴子之间的200多处骨骼差异。例如，猴子脊柱上有一种小突起，人却没有；猴子的下颌骨由两块拼成，而人只有一整块；猴子的胸骨有七节，而人有三节等。但是，凡是人与猴有差异之处，盖伦的结论总与猴子相同。因此，结论很明确：盖伦的解剖学之所以有大量错误，是因为他没有解剖人体。就骨骼领域来说，毫无疑问，盖伦当年解剖的是猴子，然后由猴子推及人体而已。此外，维萨里还发现：除了盖伦之外，古代的其他权威，比如蒙迪诺甚至还有亚里士多德等关于心脏功能和结构的论断都是错误的。实际上，维萨里发现，心脏有四个腔，血管是起源于心脏而不是肝，血液并不流过心房中隔等。一石击起千层浪，一个毛头小子，竟敢如此直接质疑古代圣贤，莫非真想翻天了！许多权威教授大为震惊，强烈谴责维萨里的狂妄；但是，青年学生们却对维萨里大加赞赏，许多学校纷纷邀他前往讲学，重复进行公开的对比解剖实验等。

《人体结构》卷首插图细节

　　受到学生们的鼓舞后，维萨里信心十足，决定按真实解剖所见，撰写一部全新的解剖学著作，书名定为《人体结构》。仅仅两年后，在画家朋友卡尔卡的协助下，到1542年夏季，28岁的维萨里就以其雄厚的解剖学功底基本完成了代表作《人体结构》，然后在1543年正式出版了该书。后来的事实证明，该书无疑是人类的一部史诗级巨著，它总结了当时解剖学的成就，为随后血液循环的发现开辟了道路。全书近700页，含400多幅精美插图，其内容叙述完整而严谨，其页边索引系统尤其先进：每提及一个解剖结构，就会在页边注明哪一页对这个结构有详细解说。这种索引前无古人，后来若干年也无来者。该索引既能帮助读者建立完整的知识构架，也能避免歧义。为了让更多人买得起、读得懂《人体结构》，维萨里又出版了一部《解剖概要》，它节选了《人体结构》中最重要的内容，只列举事实，不讨论细节，但图片依然精美。这样的读物，对普通读者也很有吸引力，所以极为畅销。

　　如今，从纯粹解剖学角度来看，《人体结构》一书，以大量、丰富的解剖实践资料对人体结构进行了精确的描述。书中开创了多个"第一"，比如，首次正确描述了蝶骨，首次正确记述了纵隔和胸膜，首次描述了人工呼吸，首次正确给出了幽门的构造，首次发现了脐静脉以及胎儿在脐静脉和腔静脉之间的管道，首次正确描述了位于颞骨内部的前庭，首次证实了前人关于肺静脉阀门的正确观察，首次描述了网膜及其与脾、胃和结肠之间的联系，首次观察了男性阑尾的尺寸。此外，书中还给出了当时最全面的大脑解剖图等。维萨里指出，解剖学应该研究活的、而不是死的结构，人体的所有器官、骨骼、肌肉、血管和神经都是密切关联的，每一部分都是有活力的组织单位。总之，《人体结构》澄清了盖伦的许多主观臆测，既为科学解剖学树立了里程碑，也开创了一门新学科——"比较解剖学"。

早在正式出版之前，维萨里就预料到《人体结构》定会引起轩然大波，所以，他为此做好了充分准备。例如，为了增加一个"盾牌"，他在书的扉页上醒目地注明"谨以此书献给神圣罗马帝国皇帝查理五世"；为了减少盖伦的支持者的误会，他在序言中真诚地写道："我在这里并非要挑剔盖伦的缺点。相反我肯定了他是一位伟大的解剖学家，他解剖过很多动物。限于条件，就是没有解剖过人体，以致造成很多错误……"此外，他还尽力确保印刷、编排等各方面完美无缺。事实上，该书制作之精美，内容之完善，插图之翔实，使得它一出版就被认定为经典著作，以至于在接下来的两个多世纪里，几乎所有解剖学著作都以它为标准。因此，维萨里也被称为"解剖学之父"。

不过，智者千虑必有一失，维萨里自认为固若金汤的防御体系，仍然没能挡住对手的攻击，甚至让他不知该如何还手。因为，竟然有人拿出《圣经》来发起责难。《圣经》说，男人身上的肋骨应该比女人少一根，因为上帝命令亚当抽去一根肋骨，才变成夏娃；而《人体结构》却宣称，男人和女人的骨头一样多。《圣经》又说，每个人身上都有一块砸不碎的复活骨，复活骨是身体复活的核心；而《人体结构》却忽略了"复活骨"。《人体结构》说"人腿骨是直的，而不是像狗那样是弯的"，而歪嘴"权威"们却强词夺理辩解说："人体结构自盖伦以来有了进化，现在人腿骨之所以是直的，是由于裤子穿得太紧，把腿骨弄直了"等。

迫于《人体结构》一书引发的各方压力，刚好这时国王查理五世又聘请他为御医，所以，维萨里便趁机前往西班牙皇宫，一方面续写了家族的光荣，另一方面也度过了比较安宁的20年，直到去世前才又起风波。

关于维萨里的死，有多种版本。其中，比较流行的说法有两种。其一是说，某次，维萨里为一贵族验尸时，当剖开胸腔后，却发现心脏还在跳动，于是，他便以"用活人做解剖"之罪被判死刑；幸好皇帝出面保护，才免于死罪，改判为"前往耶路撒冷朝圣"，但却归途遇险。其二是说，《人体结构》广泛流传后，对《圣经》造成了众多负面影响，所以，教会便做出裁判，迫使维萨里焚烧自己的手稿，并将他流放到荒岛去"忏悔"！不幸的是，途经亚得里亚海时，维萨里的航船被狂风巨浪吞没了。

不过，无论维萨里死于哪种版本，如下两点都无疑义：1）维萨里的尸骨在哪里，至今也不知；2）维萨里享年仅仅50岁，死于1564年。这一年，文艺复兴时期的雕塑巨匠米开朗琪罗也去世了；不过，却诞生了多位重要人物，比如，"近代科学之父"伽利略、英国剧作家莎士比亚等。特别是像努尔哈赤的同母弟爱新觉罗·舒尔哈齐等清朝创始人，也在这一年诞生；明朝的改朝换代，即将进入议事日程了。

第三十五回

巧媳强做无米饮，韦达简史逻辑推

本回的男主角弗朗索瓦·韦达很奇怪：他的整个人生，就像被以实况视频方式详细录制在一盘高清磁带上一样；只可惜该磁带被烧掉了，仅留下极少数几个片断！换句话说，韦达的履历，除了几个非常清晰的时间节点外，绝大部分都只剩空白了。幸好本书作者是密码学教授，否则，还真不知该如何写本回呢。下面我们将利用密码破译手段，根据仅有的微弱线索，以严密的逻辑推理，来试图恢复韦达的小传；当然，只能是部分小传了。各位读者朋友也来当一次福尔摩斯，与我们一起断案吧。

首先，仅有的4段高清残片如下。

韦达享年63岁，于公元1603年12月13日卒于巴黎家中。你看，多清晰，年月日都准确无误，没半点含糊，就差没精细到时分秒，或死于哪条街的门牌号码了。这一年去世的重要人物还有英国都铎王朝最后一位君主，伊丽莎白一世。

韦达的出生时间虽未能精确到某天，但年份很精准。1540年，他生于法国东部普瓦图的韦特奈，并且终生都居住在法国。与他同一年诞生的世界名人，除了著名物理学家威廉·吉尔伯特之外，还有两个怪人：其一，是继麦哲伦之后，又完成了环球航海的探险家兼著名海盗，弗朗西斯·德雷克；其二，是计算圆周率的骨灰级爱好者荷兰数学家鲁道夫·科伊伦，他一辈子几乎都在干同一件事情，那就是计算圆周率，以至于其墓志铭都是精确到小数点后第35位的 π 值。此外，这一年在中国书画界还有一件大事，那就是明朝著名画家陈淳作苏轼《前赤壁赋》的行书。

韦达的学术成果完成时间，也很准确。1579年，他40岁时的《数学典则》和《应用于三角形的数学定律》；1591年，52岁时的《解析方法入门》；1593年，54岁时的《分析五篇》（实际上是1591年完成的）和《几何补篇》；1600年，去世前3年，即61岁时的《幂的数值解法》；去世后，1615年出版，其实是1591年完成的《论方程的识别与订正》；还有，由后人汇集整理并于1646年出版的《韦达文集》等。当然，这些学术著作的内容也很清晰，但是，它们显然不是本书要重点介绍的东西，除非我们想在此催眠。因为，对数学家来说它们也都晦涩难懂，以至于许多成果在韦达生前都未发表，或在当时的数学界也没得到广泛传播。

韦达的生平时间节点，只有几个干巴巴的精确数字，好像冥冥之中，故意要彰显他是一位数学家一样。你看，1560年，他21岁时从波瓦第尔大学毕业，获法律学位；一年多后，法国内战又再次爆发，于是，他放弃既有的律师职业，当了某贵族的家庭教师；1570年，31岁时迁居巴黎；1573年，34岁时成为布列塔尼地区的政府公务员；

1579年，40岁时返回巴黎在亨利三世的皇宫中当差，并兼亨利亲王的枢密顾问；后来在宫廷争斗中遭排挤，被贬为平民，并在1584—1589年的5年间（即45至50岁之间），被迫休假于布尔纽夫海湾的一个小镇；返回皇宫4个月后，亨利三世被暗杀，然后，韦达为亨利四世服务，并于1590年破译了西班牙的密码，获得500多个密钥字符，这意味着法国手中所有的西班牙密函，都可被轻松破解；1594年，因求解了一道45次方程，而为皇帝挽回了面子；1602年12月，62岁时被宫廷免职；回家后几个月，就于1603年去世了。

好了，有关韦达的所有信息，基本上就这些了，下面有请"福尔摩斯"登场，与我们一起来"破案"吧！

首先，我们做几段头脑体操，就当是破案前的预热吧。不难看出，韦达一生服侍过两位法国皇帝，他们分别是亨利三世和亨利四世。不过，伴君如伴虎的痕迹都很明显，那就是刚开始时，韦达都春风得意，但结局都不太好：前一次，被赶出皇宫，强迫休假五年；后一次，干脆被免职，以致回家后郁郁而终。因此，从主业上说，韦达的一生是失败的，至少说不是成功的；即使是曾经获得过皇帝的嘉奖，那也是因为他的副业偶尔派上了用场而已。但是，从副业上说，韦达的一生又相当成功，绝对是出类拔萃！他的这个副业，就是其业余爱好——数学。韦达在副业上的成功，主要表现在两方面：一是他利用自己的数学成果，在法国对西班牙的战争中，成功破译了敌军密码等，因而立了大功，受到皇家的赏识，甚至被提拔为法国检察官等，但同时也被敌对国家西班牙的宗教裁判所，缺席判处"火刑"，当然是不可能被执行的啦；二是他在代数和三角学等方面的巨大成就，使他成为16世纪法国最杰出的数学家之一，并被尊称为"代数学之父"等。

若对照韦达的成果时间表，不难发现：他的数学成果主要集中在40岁、50岁和60岁这3个时间段。换句话说，他在做地方政府公务员的业余时间，完成了《数学典则》等2部著作。他在被贬的5年期间，无论是从成果的数量还是从成果的质量上来看，都是高产期。特别是他的3部代表作《解析方法入门》《分析五篇》和《几何补篇》，都是在1591年这一年完成或出版的，由于考虑了成果的整理和出版周期，它们显然都应该归功于被流放。看来主业上的失败，对韦达来说，还真是塞翁失马呀。考虑到韦达62岁被"请出"皇宫，那么在他61岁出版生前最后一部著作《幂的数值解法》之前，可能已开始在皇宫中"坐冷板凳"了，而这又一次促成了他在数学上的新辉煌。

好了，预热到此为止。下面"福尔摩斯"就开始分析第一个案子了，那就是：1590年，韦达破译的西班牙密码到底是什么密码，他是如何破译的？

初看起来，这个案子绝对无解，因为，任何信史资料都没相关记录，即使是在韦达的年代，国家密码也属绝密，也只有极少数人知晓，更不用说500年后的我们了。但是，别急，请跟我们慢慢抽丝剥茧，一步步展开分析吧。

首先，密码有两类，一类叫"序列密码"，另一类叫"分组密码"。而前者是第二次世界大战后才出现的，所以，韦达面临的肯定是"分组密码"，即至少是以字母为单位来进行加密或解密运算的，不会

韦达位于丰奈特的房子

再将字母细分为比特或字节串等。书中暗表，这里的所谓"加密"，就是把明白的东西（称为"明文"）变糊涂，当然是让敌方人员糊涂，而友方人员仍然保持清晰；加密后的东西叫"密文"。"解密"，就是把糊涂的东西搞明白；或者说，把"密文"变成"明文"。对友方人员来说，解密应该相对容易，因为，他事先已经知道了某种"解除魔法的咒语"，专业术语叫"密钥"。而"破译"就是由敌方人员来努力把"密文"变成"明文"，这通常会极其困难，因为他不知道"密钥"，所以根本就读不懂"密文"。

其次，分组密码又有两类，一类叫"对称密码"，另一类叫"非对称密码"。而后者是1976年才出现的，所以，韦达面对的一定是"对称密码"。它的最大特点就是，加密难度与解密难度大致相当。注意，"大致相当"这几个字非常关键！因为，当时所谓的"西法战争"，其实是皇亲国戚之间的内讧。具体说来，就是老丈人为国王的西班牙，与女婿为国王的法国之间的战争。于是，决定密码难易程度的核心人物就出现了，她就是法国的皇后兼西班牙的公主。当初成亲时，她肯定不是来夫家当间谍的，更未受过专业密码训练，况且那时还没有任何解密设施，只能依靠手算。所以，开战后，西班牙国王与女儿秘密通信时，其密码绝对不该是最难解密的那种；另一方面，作为法国皇帝的老公，从自己的老婆那里弄到她与敌国父亲之间的通信密文，好像也不难事。至此，双方在密码战场上的总体"兵力"情况，就基本明白了。

再次，从密码的纯技术角度来看，古今中外的所有密码，都只有两块重要基石，一个是"置换密码"，简称置换；另一个是"替换密码"，简称替换。换句话说，所有

密码都是经置换和替换反复迭代的结果。例如，在第二次世界大战期间，由于只有机械装置，所以，相应的迭代也比较机械；现在有了计算机后，特别是有了群环域等现代数学理论后，相应的迭代就复杂多了，以至于根本看不出迭代痕迹。

什么是置换密码呢？它又叫"滚筒密码"，它是世界上有文字记载的最早密码，其采用的加密解密规则是：加密方先将一条羊皮纸带呈螺旋形地、无缝地缠绕在约定直径的圆筒上，然后将情报按正常顺序直接书写在圆筒上，再取下纸带就行了；而友方的解密者，在收到纸带后，只需要仍然将它呈螺旋形地、无缝地缠绕在约定直径的圆筒上，便可直接读出情报原文。但是，对破译方来说，由于他不知圆筒的直径，所以，就总也读不懂密文，即使他将纸带绕在另一个不同直径的圆筒上，也只能看见乱七八糟的文字。

什么是替换密码呢？该密码也有一个非常响亮的名字，叫"恺撒密码"。是的，就是以那位著名的恺撒大帝命名的密码。恺撒密码的加解密其实也很简单：它通过把字母移动一定的位数，来实现加密和解密。明文中的所有字母都在字母表上向后（或向前），

弗朗索瓦·韦达的签名

按照一个固定数目进行偏移后，被替换成密文。这里的"位数"，就是恺撒密码加密和解密的密钥。例如，当偏移量是3的时候，所有的字母A将被替换成D，B变成E，以此类推，X将变成A，Y变成B，Z变成C等。于是，明文句子"A boy"便被加密为"D erb"，这对破译者来说显然是天书，而对合法的解密者来说，他只需要将每个字母换成标准字母表中其前面第3个字母就行了（比如，D变回成A，e变回成b，r变回成o，b变回成y；于是"D erb"就变回成了"A boy"，解密完成）。

好了，下面"福尔摩斯"该对第一桩案件下结论了：如果让法国皇后去操作"置换"和"替换"的某种迭代密码，估计她会疯掉，西班牙的国王父亲肯定舍不得。某位读者若不相信，你自己试一试，哪怕仅仅是最简单的一次迭代，也会让普通人晕头转向。如果去掉迭代，那就是要么使用"置换"，要么使用"替换"。若是前者，那么皇后就得隐藏一根（甚至数根）事先已约定直径的圆筒，这显然很容易"露马脚"。因此，皇后使用的密码，很可能就是恺撒密码，因为，它的解密只需要一支笔，一张纸就行了，而且"密钥"仅是一个记在头脑中的简单数字。另一方面，破译者韦达本身就是证据！别忘了，韦达被称为"代数之父"。而韦达的"代数"，在很大程度上的

含义，就刚好是替代的"代"。换句话说，在当时的年代里，韦达就是最擅长用字母去替代任何东西的人。所以，西班牙的密码，刚好就撞到了韦达的"枪口"上，从而被他轻松地破译了。最后一个证据，是法国获得的"500多个密钥字符"。因为，若皇后用的是置换密码，那么皇后就得隐藏500多根直径不同的圆筒，而且还不能被皇帝老公发现，这当然是不可能的，除非皇宫是木材仓库。怎么样，各位朋友，密码好玩吧！若哪位对密码有进一步的兴趣，欢迎阅读我们的另一本科普书《安全简史》。

好了，第一个案子就算告破了。下面再来处理第二个案子：1594年，韦达求解的那个45次方程，到底是怎么回事？注意，我们不是要复述那个众所周知的故事——荷兰数学家艾德里安·范·罗门写了一本书《理想的数学》，书中介绍了当时全球最杰出的数学家，还列出了许多挑战难题。于是，多事的荷兰驻法国大使，便拿着此书来羞辱法国皇帝，声称书中没有一位法国人，而且还点出了书中的一个45次方的方程式，要挑战法国人，让法国人求出其解。法国皇帝万般无奈，只好请出韦达。只见韦达三下五除二，当场就给出了一个解，且第二天又给出了22个解。"福尔摩斯"要回答的问题是：这个45次方程，到底是如何造出来的，韦达又是如何求解的？

这次咱们就不做脑筋预热，而是直接破案了。

首先，到目前为止，超过5次以上的方程式，肯定都没通解，所以，那位荷兰人构造该45次方程时，只能是逆序构造；换句话说，他事先知道其根后，再来人为构造一个方程式。比如，若事先锁定3个根分别为1、2和3，那么就可构造3次方程式$(x-1)(x-2)(x-3)=0$；但是，若如此直白地写出方程式，傻瓜都能求解；因此，他便可故弄玄虚地将该方程式展开，重新等价地写为$x^3-6x^2-7x-6=0$，于是一道"难题"就造出来了。

其次，根据现代数学理论知道：45次方程，最多只有45个根（含复数根或重根）。所以，韦达能在两天内找到23个根，特别是仅仅第二天就找到了22个根，这本身就旁证了：1）那位荷兰人是逆序构造的方程式；2）韦达也是在"逆序构造"的假定下，来进行方程求解的。

最后，韦达是如何求解该方程的呢？若是别人来求解，本"福尔摩斯"还真不知道答案，但若是韦达来求解，那答案就简直是"秃子头上的虱子"，明摆着的！因为，如今在中学数学课本中，有一个非常有名的数学定理，就叫"韦达定理"；而这个"韦达定理"几乎就是上述逆序构造法的多项式系数展开公式。因此，最终断案的结论就是：韦达求解的办法，就是现在众所周知的"韦达定理"。这次荷兰人又刚好撞到韦达的"枪口"上了，看来韦达的运气还真不错啊。细心的读者又会问啦：为啥韦达只求出了23个解，还余下了45-23=22个解没找到呢？哈哈，这就是现代人的骄傲啦。如今咱们的小学生都能理解负数，但是，在500年前，甚至连韦达这样的顶级数学家，也不理解负数。本"福尔摩斯"手痒，还真的去计算了一下，余下的那22个解还真的都是负数。由此可见，那位荷兰数学家，至少在负数的理解方面，胜过本回主人公。

好了，"福尔摩斯"的断案就结束了，你服吗？算了，管它服不服，下面该轻松一下了。

记性好的读者也许还有印象，关于"代数之父"这顶帽子到底该归谁，我们曾在花拉子密和丢番图之间讨论过，现在又冒出了第3个竞争者。为了公开、公平、公正起见，我们列出相关事实，最后，由读者朋友来做终级决定吧。

数学发展到现在，已经成为拥有100多个分支的"参天大树"了。概括来说，数学中研究数的部分，属于代数学的范畴；研究形的部分，属于几何学范畴；沟通形与数且涉及极限运算的部分，属于分析学的范畴。此外，数学与其他科学互相渗透，还出现了若干边缘和交叉学科。代数学是巴比伦人、希腊人、阿拉伯人、中国人、印度人和西欧人等接力完成的伟大数学分支，它发展到今天，又可分为算术、初等代数、高等代数、数论、抽象代数等5个部分。而丢番图、花拉子密和韦达，都是代数发展过程中不同阶段的开山鼻祖。具体说来，花拉子密所代表的阶段，称为"文辞代数"，今人主要享用他提出的"代数""合并"等术语。此阶段的缺点是：用普通文辞来表达数学，不仅烦琐而且容易歧义，当然，现在已被淘汰。丢番图用音节的首字母缩写来表示数，开创了"缩写代数"阶段，至今，在日常生活中还常见这种缩写。例如，m表示米，km表示千米，P表示停车场等。韦达也是用字母表示数，但他引领的阶段称为"符号代数"阶段。他与丢番图虽都用字母表示数，但却存在本质区别：韦达的字母，表示的是一类数，而丢番图的字母则只表示一个数，只是简单的替代而已。

由于丢番图的每个字母，都有潜在的特定意思，所以，其每个方程都具独自的特点，因此，就只能特事特办，即一种方程就需要一个特殊的解法。换句话说，那就是"一题一法"，这无疑会消耗过多的精力。而韦达的高明之处在于，他的字母已不具任何实际意思，只是一个符号而已，已滤去了数学关系的实际情境，只关注数量中的共性，谋求一类问题的统一解法，从而将人类的认识和推理提高到更高的理性水平，呈现了代数的本质。总之，丢番图方法的本质是替代，而韦达方法的本质是抽象，是数学思想的进化。

　　归纳而言，丢番图、花拉子密和韦达，共同完成了字母表示数的过程，这当然不只是字母替代文字的过程，而是具体数量符号化的过程。从此，字母不仅可表示未知数，还可以表示已知数；字母不仅可表示特定的意义，还可表示变化的一类数量；人们不仅可在缩写水平上运用字母，还可在符号水平上运用字母等。

第三十六回

科学实验测真理，绝对真理好卑鄙

书接前面第三十二回，话说，哥白尼前往地球点化那"泼妇"后，于1543年5月24日去世后却没有按时回天堂，这是咋回事儿呢？书中暗表，读过第三十二回的朋友，也许还记得，一直等到公元2010年5月22日，哥白尼的遗骨才重新下葬，这时才顺利返回天堂。

花开两朵，各表一枝。说书至此，咱还得先交代一下这"泼妇"的近况。其实，这"泼妇"现在仍是"钉子户"，她从亚里士多德和托勒密的阶段性科学成果中断章取义后，竟在地球上"私搭乱建"了一个所谓的"上帝宫"，并从此声称"既然上帝的龙椅不能动，那地球就不能动，其他星球就必须围绕地球转。老娘说的就是绝对真理，哼！"果然，布鲁诺刚想拆除这"违章建筑"，就被她活活烧死；哥白尼的著作，也被列为禁书。反正，无论是谁，只要敢动这"违章建筑"，那"泼妇"就"见神杀神，遇佛灭佛"，大有"一夫当关，万夫莫开"之势。

转眼间几十年就过去了，1564年2月15日，另一位挑战权威的科学家伽利略在意大利比萨城出生了。

各位朋友，在继续介绍伽利略生平之前，我们真的忍不住，想首先为伽利略悟出的妙招点一个大大的赞！它稳准狠地打中了那"泼妇"的"七寸"，甚至被伽利略这一击后，那婆娘虽进行过疯狂反扑，但从此以后"泼妇"就一蹶不振，并最终演变成了人间笑话。那妙招就是，一切推理，都必须从观察与实验中得来。这里的关键词有两个，一是"观察"，二是"实验"。

那么，如何观察呢？当然要用眼睛！如何增强眼睛的观察能力呢？高倍望远镜当然是办法之一！于是，在听说某眼镜工发明了望远镜后，1609年7月，伽利略竟然也独自做出了一架望远镜。起初的放大率为3倍，后来又提高到9倍，再后来到1610年初，放大率就已提高到了不可思议的33倍！于是，他用望远镜对着天空一看，妈呀，真是眼界大开啦！你看，月亮表面竟然也高低不平，既有高山，又有深谷，还有火山裂痕呢；银河系原来是由无数小星星汇集而成的呢；月光原来是太阳光的反射呢；水星原来有4颗卫星呢；土星原来有多变的椭圆外形呢！于是，天文学研究的一个新领域便被望远镜给开辟了出来。伽利略乘胜追击，于当年3月就出版了专著《星空信使》，瞬间震撼整个欧洲。随后伽利略又发现太阳里面竟有黑斑，且它们的位置还在不断变化。因此推知，太阳本身也在自转，且自转周期为28天（实际上是27.35天）；金星的盈亏与大小也在变化，因此地球在自转，"地心说"站不住脚了。通过更进一步的观察，伽利略终于以无可辩驳的事实，证明了地球在围绕太阳转，而太阳只不过是一颗普通恒星而已，从而证明了哥白尼学说的正确性。那"泼妇"当然不会承认伽利略的发现，甚至根本不愿意看一眼望远镜。由此可见，这"绝对真理"已不只是无知了，简直就是无耻。不过，没关系，伽利略便邀请威尼斯参议员等各界人士，广泛观察望远镜，把事实真相告诉全世界。恨得那"泼妇"咬牙切齿，但却只能干瞪眼，因为，她总不能临时宣布"看望远镜犯法"吧！

伽利略对观察的重视，还体现在他研制了众多观察设备方面，包括温度计、比例规、流体静力秤、摆式脉搏计等。此外，通过对闪电的观察，他认定光速也是有限的，并设计了测量光速的掩灯方案。此方案本身虽未成功，但其原理却被后人的各种光速测量仪广泛借鉴。

那么，如何实验呢？当然没千篇一律的实验方法，但是，任何推理，只要与实验结果相矛盾，那就得重新考虑；任何科学成果，特别是社会科学成果，更应该接受实践的检验，更不该出现不准质疑的"绝对真理"。但在伽利略之前，科学作为哲学的分支，科学家们的思想都被束缚在神学和亚里士多德臆测的教条里。大家只注重苦思巧辩，并不在乎客观规律，这就给"泼妇"打造"绝对真理"提供了可乘之机。伽利略则大胆挑战传统，反对盲从，在做科研时绝不提前带有任何偏见，而是首先观察自然现象，由此发现相关规律。基于这种新的科学思想，伽利略进一步倡导"数学与实验相结合"，由此不但取得了众多伟大成就，也为人类贡献了新的科研方法，因此，他也被称为"现代科学之父""近代实验科学的奠基人""经典力学的鼻祖""近代力学之父"等。

一旦实验结果得到充分尊重，神学宇宙观就会自然被摒弃。因为，世界是一个有序的、服从简单规律的整体，只要进行系统的实验，展开充分的定量观测，就可能找出精确的数量关系。伽利略甚至认为"世界就是一本以数学语言写成的书"。哈哈，从表面上看，伽利略的"数学与实验相结合"方法，好像并未触碰"泼妇"的"绝对真理"，但实际上，却从根基上击中了"泼妇"的要害。因为，可重复的实验结果，让全人类都看清了世界的本质，若那"泼妇"再想死不认账时，那她就不但无知，更是无耻了。

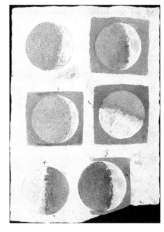

伽利略（1616年）绘制
的月球相位图

比如，亚里士多德认为"任何运动着的事物都必有推动者"，但伽利略却通过实验发现：物体若在无阻力的水平面上滑动，则将保持原速永远滑动，此时并不需要"推动者"。于是，他首次提出了惯性概念，并把外力和"引起加速或减速的外部原因"联系了起来；再结合匀加速运动实验，他又提出了加速度概念，以及在重力作用下物体做匀加速运动的规律。这不但推翻了亚里士多德学派的旧观念，还为牛顿力学的建立奠定了基础。他又进一步以"匀速直线运动的船舱中物体运动规律不变"的著名论述，首次提出了惯性参考系概念；该概念被爱因斯坦称为"伽利略相对性原理"，它是狭义相对论的先导。

亚里士多德物质观的核心是"天尊地卑"，认为天体和地球物质的本性相差悬殊，不存在真空等。但伽利略却通过流体静力学实验得知：所有物体都是重物，没有绝对的轻物；天体和地球以及地上万物，在物质结构上是统一的；真空也可能存在，而且只有在真空中，才能研究物体运动的真正性质等。此外，伽利略还指出，凭肉眼就能直接看到超新星的爆发及其变暗和消失的过程，因此，"天尊地卑"的说法不攻自破。他通过自由落体实验，否定了亚里士多德"重物比轻物下落快"的结论，并进一步指出：如忽略空气阻力，重量不同的物体在下落时，将同时落地，即物体下落的速度与其重量无关。其实，伽利略的物质观，甚至对现代哲学也具重要意义，因为，他认为物质是客观的、多样的，宇宙是无限的等。

伽利略将"数学与实验相结合"的研究方法，总结为3个步骤：首先，提取出从现象中获得的直观认识，用最简单的数学形式表示出来，以建立量的概念；再由此式，用数学方法导出另一个易于实验证实的数量关系；最后，通过实验来证实这种数量关系。

如果仔细分析，不难发现，伽利略的几乎所有科学成果，都是严格按照上述3个步骤来完成的。所以呀，伙计，今后你若想成为科学家，那就请务必随时有意识地掌握和运用伽利略的"数学与实验相结合"的科研方法吧。虽然伽利略始终相信"你无法教会别人任何东西，你只能帮助别人发现一些东西"，但是，本回甚至本书中最能"帮助你发现一些东西"的东西之一，可能就要算伽利略的上述科研方法了。

嗨，说书人就是嘴快，你看，伽利略才刚出生，咱就迫不及待跑到时间前面了。罢，罢，罢，下面再回过头来，赶紧补述伽利略的成长过程吧。

伽利略的全名叫"伽利略·伽利雷"，出生于一个破落的贵族之家，祖父曾是佛罗伦萨的名医，但到父亲一辈时，就只是温饱之家了。老爸虽是才华横溢的作曲家，不但出版过音乐作品，而且数学也不错，还精通希腊文和拉丁文等，但却始终"命里缺财"，以至在长子伽利略出生后不久，就不得不开了一间小商店，以此维持全家生计。不过，老爸对长子寄予厚望，因为他发现儿子非常聪明，心灵手巧，好奇心特强，爱好也相当广泛，不是绘画，就是弹琴，还时常给弟妹们制作灵巧的玩具等。

伽利略就读的中学是一个修道院学校，他在那里学到了不少哲学和宗教知识，甚至有意"长大后要当一个献身教会的传教士"。后来，他在老爸的劝说下，才于17岁那年进入了比萨大学，并遵父命，勉强学医。由于对医学没兴趣，所以他很少上课，反而孜孜不倦地自学数学、物理等自然科学。一个偶然的机会，伽利略旁听了宫廷数学家玛窦的讲课，顿时就被征服了。老师渊博的学识，严密的逻辑，特别是美妙的数学求证方法，让伽利略深深着迷。他眼睛亮了，仿佛发现了一个新奇世界，哦，原来这就是他冥冥之中，梦寐以求的数学王国！正是在玛窦的引导和鼓励下，伽利略下定决心，放弃医学，开始了寻求科学真理之路。伽利略虽然喜欢读书，但他却坚信"真理不在蒙满灰尘的权威著作中，而是在宇宙、自然界这部伟大的无字书中"，所以，他既不迷信书本，也敢于挑战权威，对别人熟视无睹的事物也常常会让他陷入深思。比如，20岁那年，伽利略在比萨大教堂看见工人装吊灯，突然，他意识到吊灯像钟摆一样晃动，并在空中划出圆弧。更奇妙的是，不管是刚开始吊灯摆得很厉害的时候，还是渐渐地吊灯慢了下来的时候，吊灯每摆动一次所用的时间总是一样的！于是，伽利略赶紧回家重复实验，终于发现了摆的运动规律：决定摆动周期的是绳子的长度，但与末端的物体重量无关；而且，相同长度的摆绳，振动的周期也是一样的。由此，他发明了脉搏计，也为后人的振动理论和机械计时器奠定了基础。

伽利略还坚信"追求科学，需要特殊的勇敢，思考是人类最大的快乐"，所以，无论在什么情况下，他都始终保持着极大的科研热情。比如，21岁时，因为太穷，伽利略不得不辍学回家，一边替父亲经营小店铺，一边给别人当家庭教师，更一边勤奋科研。经过一年的努力，在阿基米德皇冠实验的启发下，他还真的在22岁时发明了一种浮力天平，可以很方便地测定各种合金的比重。这项成就引起了学术界的广泛注意，甚至被那时的人们称为"当代阿基米德"。23岁时，他完成了《关于几种固体重心计算法》的论文，其中包括若干静力学新定理，由此获得了著名数学家克拉维乌斯教授的高度赞扬。24岁时，伽利略在佛罗伦萨研究院，做了一场《关于但丁〈神曲〉中炼狱图形构想》的学术演讲，其文学与数学才华大受听众追捧。终于，在1589年夏天，在25岁时，伽利略这位既无学位又无背景，只在杂货铺待过4年的普通青年，竟被比萨大学破格聘为教授。他在比萨大学度过了3年，并在26岁时发现了摆线。

1592年，28岁的伽利略前往帕多瓦大学，担任数学、科学和天文学教授，从此迎来了他一生中长达18年的黄金时代。可惜他父亲没能看到这一天，因为，他老人家早在一年前，即1591年，就去世了。在此黄金时期，伽利略深入而系统地研究了静力学、水力学、落体运动、抛射体运动和土木建筑等，发现了惯性原理，研制了温度计和望远镜等。特别是，34岁时，他读到了开普勒的《神秘宇宙》一书，开始相信"日心说"，承认地球既有公转也有自转。41岁时，由于天空出现超新星，亮光持续18个月之久，他便趁机做了几次著名的科普演讲，听众逐次增多，最后竟达千余人。如此成功的科学家，为什么醉心于科普呢？因为，伽利略始终认为"科学不是一个人的事业"。最后，在1609年7月，他因发明望远镜而使其科研事业达到顶峰。前文已述，此处不再重复了。

其实，伽利略从未反对过宗教，他不仅小时候曾有献身宗教的理想，而且终生也都是虔诚的天主教信徒；他只是不赞成对某些教义的过度解读，比如，《圣经》中压根就不含所谓的"地心说"。因此，当1610年春，47岁的伽利略，在刚刚出任宫廷首席数学家和哲学家之后，便立即开始了长达20余年的调解工作，试图以铁的事实说服教廷放弃"地心说"等陈旧东西，至少希望"宗教不要干预科学"。为此，他曾至少5次主动前往罗马，向相关神职人员摆事实，讲道理。

第一次是1610年，他友好访问了罗马，主动向教皇等释放善意。

第二次是1611年，他去罗马现场表演望远镜，并接受林嗣科学院授予的"院士"头衔。这次行程相当成功，宗教、政治与学术界，都认可了他的天文学发现，只是教会不同意他的解释而已，甚至教皇保罗五世等还热情接待了他。只可惜，同年，伽利略又取得了让教会不高兴的科研成果，因为，他观察到了太阳黑子及运动，发现了太阳的自转；1612年出版了《水中浮体对话集》；1613年又发表了3篇讨论太阳黑子问题的论文。

第三次是1615年。这次情况开始不妙了，由于伽利略的成果不断传播，越来越多的民众，逐渐看清了真相，因此，教会准备发飙了。于是，伽利略赶紧前往罗马，力挽残局，并企求教廷一方面不因自己坚持哥白尼的观点而处罚自己，另一方面不公开压制他继续宣传哥白尼学说。教廷虽然默认了前一要求，但却拒绝了后者。于是，教皇在1616年下达了臭名昭著的"1616年禁令"，禁止伽利略以任何形式宣传哥白尼学说。

第四次是1624年。由于新任教皇乌尔邦八世是伽利略的故友，所以，他这次前往罗马的目的是攻关，希望故友能同情并理解他的意愿，以维护新兴科学的生机。可惜，虽然先后谒见了6次，但却毫无效果。新教皇仍咬定"1616年禁令"，只允许他写一部"同时介绍日心说和地心说"的书，但对这两种学说的态度，不得有所偏倚，而且都要写成数学假设性的。于是，此后6年间，伽利略"按教皇旨意"，巧妙写成了《关于托勒密和哥白尼两大世界体系对话》（简称《对话》）。

意大利乌菲兹美术馆的
伽利略雕像

第五次是1630年。这次到罗马，伽利略是为《对话》一书争取"出版许可证"。终于，在1632年，《对话》出版了。此书看似中立，实际上是在为哥白尼辩护，并多处对"泼妇"冷嘲热讽，且远远超出了"数学假设"的范围。全书笔调诙谐，甚至在意大利文学史上都被列为名著。

终于，教廷被激怒了，在《对话》出版仅仅半年后，此书便被勒令下架，并认定伽利略公然违背了"1616年禁令"，问题严重，亟待审查。可怜的伽利略，在年近七旬而又体弱多病的情况下，迎着刺骨的寒风，被押解到罗马。在严刑逼供3次后，不容申辩，教廷就在1633年6月22日判伽利略为终身监禁，并要焚绝毁《对话》，禁止出版或重印伽利略的任何著作，还强迫他在"悔过书"上签字。

伽利略既是一位勤奋的科学家，又是虔诚的天主教徒，他深信科学家的任务是探索自然规律，而教会的职能是管理人们的灵魂，不应互相侵犯。面对不公平的裁判，他仍未放弃自己的科研，因为，他的座右铭就是"生命犹如铁砧，愈被敲打，愈能发出火花。"所以，即使在被监禁期间，即使被要求上交每天的写作材料接受审查，伽利略仍继续研究"无争议的物理学问题"，甚至以对话体裁和朴素的文笔，将他的科研成果写成了新书《关于两门新科学的对话与数学证明对话集》。虽然这部书早在1636年就已完成，但由于教会禁止出版伽利略的任何著作，所以，他只好托友人秘密携出国境，于1638年在荷兰出版。

1637年，74岁的伽利略双目失明；次年，教会才允许他住进儿子家。76岁时，伽利略获准招收了最后一名学生，并允许该生适当照料老师。78岁时，教会终于允许伽利略雇用一名保姆来照顾生活。总之，无论外部环境多么恶劣，伽利略这位双目失明的老科学家，始终都未停止过科研活动，比如，如何设计挂摆钟呀，矿井下的大气压是多少呀，碰撞理论的新进展呀，如何研究月球的周日和周月呀等。

公元1642年1月8日，伟大的科学家伽利略不幸病逝了，享年79岁，其葬仪草率简陋。不过这一年，彻底镇住那"泼妇"的人物终于诞生了，他就是牛顿！这时，朱家的明王朝也马上就要"气绝"了，准确地说，两年后的1644年，崇祯皇帝上吊了。

300多年后，1979年11月10日，罗马教皇不得不公开承认：1633年对伽利略的宣判是不公正的。为了纪念伽利略发明望远镜400周年，联合国将2009年定为"国际天文年"；为了纪念伽利略的功绩，人们把木卫1、木卫2、木卫3和木卫4命名为"伽利略卫星"；并将挂摆时钟称为"伽利略钟"。

第三十七回

开普勒心比天高，早产儿命如纸薄

从前，有条小精虫，名叫约翰尼斯·开普勒，别看他小得微不足道，甚至连肉眼都瞧不见，但却立下了惊天大愿：要为宇宙立法，为天体运行制定规则，要改变人类的世界观等！话音未落，众精虫就哄堂大笑了起来。"小子呢，你先跑过我们，与卵子结合后再吹牛吧"，腰圆膀粗的精虫大哥一脸不屑地警告道。开普勒心想：一帮书呆子，若按条条框框出牌，我当然赢不了你们，但是，走着瞧吧！果然，当裁判刚举起发令枪，还未扣动板机时，说时迟那时快，只见开普勒"嗖"的一声，就如离弦利箭，蹿出了起跑线。待大家还未反应过来时，他已妥妥地成了那个唯一的胜利者。

初次竞争独获全胜后，开普勒不敢有半点怠慢，赶紧在子宫着床，形成胎盘；并从单细胞迅速分裂增殖，变为多细胞，进而发育成组织，系统，器官，个体。简短地说，经过区区28周，小宝宝就几乎成型。本来他还该在"命运之神"的精心呵护下，再经过3个月的成长，最后才十月分娩。可哪知，这小子又故伎重演，在怀胎仅7月时，就趁"命运之神"稍不留意时，"哧溜"一下，便投入了人间。气得那"命运之神"直摇头，恨不能再把他拽回娘胎中。从此，开普勒便与"命运之神"结下了"梁子"，并在随后的一生中，为此付出沉重的代价。那是后话，此处暂且不表。德国的接生婆一翻日历，哦，原来是公元1571年12月27日，时年伽利略刚刚7岁。

约翰尼斯·开普勒肖像

"命运之神"的报复，来得还真快。首先，它让开普勒诞生在了一个赤贫之家，从小就营养不良，体弱多病，长得又瘦又矮；4岁时更染上了天花，险些丧命，并在脸上留下了疤痕；跟着，又患猩红热，高烧持续不退，导致眼睛被烧坏，变得高度近视，两手也因后遗症而半残，写字做事都极不方便。反正，开普勒不但身体受到了全面摧残，且因家里太穷，幼年时就不得不在小酒馆里当童工；父亲多次无故离家出走，导致母亲脾气极坏。到了入学年龄后，在开普勒的再三央求下，12岁时，父亲才勉强送他到修道院学习。幸好开普勒天资聪颖，很快就获得了奖学金，从而顺利进入了德语写作学校，后来又转入拉丁语学校。

尽管童年充满痛苦和忧虑，但开普勒智力过人，再加勤奋努力，所以学习成绩一直很优异。在各种奖学金的资助下，1587年，年仅16岁的他就进入杜宾根大学攻读神学、哲学和数学，后来又转向天文学；并且像变戏法一样，仅在一年后，就于1588年9月25日获得了文学学士学位。大学期间，发生了两件重要事情。一件是，他父亲最后一次离家出走，据说这次是作为雇佣军，外出作战，死在了回家的路上。从此，家中经济更加恶化，还未成年的开普勒就得承担起养家糊口的重任。另一件是，他遇到了杜宾根大学的天文学教授麦斯特林。此教授在公开课堂中严格按照官方要求讲授"地心说"，但却在暗地里，对最亲近的学生宣传"日心说"，致使开普勒很快就成了"日心说"的拥护者。开普勒受麦教授的影响之深，可从其回忆录中看出，他说："在麦教授指导下，当我开始研究天文学时，就看到了旧宇宙论的许多错误。我非常喜欢教授常提到的哥白尼，在与同学们辩论时我总是坚持他的观点。"

大学毕业后，开普勒又于1589年幸运地获得了另一笔奖学金，从而开始了其硕士学位课程，并于3年后的1591年8月11日，通过了杜宾根大学文学硕士学位考试。为生活所迫，这时他想当一名牧师，所以又留校继续学习神学。由于开普勒能言善辩，喜欢在各种集会上发表独立意见，因此引起了教会的警惕，认为开普勒不够教士的虔诚，甚至是个危险分子，当然就不可能在毕业后被允许当牧师了。于是，就在1594年，他的神学课程仅有一年就要读完之时，刚好有一个中学教师的空缺，教会就一石两鸟，极力推荐了他。因此，开普勒就成了一名中学教师，主讲数学、天文学等。

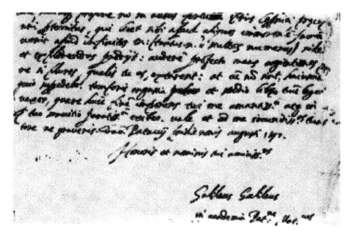

伽利略写给开普勒的信

在中学里，开普勒一边教书，一边忘我地从事天文学研究，并于1596年完成了处女作《宇宙的神秘》。此书明确主张哥白尼体系，同时也承袭了毕达哥拉斯和柏拉图的神秘主义理论，比如，试图用数来解释宇宙的构造等，甚至在序言还明说："我企图证明上帝在创造宇宙并且调节宇宙次序时，看到了从毕达哥拉斯和柏拉图时代起就为人类所熟知的五种正多面体，上帝按照这些形体安排了天体的数目、比例和运动关系。"如今，从科学角度来看，此书当然相当荒唐，但它却对开普勒的人生轨迹产生了两个重大影响：首先，促使开普勒继续寻找正确的宇宙构造理论；其次，引来了他人生中的贵人，丹麦著名天文学家第谷·布拉赫。第谷虽不同意书中的"日心说"，但却十分佩服开普勒的数学知识和创造天才。

果然，4年后的1600年，第谷就正式邀请开普勒到布拉格天文台工作，并作为自己的助手。当时的第谷，可不是一般的科学家哟！他是望远镜发明以前的最后一位伟大的天文学家，也是世界上前所未有的最仔细、最准确的观察家。他时任神圣罗马帝国的皇室数学家，并随皇帝鲁道夫二世住在布拉格。他甚至还提出了一种新的，既非"地心说"，也非"日心说"的宇宙理论。第谷还对天体方位进行了几十年的观测，积累了大量的精确资料。后来的事实证明：开普勒在天文学上的伟大发现，就得益于对这些资料的归纳和分析。

一位年仅29岁的普通中学教师，竟然能被当时最伟大的皇家天文学家邀请，这无异于天上掉馅饼！可是，"命运之神"又跟开普勒开了一个玩笑：这位助手刚刚兴高采烈搬来行李，还没来得及大展拳脚时，就在次年的1601年10月24日，眼睁睁看着自己的伯乐第谷教授撒手人寰。甚至伯乐都没能看见助手的新著《天文学更可靠的基础》。开普勒在新书中不同意星体决定命运的观点，对占星术持怀疑态度，认为，"若星相家有时讲对了，那应归功于运气。"更具讽刺意味的是，仍然为生计所迫，开普勒在第谷去世后继续担任鲁道夫二世的御用数学家，其主要任务竟然就是替皇帝占星算命，甚至这也是他终身从事的主业，以至于在他的遗稿中，还保存着800多张占星图；而天文学研究，反而仅仅是他的副业而已。为了感谢第谷的知遇之恩，开普勒花费了大量的时间和精力对第谷的

开普勒《新天文学》的扉页

遗著进行了全面认真的整理，并于1602年出版了第谷的《新天文学》六卷，1603年又印行了第谷的《释彗星》。书中暗表，别以为宫廷数学家是美差，关键得看皇帝是谁。开普勒服侍的这位皇帝，可是天下第一抠门的黑心"包工头"皇帝，他不但拼命克扣"民工"的工资，据说开普勒的薪金不足第谷的一半，而且还常常欠薪，以致后来开普勒就死于讨薪路上。这是后话，此处暂且不表。

前面交代过，命运已将开普勒捉弄成了一位半盲人，但是，在观察星空时，这双"瞎眼"却赛过任何鹰眼。他经过十几个月的持续观测，竟然在1604年9月30日，在巨蛇星座附近发现了一颗新星，现知它是银河系内的一颗超新星。该观测结果，开普勒于36岁那年在专著《巨蛇座底部的新星》中发表，从而打破了星座无变化的传统说法。这一年，他还看到了一颗大彗星，即后来的哈雷彗星。

在宇宙的结构理论方面，当时唯一的官方理论是"地心说"；而以伽利略等为代表的杰出科学家们，却坚信"日心说"；此外，第谷还提出了第3种折中学说，试图既不否认"地心说"，又承认其他星球都围绕太阳运转。但是，所有这3种学说都有一个共同特点，那就是都认为行星（当时不含地球），是在做匀速圆周运动。这显然是毕达哥拉斯思想的潜意识影响，认为宇宙是完美的，行星的轨迹也该是完美的，而只有圆才是完美的，所以，当然也就假定行星轨迹是完美的圆周。开普勒其实也笃信毕达哥拉斯，甚至他的处女作《宇宙的神秘》，就是典型的毕达哥拉斯"完美数"思想的结晶。他一直

开普勒雕像

相信：规律越简单、越具数学美的东西，就愈接近自然。但是，开普勒更相信观察数据，尤其相信第谷遗留下来的海量观察数据，而且他做事还特别认真，不容半点误差。由于第谷的火星数据最丰富，所以，开普勒就以火星为研究对象，先假定"地心说"，即假定火星围绕地球做匀速圆周运动，却发现观察数据与理论模型的计算结果不吻合；他再假定"日心说"，即假定火星围绕太阳做匀速圆周运动，也发现理论和观察结果不吻合；最后，他假定第谷的学说，比对下来的结果，仍然矛盾。由此，开普勒坚信，当时的所有3种学说，其实都不正确！

那么，行星们到底是如何运动的呢？这时，开普勒冒险打破常规了！于是，他仍然咬住火星不放，跳出火星作匀速圆周运动的框框，试图用各种运行轨迹，去拟合第谷的观察数据，以攻破这个难题。开普勒不断地试啊试，1年过去了，他被难题打得大败；2年过去了，难题仍然没让他获胜；3年过去了，他想"和棋"，结果难题不让。别忘了，命运已把开普勒的双手捉弄成了半残，而且抠门皇帝肯定也舍不得替他请助手，因为，这与占星无关；所以啊，伙计，你可以想象，开普勒得需要多大的决心和毅力，才能完成如此浩大的工程啊！终于，到了第4年，38岁的开普勒发现：椭圆形的火星轨迹，完全符合理论和观察数据！于是，"开普勒第一定律"就诞生了，即火星沿椭圆轨道绕太阳运行，且太阳位于椭圆的两个焦点之一。从而"日心说"被向前大大推进了一步，从此以后，行星沿椭圆轨迹运动便成了共识。

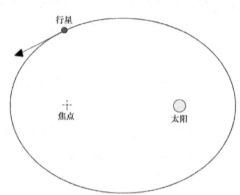

开普勒第一定律，也称椭圆定律：每一个行星都沿各自的椭圆轨道环绕太阳，而太阳则处在椭圆的一个焦点中

接着，开普勒又发现，火星运行的速度并不均匀，准确地说：当它离太阳较近时，运行较快；反之，离太阳较远时，运行较慢；但从任何一点开始，太阳中心到行星中心的连线，即向径，在相同时间所扫过的面积却是相同的。于是，"开普勒第二定律"，又称"面积定律"就诞生了。开普勒的这两条重

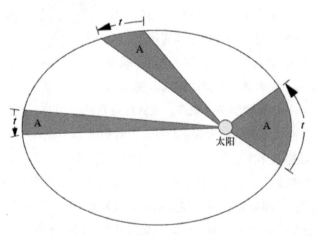

开普勒第二定律，也称面积定律：在相等时间内，太阳和运动着的行星的连线所扫过的面积都是相等的。这一定律实际揭示了行星绕太阳公转的角动量守恒

要定律，于1609年发布在专著《新天文学》中。该书还指出：这两个定律同样适用于其他行星和月球。书中暗表，这两定律当然也适用于地球，地球人都知道，教会更知道。可是，聪明的开普勒，在书中压根就没提及地球是否在动。所以，就算教会想对开普勒发飙，但也找不到借口，最后只好禁止其著作出版，并自欺欺人地以为"杀尽天下报晓的雄鸡后，太阳就不会出来了"。

40岁时，开普勒服侍的那位既抠门又欠薪的皇帝鲁道夫，"跑路"了，实际上是被其弟赶下了台。虽然新皇帝同意留任开普勒，可他却更愿意对故主尽"愚忠"，不忍与"欠薪老板"分离。直到1612年鲁道夫去世后，开普勒才又去当了一名数学教师，后来转做地图编制工作。不过，无论在什么情况下，开普勒都始终未放弃过天文学研究，他甚至把一切不幸，都化作推动自己前进的动力，他坚信"失败，只是新幻想的起步"。凭着对客观规律的执着追求和坚忍不拔的献身精神，他继续探索行星轨道之间的几何关系，经过长期繁杂的计算和无数次失败，他最后创立了"行星运动的第三定律"，又称"谐和定律"，即行星绕太阳公转周期的平方，与其椭圆轨道半长轴的立方成正比。该结果于开普勒48岁那年，发表在专著《宇宙谐和论》中。

至此，开普勒完全实现了自己的惊天大愿：为宇宙立法，为天体运行制定规则，改变人类的世界观！实际上，开普勒的三大"行星运行定律"，对行星围绕太阳运动，给出了一个基本完整、正确的描述，解决了天文学的一个核心问题，该问题曾使哥白尼、伽利略等天才都感到迷惑不解。关于行星按开普勒定律运行的原因，虽然要等到100多年后的17世纪，才最终由牛顿彻底搞清；但是，牛顿却坦言："若说我比别人看得更远些的话，那是因为我站在巨人的肩膀上。"而开普勒，无疑就是牛顿所指的巨人之一。

其实在天文学方面，开普勒的成果，还远不止上述内容。例如，1618—1621年，他还发表了《哥白尼天文学概要》，详细讨论了日月食，甚至记录了1567年的一次日冕现象。不久他又出版了《彗星论》，认为彗尾背对太阳的原因，是阳光排斥了彗头物质；这实际上就提前250年，预言了辐射压力的存在。就在去世前3年，他还以那位欠薪皇帝之名出版了重要著作《鲁道夫星表》，这也是他当时最受钦佩的功绩，因为，由该表可知各行星的精确位置，从而大受天文学家和航海家的欢迎。直到18世纪中叶，该表仍被视为天文学上的标准星表。1629年，他出版了《1631年的稀奇天象》一书，准确预报了1631年11月7日的水星凌日现象。

其实开普勒的科学成就，不仅限于天文学，他也是近代光学的奠基者。他于1611

年发表了《折光学》，最早提出了光线和光束的表示法，阐述了近代望远镜理论。1613年，他改进了伽利略望远镜，制成了至今称为"开普勒望远镜"的更强大的天文观察设备。开普勒自己的视觉虽然很差，但他却揭示了人类视觉的奥秘，认为人之所以能看见物体，是因为物体所发出的光，通过眼睛的水晶体投射在了视网膜上。他还阐明了近视和远视的成因。开普勒还发现大气折射的近似定律，最先认为大气有重量；并说明了月全食时，月亮之所以会呈红色，是由于部分阳光被大气折射后，投射到月亮上所致。此外，他首先把潮汐同月球活动联系起来，最早宣布地球以外的行星也是物质的和不完美的。

细心的读者急着要问啦，你不是说"命运之神"要报复开普勒吗，咋还没看见出招呢？唉，不是"没出招"，而是出招太多，一直没断过，以至招数多得眼花缭乱，都让咱不忍心逐一细说了。

比如，他的个人生活，简直惨不忍睹。虽然依靠奖学金勉强完成了学业，但作为一个又穷又半盲还带半残，母亲脾气又暴躁，前途又不明朗的普通中学教师，谁愿意嫁给他呢？好不容易动员众媒婆，广泛摇动三寸不烂之舌，才找到了一朵"愿意插在牛屎上"的"鲜花"。于是，开普勒在26岁时与一个出身名门的寡妇结了婚。可哪知，这朵"鲜花"竟是满身带刺的玫瑰，不但举止傲慢，而且还精神失常。更不幸的是，即使是这样一朵"玫瑰"，也没能与他白头偕老，只留下一堆子女，让开普勒在已经"幼年丧父"的不幸基础上，再添了"中年丧妻"之痛。42岁那年，已是世界著名科学家的开普勒，好不容易下决心续弦，娶了一个贫家女，夫妻感情也很融洽，可又连遭重病，被两任妻子所生的12个孩子折腾得死去活来，使本来就一贫如洗的他，更加雪上加霜。

他的生活之狼狈，也绝对不可思议。作为一位世界顶级科学家，其经济情况竟如此糟糕，简直难以想象，但这的确又是事实。除非是"命运之神"的故意捉弄，否则，还真找不到更合理的解释。你看他，抱着皇帝这个"大腿"，本该有享不尽的荣华富贵，结果却碰到了万里挑一的"抠门精"，甚至连已经相当微薄的工资都常被黑心皇帝拖欠，且一欠就是数十年。本来出版了那么多世界名著，就算是收稿费，也该盆满钵满，可偏偏因为涉及，哪怕是间接涉及"地心说"这个关键词，结果其著作却被教皇列为禁书。不但收不到稿费，而且提前垫付的印刷费也泡了汤。在给友人的信中，他甚至这样形容自己，"我整日饥肠辘辘，就像一条狗似的瞧着我的主人"。

他的家庭情况，仍然可用"福不双降，祸不单行"来描述。本来刚在1619年完成了"为宇宙立法"的宏愿，结果却在次年，母亲又涉嫌"巫术罪"，有可能被严刑拷打，甚至被判"火刑"。于是，可怜的开普勒，又不得不手忙脚乱地开始营救母亲。经过一年多的努力，在数次出庭辩护后，终于为母亲洗清了冤情，使得奄奄一息的她被无罪释放，但开普勒自己也耗尽了钱财。原来，母亲其实是在为人治病，但因她平常得罪的人员太多，所以，就被诬告了。

时间终于无情地到了1630年，有经验的读者肯定能猜到该介绍开普勒的逝世了。但是，无论如何，你肯定猜不到这位伟大的科学家，将会怎么死去！原来，又有数月被欠薪的开普勒，实在没米下锅了，于是，他不得不骑着一匹借来的瘦马，亲自前往雷根斯堡，向正在那里参加"帝国会议"的皇帝讨薪，并梦想索回过去20余年的总债。哪知，还没见到债主，自己就染上了伤寒。数日后，开普勒这位骨瘦如柴、病魔缠身的科学巨匠，在举目无亲之处，于11月15日寂然死于贫病交困之中，享年58岁。那时他身边的遗物，只有几张宫廷欠款白条、几件破衣服、几页手稿、几本书，以及不到8芬尼的碎银。随后，开普勒被草草葬于当地的一家小教堂，墓碑上刻着他为自己撰写的墓志铭："我曾测量天空，现在测量幽冥。灵魂飞向天国，肉体安息土中。"

伙计，你肯定以为"命运之神"该收手了吧！唉，早着呢！哪怕已经入土的开普勒，还会再被狠狠地捉弄一次！原来，连他的坟墓，都很快被对手夷为平地，尸骨荡然无存！

就在"命运之神"长舒一口气，以为自己终于报复成功之际，猛然一回头，却惊见开普勒的科学成果已在全人类闪闪发光。

唉——，"命运之神"羞愧地低下了头！

第三十八回

血液循环靠心脏，生物繁殖是渐古

科学是这样一门学问，它能使当代傻瓜超越上代天才。

伙计，别误会，这里绝非说您是当代傻瓜，但你确已超越上代天才。本回主角哈维的主要科学成果，对现在的普通人来说，却都只是常识了。至少在生理学课堂上，中小学生们都知道，血液是在心泵的作用下，沿一定的方向，在心脏和血管系统中，周而复始地流动；包括体循环和肺循环，并互相连接，构成完整的循环系统，即由心脏、血管、毛细血管及血液组成的一个封闭运输系统；简单说来就是，血液循环靠心脏。中小学生们还知道，胚胎发育是一个由简单到复杂的过程，最早是将只有单套染色体的细胞，融合成具有双套染色体的卵，这可经由卵子与精子受精而成，也可经由无性繁殖产生；之后进行快速的有丝分裂；最后，各种细胞分化成不同的组织、系统与器官，如皮肤、骨骼、肌肉、神经系统、循环系统与消化道等，形成完整的生物个体；简单说来就是，生物繁殖是渐长，即逐渐发育生长而成的。

为啥要介绍上述一大段常识呢？因为，本回随后就不再重复哈维的具体科学成果了，这就是本书与以往各种"科学家传"的另一个重要区别。实际上，本书绝不只是让"当代傻瓜，超越上代天才"，而是想让当代天才成为当代科学家，成为被后代"傻瓜"努力超越的天才。因此，下面将重点叙述哈维是如何取得这些成果的？他的科研方法和思路妙在哪里？他的执着精神、兴趣爱好、创新行为等在其成功的道路上都扮演了什么角色？总之，我们坚信，作为当代天才的你，若能参透上代天才们的科研精髓，那你也完全有机会成为人类伟大的科学家。本回的主人公就是榜样。

故事起源于公元1578年，即李时珍撰成《本草纲目》的那一年。对各国皇室来说，这一年很热闹，好像是"交接班"之年。你看，当年去世的国王，至少有葡萄牙第十六任国王塞巴斯蒂昂一世等；当年诞生的国王，至少有曾任西班牙国王、葡萄牙国王的腓力三世，曾任神圣罗马帝国皇帝、匈牙利国王、波希米亚国王的斐迪南二世等。更重要的是，在这一年的4月1日，在英国的福克斯顿市，诞生了一位本人虽非国王，但却是两位国王座上宾的威廉·哈维。其实，如果非要往国王方面靠的话，那哈维也可同时称为"生理学王国"的首任国王和"胚胎学王国"的首任国王。

虽生在愚人节，但哈维一点儿也不愚哟，而是典型的天才，聪明透顶的天才，异常勤奋的天才，和特别幸运的天才。据宫廷的信史记载，他的一位名叫沃尔特的祖先，曾在13世纪中期出任过伦敦市长，而且还是成功的商人，靠胡椒生意起家，后来发迹成为伦敦最大的蔬菜公司老板。他父亲名叫托马斯，也是政商两不误，在与奥斯曼帝国做生意时发迹，成为当地的大地主，后来又当选议员，并在1600年成了佛克斯顿市的市长。漂亮的母亲名叫乔安，也是大家闺秀，据其碑文介绍，她为人温和，慈爱端庄，持家勤俭，乐善好施；丈夫钟情，子女敬重，邻居爱戴，上帝垂青等。哈维很幸运，作为家中老二，他上有一个姐姐，所以不必担负"长子责任"；下有五个弟弟和一个妹妹，所以可以尽情抖擞"娃娃国王"的威风，在打仗游戏中，把弟妹们指挥得团团乱转。

父亲非常重视儿子的教育，所以，10岁时，哈维就进入了当地最好的贵族学校，坎特伯雷国王学校，并在那里接受了良好而严格的全面教育，熟练掌握了科研所必需的两种语言：拉丁语和希腊语。15岁时，哈维进入剑桥大学凯斯学院，攻读英国最好的医科专业。虽然该校的学费很贵，但哈维凭其优秀的学业，顺利获得了丰厚的奖学金，以至于足够支付其全部学费和食宿费等。哈维读书非常用功，据剑桥考勤记载，整个大学期间，他只是因病缺过几次课，其他时间都全勤。他思维活跃，不为陈规所束缚，常有出人意料的新思路。19岁时，哈维获得了剑桥文科学士学位。

1598年5月31日，20岁的哈维，进入意大利帕多瓦大学留学。书说至此，我们得交代一点背景了。细心的读者也许已注意到，在前面的第三十二回、第三十四回和第三十六回中，无论是哥白尼、维萨里，还是伽利略，以及本回的男主角哈维，都出自同一所大学；更奇怪的是，这所大学的名字好像还比较陌生，即帕多瓦大学。这是咋回事儿呢？原来，这只是历史变迁的原因，其实帕多瓦大学是当时甚至整个文艺复兴时期，全球最著名的高校。那时，它不但培养了一大批顶级科学家，也培养了一大批著名文学家和哲学家，比如，意大利诗人、文艺复兴运动晚期的代表塔索；此外，文艺复兴运动的开拓者之一，但丁也曾在此写作。特别是，它的解剖学更是独霸全球，当然，这主要得益于维萨里当年的巨大成就。

其实，哈维选择帕多瓦大学，就是冲着维萨里学派而来的。非常幸运的是，哈维在这里刚好师从当时维萨里学派最正宗、最权威的传人，帕多瓦解剖系主任法布里休斯。更幸运的是，这位法布里休斯主任，不但学问高深，精通解剖、外科和医学史等，而且还为人慷慨，甚至私人出资建立了当时全球最先进的一个解剖学演示厅，既可做教学演示，也可做研究性解剖，从而为哈维等搭建了一个良好的科研平台。最幸运的是，哈维的导师注重理性思考，不唯书本，不唯权威，总是依靠实际观察来寻求知识，还特别熟悉活体解剖。这使得哈维深得真传，从而能进行超越解剖结构的观察，直接切入生理学领域。书中暗表，哈维之所以能成功超越前辈维萨里，其实主要就得益于活体解剖。实际上，当年维萨里只专注于尸体解剖，因此就不可能观察到各个器官的生理活动情况，所以，他虽然推翻了盖伦的解剖学，但却没能推翻盖伦的生理学，从而给哈维留下了开拓新学科的机会。

在帕多瓦大学的4年里，20岁刚出头的哈维与61岁临近退休的导师相处非常愉快：一个精心教，一个认真学，甚至两人很快就成了忘年交。1602年4月25日，24岁的哈维，以全票通过的成绩获得医学博士学位，神圣罗马帝国皇帝鲁道夫二世亲自为他颁发了文凭，上书，"（哈维）考试表现如此之优秀，课业如此之出色，虽然老师对他的期望本来就极高，但他依然大大超出了老师的期望。"

博士毕业后，哈维回到英国，本打算开业行医，但却未能获得皇家颁发的营业许可证，原来，那时英国只承认本国的文凭。幸好，剑桥非常认可帕多瓦大学的学位，所以，经磋商后，剑桥大学同意在免试前提下，授予哈维另一个医学博士学位。于是，两年后的1604年10月，哈维的诊所总算正式开张了。也正是在这一年，26岁的哈维娶回了自己的新娘，国王御医的女儿，24岁的伊丽莎白·布朗。据说这位布朗夫人，非常喜欢小动物。一次，她精心饲养的鹦鹉暴病而亡，她痛心不已，定要找出死因。于是，哈维就发挥自己的特长，给鹦鹉做了详细的尸检，结果发现"输卵管里有一枚几乎发育完整的卵，但却已腐败了"。显然，鹦鹉死于难产，而此前，马虎的哈维还一直以为它是漂亮的公鹦鹉呢！

可惜，由于哈维初出茅庐，其诊所门可罗雀。于是，他趁机解剖了众多动物，从品种上看至少有80多种；而且对人体也有了更深入的研究。据说，此间他每天的一大半时间，都在做动物解剖实验。5年下来，他的诊所始终生意惨淡。于是，在1609年夏天，31岁的他放弃了自主创业，进入了伦敦的圣巴多罗买医院，当了一名"端铁饭碗"的大夫。但是，该医院属于济贫医院，年薪少得可怜，只有区区25英镑，仅相当于普通劳工水平。好在只要求每周坐班一天，所以，哈维仍有大把时间来做自己喜欢的解剖学研究。不过，在该医院里，哈维非常尽职，他不但坐等病人问诊，还主动前往走廊等地，为那些行走不便的患者治病，更经常到病房里帮助患者，深受病患和同事的好评。

在医院工作了6年后，哈维人生的转折点终于出现了：1615年，37岁的他，被幸运地聘请为"伦穆里讲坛"讲师。为啥说这是一桩美差呢？这是因为，一来，该讲坛的授课内容仅限于解剖学，刚好对上了哈维的兴趣；二来，一旦被聘就是终身制，且薪酬颇为优厚，还另发荣誉津贴，这就使得哈维名利双收；三来，每周只需讲两次课，每次也只有1小时，所以，并不会占用哈维太多时间，反而会促进他的解剖学研究；

四来，由于该讲坛的听众来自四面八方，其中不乏各界名流，因此，哈维意外获得了一个宣传其科研成果的重要平台。后来的事实也证明，正是因为这个讲坛，哈维引起了国王的关注。所以，哈维受聘此职位后，一干就是40年，直到1656年（去世前两年），才因身体虚弱而辞去了这份兼职。据说，哈维自从登上该讲坛后，一直就非常尽心，只在1616年4月23日停过一次课，目的是便于大家参加英国的一次重要国葬：向莎士比亚遗体告别。另外，该讲坛的某位听众，还给我们留下了哈维的一张素描画，原来性格孤僻、惜字如金的他，个子不高，眼睛不大，卷发漆黑如乌鸦；精神矍铄，语速很快，容易冲动，说话时喜欢摆弄腰间的小匕首。据行为心理学家分析，"摆弄饰物"这个小动作，也确实旁证了哈维不善交际的特点。哈维在讲坛上制定的"六不"，充分显示了其学术态度。他规定：不看尸体解剖也能理解的内容，不讲；自学就能掌握的内容，不讲；赞美或贬低其他解剖学家的内容，不讲；若不同意我的观点，请拿出确凿证据，否则，我不与任何人口头辩论；我学习解剖学，讲授解剖学，不是依赖书本，而是根据实际解剖所见；我讲课不是根据大师教条，而是根据自然本身。

1618年，受聘"伦穆里讲坛"2年后，哈维果然被国王詹姆斯一世聘为宫廷副总医师。这又是一个收入高、耗时少、位高权重的兼职美差，只是偶尔向国王提点建议而已。贴上皇家标签后，登门求医者就络绎不绝了，甚至像著名哲学家、思想家和科学家弗朗西斯·培根等也都慕名而来，哈维自然也就进入了上流社会圈。1625年，詹姆斯一世驾崩，查理一世继位，哈维被新国王延聘。更幸运的是，这位新国王对解剖学也很感兴趣，是哈维的忠实听众。他不但经常观看哈维的解剖实验，还带着哈维外出打猎，以便对猎物进行现场活体解剖。也许是受到新国王的鼓舞，3年后，即1628年，很少发表论著的哈维，出版了一部很薄的，但标题却很长的专著《关于动物心脏与血液运动的解剖研究》（简称《心血运动论》）。正是这本书改变了人类历史，因为它创立了血液循环理论；其核心内容，就是前述的中小学生必读常识！

伙计，你也许不懂生理学，不懂胚胎学，甚至不懂任何高科技的东西，但是只要你小时候玩过水，那就一定能看懂哈维的大部分科研思路和推理，它们读起来不但像电影《神探亨特》那么精

威廉·哈维解剖托马斯帕尔的尸体的油画，约1900年

彩，而且你若细细品味，经举一反三后，也许对你会很有用。若不信，请看哈维是如何用中小学办法，去解决下述多个千年难题的。

《心血运动论》

1）关于静脉瓣的功能，过去的权威是这样解释的：人站立时，躯干里是大静脉，下肢是小静脉；因为有重力，躯干的血液下流可能过快，给小静脉造成高压；为防止撑破小静脉，就有了静脉瓣，其作用就像节流阀。但是，哈维用一个反例就驳倒了权威：狗不是直立行走的，那它就不需要"节流阀"，可解剖结果却发现，包括狗在内的很多"非直立动物"，却都有静脉瓣！

2）过去的权威认为，肝脏是血液之源。哈维的反驳推理是这样的：若权威正确，那血液从源头流向全身时，离肝脏越近，血管就该越粗；但解剖的事实却是，离心脏越近，血管才越粗！

3）过去的权威认为，即便动物昏迷不醒，只要没死，其肝脏就会持续产生血液。这次哈维都不用自己出面，干脆请出杀猪匠，就足以反驳权威了。因为，刀子捅入肥猪体内后，猪血很快就流没了，而这时猪还未死；若权威正确，那么，肥猪就该继续产生血液呀！

4）若无任何其他设备，在只有一把解剖刀的情况下，如何判断某条血管中的血液流向呢？以狗的活体解剖为例，哈维是这样巧妙解决该难题的：剥出狗后腿的一根皮下静脉，从中间切一刀，然后，掐住血管的右端，如果流血很快被止住，那就说明血液是从右向左流动的；反之，若仍然流血不止，那就说明血液是从左向右流的。你看，就这么直白，甚至连玩过橡皮水管的小朋友们都懂，但是，各位千万别小看这个简单动作，它好像"哥伦布立鸡蛋式"的游戏，捅破那层窗户纸后人人都会恍然大悟。它是解剖学上的一次革命，其重要价值，怎么强调

威廉·哈维的雕像

也不为过！因为，此前的所有解剖，无论是活体解剖，还是尸体解剖，都是被动的解剖，即有什么就看什么；而哈维的这次思辨，却开辟了主动解剖的新天地，从此以后，人们便可事先精心设计解剖条件，并对相关参数进行适当调节，再根据"参数变化对实验结果的影响"来做出相应判断。换句话说，解剖不再只是被动观察了，而是可以主动用来探索相关规律，高效率地肯定或否定某些猜测等。

5）如何用中小学知识，证明心脏确实是一个泵？哈维是这样完成这道题的：第一步，用上一段的"掐血管法"证明：静脉血是流向心脏的。第二步，用同样的办法证明：血液是从心脏流出，进入动脉血管的。第三步，直接解剖可知，心脏是一个两室的空心"橡皮球"，收缩时排血，扩张时吸血，玩过水球的小朋友都知道。第四步，心脏这个"橡皮球"收缩和扩张的力量从哪来，嘿嘿，心脏其实就是身体上最结实的一块肌肉，你自己捏捏拳头就知道肌肉的劲儿有多大了。

6）如何用中小学知识，证明脉搏不是通过血液，而是通过动脉壁传播的？哈维的做法是：锁定某根动脉血管，就当它是一根橡皮水管，然后从中切断，再用一根吸管，就像用竹筒两端连接橡皮管一样，使得水仍能继续流过橡皮管而不漏。于是，若在动脉的远离心脏端，脉搏跳动情况基本不变，那就说明脉搏是通过血流传播的；否则，若脉搏明显减弱甚至消失，那就说明脉搏是通过管壁传播的。实验结果表明，确实是后者。

7）如何用中小学知识，证明心跳与脉搏密切相关？哈维列出的证据有：脉搏与心跳的节奏，完全吻合；死人没心跳后，也就没脉搏了，所有动物，包括冷血动物都是这样；若把动脉切开一个小口，就会看到，每次心室收缩，那就会在摸到脉搏的同时，切口处就有血液喷出。因此，动脉不会自行膨胀，而是由于心室泵血，才造成了脉冲压力。

8）如何用中小学知识，证明血液是循环的？哈维的答案相当有说服力，而且任何人都能懂！由于每次心跳所泵出的血液量，等于心室的容积；所以，在实际测出心室的容积后，再根据心脏每分钟跳动72次这个事实，就可算出结果：人的心脏每小时泵出的血液量为30升。这相当于成人体内血量的6倍！若血液没循环，那问题就来了：首先，这么多血，咋可能被肌肉等吸收，因为成人体内的容血量，只有5~6升；其次，若肝脏真能在1小时内产生30升血，那么，不足1小时，人体就会被血液撑爆。综合而言，血液只能循环。书中暗表，哈维的这种证明方法，显然具有浓厚的伽利略"数学与实验相结合"特色。而当年哈维在帕多瓦大学读书时，伽利略也刚好在那里当教授。也许在潜意识中，哈维接受了伽利略的思想。看来，不同领域中的许多东西，其实是相通的，但愿上述各种奇妙而简单的思辨，对大家也有帮助。

在哈维的科研过程中，像上述"福尔摩斯式"的奇思妙想还真不少，此处就不再逐一罗列了。反正，他把伽利略的"数学与实验相结合"方法，在解剖学和胚胎学中发挥到了极致。

哈维终生都致力于学习和科研工作，甚至在1642年12月，65岁的哈维还从牛津大学获得了他的第三个医学博士学位。晚年时，他又对动物生殖和发育问题进行了更深入的研究和总结，并在73岁那年出版了自己的另一部代表作《动物生殖》。该书提出了生物器官的"渐成论"，即胚胎的最终结构是逐渐发展形成的，从而否认了以往的"预成论"，这标志着当代胚胎学研究的真正开始。

对了，哈维在公益方面也相当热心。76岁那年，已相当富裕的他，为皇家医学院匿名捐建了一座图书馆、一个博物馆和一个会议厅；78岁时，他又将自己的世袭产业捐给了皇家医学院，并设立了一个鼓励科研的"发现自然奥秘基金"，还资助了每年举办一次的"哈维讲坛"。

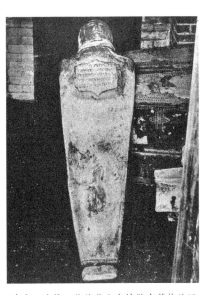

威廉·哈维，他的墓穴和墙壁在英格兰汉普斯特德的哈维家族墓地中坍塌

1657年6月3日，哈维因脑血栓突发，病逝于伦敦，享年80岁。遵其遗嘱，人们只为他举行了简朴的葬礼，甚至其棺材都很廉价。200多年后，由于哈维的墓室历经风雨，墓壁裂损，甚至出现了局部坍塌，在征得其家属同意后，皇家医学院于1883年10月18日为他举行了隆重迁葬仪式，将遗骨重新安葬在汉普斯台德大教堂的哈维纪念馆中，其墓碑上写着"发现血液循环，造福人类，永垂不朽！"

第三十九回

笛卡儿见啥思啥，奠基人思啥成啥

给笛卡儿写小传，实在太难了！若拿他当哲学家吧，至少得写厚厚一本，因为甚至连黑格尔都称他是"近代哲学之父"；若拿他当科学家吧，也得写厚厚一本，因为他被称为"近代科学的始祖"；若拿他当数学家吧，又得写厚厚一本，因为他首次将代数与几何融为一体，创立了一门重要的数学分支，被公认为"解析几何之父"；若拿他当物理学家吧，还得写一本，因为他首次从理论上论证了光的折射定律，发展了伽利略的运动相对性理论，完整表述了惯性定律，明确提出了动量守恒定律等；若拿他当天文学家吧，再得写一本，因为他首次依靠力学而非神学，解释了天体、太阳、行星、卫星、彗星等的形成过程，并引起轩然大波；若拿他当心理学家吧，更得写一本，因为他的反射和反射弧重大发现，为"动物是机器"论断提供了关键依据，直接刺激了维纳"赛博学"（被国内误译为"控制论"）的诞生。他还发现了人类心理和身体间的相互影响和因果关系，客观上起到了帮助科学摆脱神学的积极作用。

如此下来，左一本，右一本，上一本，下一本，那岂不是要写成"笛卡儿专集"了！咋办呢？毕竟我们只是想帮助读者成为科学家。于是，经反复凝练后，我们最终决定，结合笛卡儿的生平事迹，只将贯穿于他终生的一个字讲清楚就够了，这个字就是"思"。因为，笛卡儿的所有成就，归根结底都基于这一个字。难怪他自己都承认"我思故我在"，换一种数学上的等价说法就是：我若不思，我就不在。因此，既然"我若不曾在"，那"我的科学成果"也就不在了。这听来很像绕口令，但当你读完此回后，对"思"就会豁然开朗了。还有一点也需强调，其实"思"才是突破中世纪黑暗的关键，因为，一旦大家都开始"思"了，那"绝对真理"也就不攻自破了。

笛卡儿的"思"，可不是毫无头绪的乱思，而是非常严谨的有序之思，它肯定能帮你解决大部分科学问题。你若随时关注，并灵活运用"笛卡儿之思"，那么你就快成科学家了！笛卡儿将"思"的方法，很明确地归纳为如下4个步骤。

第1步，永远别盲目地接受自己不清楚的"真理"，尽量避免鲁莽和偏见。只有在确信了自己的判断后，且无任何可疑的东西，才能被当作真理。换句话说，只要未经亲身体会的东西，不管它有多少权威，都是可怀疑的。

第2步，将待研究的、复杂的大问题，尽量分解为多个简单的小问题，并逐一分别解决。

第3步，将这些小问题从易到难排列，先从容易的着手。

第4步，将所有小问题解决后，再综合检验，看看是否有遗漏，是否已将大问题彻底解决。如果没有，那就返回第2步，重复上述步骤。

可能有读者认为上述4步太抽象了，别着急，马上就让你茅塞顿开。仿照众所周知的、数学上的"负负为正"，现在就来演绎一段"难难为易"。笛卡儿的解析几何很难吧，难得让许多数学家都头疼；上述4步也很难吧。不过，用后一"难"去解释前一"难"，即用那4个步骤来解释解析几何，那么一下子就变容易了！你看，根据第1步，就算你对解析几何两眼一抹黑，只知道它试图用代数方法去解决几何问题，所以，别盲目相信它。第2步，将"几何"这个大问题，分解为多个简单的小问题：所谓"几何"吧，就是研究各种图形之间的关系；而所有图形都是由点、线、面等组成的，它们就是所谓的"多个简单的小问题"。第3步，将小问题"从易到难排列"后，就变成用代数方法去分别研究点、线、面等。第4步，任何点，都可用坐标 (x,y) 来表示；任何线，都可用一组点集，即一组坐标点来表示；任何面，都可用一组线集来表示。于是，所有小问题就都被解决了，而且也无遗漏，因此，大问题就彻底解决了。至此，你就可以相信"解析几何"了。怎么样，明白了吧！当然，这里只是挑出了解析几何的精髓，而忽略了其具体细节。

好了，笛卡儿之思的活学活用，现在开始了！

若从"思"的角度来看，1596年又是一个全球皇族热闹之年。这一年，停止思考，去阎王殿报到的皇室成员，至少有明穆宗的孝安皇后、日本德川四天王之首的酒井忠次等。也是在这一年，开始思考，来人间报到的皇室成员，至少有俄罗斯沙皇罗曼诺夫、日本后水尾天皇、波希米亚国王腓特烈五世等。不过，真正的"思考之王"，于这年的3月31日诞生在法国西部的一个贵族之家，他就是本回的主角。可怜的主角哟，由于出生时身体太虚弱，以至医生都以为必将夭折；可奇迹竟然发生了，小宝宝真的挺过了鬼门关，喜得父母叩头带烧香，赶紧给儿子取名为勒内·笛卡儿。这里的"勒内"就意指"重生"。

虽然重生了，可在笛卡儿1岁左右，妈妈却去世了，死因是肺结核，且还传染了笛卡儿，致使他从此就体弱多病。后来，父亲又娶了后妈，并将笛卡儿送到外婆家抚养。于是，笛卡儿的性格就更加孤僻，更加沉浸在独立思考的小世界中，甚至养成了见啥思啥的习惯，常常无故发呆，被大家戏称为"小哲学家"。此外，由于他天资聪慧，又特别勤奋，所以，后来的事实又证明：他常常是思啥成啥。反正，由于眼睛受到的外界干扰减少了，耳根也清静了，嘴巴也用得更少了，唯一用得多的东西就是那个不停思考的大脑了。显然，笛卡儿用于"思"的时间，远远超过普通人。

笛卡儿还有另一个奇特的习惯，那就是睡懒觉：不到日上三竿，绝不起床，且雷打不动，终生不变。其实，许多重大问题，都是他在睡懒觉期间解决的。现代医学也表明，人在躺着时，特别是在被窝里躺着时，头脑供血最充分，思考问题的效率也最佳。看来，笛卡儿的成功还真是得益于睡懒觉呢。当然，这一点你我很难仿效，毕竟笛卡儿家既富又贵。你看他，8岁进入欧洲最优秀的贵族子弟皇家学校后，也照样不顾学校三令五申的早读要求，每天仍然睡到自然醒，让其他同学好不羡慕嫉妒恨。书中暗表，学校网开一面，并不仅仅是因为笛卡儿的家庭背景，在更大程度上是因为他：懒觉照睡，作业全对；不用听课，各科皆会！反正，听课对笛卡儿来说，纯粹多余。一学期

笛卡儿的家

的所有学业，只需他几个懒觉就搞定了。于是，他在被窝里阅读了大量课外书籍，甚至包括若干禁书，很早就广泛涉猎了千奇百怪的自然科学和社会科学等。1612年，笛卡儿以优异成绩从皇家学校毕业时，获得的评价是：聪明、勤奋、品行端正、性格内向、争强好胜，对数学十分喜爱并有数学天赋。

皇家学校对笛卡儿相当满意，可笛卡儿对自己却很不满意，大有独孤求败之感：课本如此简单，哪有英雄用武之地？于是，17岁那年，他放弃了读大学的打算，把自己关在书房里，疯狂阅读当时最难、最先进的各种书籍，结果仍发现：书本知识太浅，书中的所谓难题，根本经不起他几个懒觉的思考！当时伽利略刚刚用望远镜从天空中看见了震撼人心的事实，这让笛卡儿突然灵光一现：哦，原来，现实世界才是一本绚丽多彩的大书，那里才有真正的知识，才有真正的挑战。于是，他下定决心，抛弃书本研究，用最美好的青春去阅读大自然。如何迈出这第一步呢？由于当时法国规定，所有适龄青年，包括贵族子弟，都得服兵役。于是，笛卡儿一举两得，进入了巴黎的一所贵族骑士学校，一边学习骑马和击剑，一边为今后的正式入伍做准备。巴黎的时尚与新奇，全面刺激了笛卡儿见啥思啥的神经。欣赏音乐时，他却在想"这振动的音符，不就是颤动的数学吗"；击剑时，他却思考"刺出的最佳角度是什么"；骑马时，他更在计算马速与距离的关系等。在巴黎期间，他虽结交了不少朋友，但也常常为不能睡懒觉而烦恼，这倒不是因为有人强迫他早起，而是其他剑客早起练功，严重干扰

了他的思考，为此他抱怨道："我的头脑，只有在身体暖和时才够活跃；此时的思路若被打断，就不得不早起，这是多么扫兴的事呀！"为了逃避干扰，在骑士学校的后期，他干脆躲进了郊野，不与外界往来，只沉溺于无尽的思考之中。

19岁时，应父亲要求，笛卡儿极不情愿地进入了法国普瓦蒂埃大学。他仍靠区区几个懒觉，仅用一年时间，就轻易获得了法学学士学位。但他确实对当律师或法官没兴趣，对待在巴黎或法国也没兴趣，甚至压根儿就不想接触复杂的人际社会，只是对数学等自然科学怀有极大的热情。1617年，刚好有一个出国打仗的机会，于是，21岁的笛卡儿就毅然奔赴疆场，并先后转战荷兰、丹麦、波兰、德国等地。在军队的5年期间，笛卡儿虽寸功未立，但却在数学方面取得了重大进展。

比如，1518年11月，他在荷兰布雷兰镇，因偶然解决了大街上的一个悬赏难题，不但使自己信心大增，而且还结识了当时的著名数学家别克曼教授，并在后者的指导下，接触了包括"无限小"等数学前沿。他们之间的友谊延续了数年，甚至笛卡儿还将自己的早期著作《音乐简论》献给了别克曼教授，在另一本《论代数》中也向别克曼教授致敬。

1619年冬季，军队驻扎慕尼黑附近时，笛卡儿又结识了数学家福尔哈贝尔，并拜读了后者刚出版的新书《论算术代数》。正是这本书，激发笛卡儿意识到：传统的几何学，过分依赖图形，严重限制了人类的想象力！如何才能创造出一种新的科学知识，以便轻松解决实际问题呢？笛卡儿这台"思想机器"又全速转动了。终于，在这年的11月10日，在温暖的被窝里，在一连做了3个连贯的怪梦之后，一门伟大的数学分支——解析几何，就震撼出世了！当时，笛卡儿并未公布这项惊人的发现，直到18年后，在其著名的《方法论》一书的附文"几何学"中，才给出了详细说明。解析几何的诞生，是数学史上的一个重要里程碑，是"几何学中的王者之路"，意指它能使几何不再难学，因为，它将几何问题转化成了更容易的代数问题，然后再反演代数解回到几何解。解析几何，有机地"杂交"了几何与代数方法，极大地改变了数学的面貌。甚至可以说，17世纪以来数学的巨大发展，在很大程度上，都可归功于解析几何。正如拉格朗日所说："代

勒内·笛卡儿雕像

数和几何这两门科学，一旦结成伴侣，它们就互相吸取新鲜活力，自那以后，就以更快的速度，走向完善"。笛卡儿在发现解析几何的同时，还有一个惊人的发现：原来，不同学科的知识是统一的，自然的奥秘和数学法则，可用同一把钥匙打开！从此以后，他便试图用几何方法来论证一切知识，并试图建立起像几何学那样严密的科学体系。

1620年，笛卡儿参加了布拉格附近的白山战役，但是，他的目标显然不是敌方阵地，而是趁机全面、深入地收集第谷等的天文学数据，并对结果"喜出望外"。1621年，笛卡儿结束了军旅生涯。其实，他在军队中，一直只是以志愿者身份服役，既不领取任何津贴，也拒绝升职，其目的仅仅是为了漫游世界，认识自然。

1622年，26岁的笛卡儿又面临一个必须严肃思考的问题，那就是今后怎么办，从事何种职业？这时，笛卡儿又启动了自己的"四步思考法"，把职业选择这个大问题，分解成若干小问题：家族留下的遗产足够几辈子花费，自己缺钱吗？自己想追求世间功名吗？自己乐意或擅长人际交往吗？自己愿意被传统思想束缚吗？自己愿意被专制所桎梏吗？自己愿意从事学术研究，追求真理吗？自己擅长发现科学的普遍规律吗？在解决了所有这些小问题后，笛卡儿终于找到了最终答案：终生从事自由的学术研究，不受任何势力的摆布，仅以旁观者的身份洞察世界！

思路一旦清晰后，笛卡儿就义无反顾地踏上了"阅读世界大书"的新征程：1623年9月前往意大利，在那里待了两年后，觉得此处不是最佳思考之地；1625年，在翻越阿尔卑斯山时，他思考了雷电现象，思考了高山云层，思考了旋风和雪崩等；1628年，暂时迁居巴黎时，他更思考了人类的心灵，并撰写了著名的《指导心灵探求真理的有用而清晰的原则》，它包括了笛卡儿的主要思想。接着，笛卡儿又开始思考一个对自己更关键的问题：到哪里去寻找世外桃源？他再一次动用了"四步思考法"，分解出了若干小问题：哪里能自由思考？哪里有宽松的社会环境？哪里有出版自由？哪里能离群索居？哪里的干扰最小？结合自己的5年军旅体会，在回答完所有小

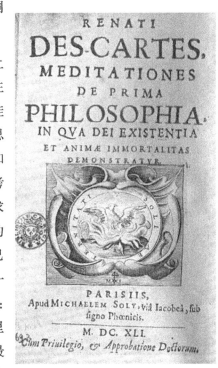

笛卡儿作品《沉思录》

问题后，笛卡儿得出了一个明确的答案：去荷兰隐居！

于是，在1629年3月，笛卡儿告别法国，来到了荷兰，并开始了长达20年的隐居生活。在此期间，他对哲学、数学、化学、天文学、物理学和生理学等，进行了深入研究，并发表了多部重要文集。其实，他的主要成果几乎都是在荷兰完成的。例如，1628年，他写出了《指导哲理之原则》；1634年，完成了以哥白尼学说为基础的《论世界》；1637年，写成三篇论文《屈光学》《气象学》和《几何学》，并为此写了一篇序言《科学中正确运用理性和追求真理的方法论》（哲学史上简称为《方法论》，因为该序言，笛卡儿被称为"现代理性之父"）；1641年出版的《形而上学的沉思》，使得笛卡儿成为欧洲最有影响的哲学家之一；1644年，完成《哲学原理》。即使是隐居期间，为了躲避尘世的各种干扰，笛卡儿也搬迁了24次，换了13个住地。特别值得一提的是，1633年，当笛卡儿正埋头撰写《论世界》时，突然传来了伽利略被判终身监禁的噩耗，于是，笛卡儿又必须思考一个生死攸关的问题：自己的《论世界》显然与伽利略的观点一致，若出版此书，定会重蹈哥白尼等的覆辙；若烧掉此书，又于心不忍，而且自己坚信伽利略是正确的。权衡各方利益后，借助隐居的优势，笛卡儿终于采取了折中路线：继续秘密创作，但在条件成熟前决不发表。确实，后来此书是在笛卡儿去世27年后，才正式出版，果然很快就被教会列为禁书，直到1740年，才被解禁。

不过，"笛卡儿之思"具有典型的还原论特色，在面对生物学等系统科学时，就不能"包打天下"了。在男女感情方面，甚至笛卡儿本人，都运用得不够成功。1634年，他与相识很久的海伦在阿姆斯特丹同居了，并于1635年7月生下了女儿法兰辛。可惜，被笛卡儿视为心肝宝贝的女儿，却在5岁时意外夭折。他与海伦也始终没正式结婚，此后也未与其他人结婚。从此，笛卡儿就更加陷入了无底的思考之中，而不能自拔，甚至干脆成了"思考动物"。哪怕1643年，47岁的他认识了年轻、美丽、聪明、知识渊博的捷克公主伊丽莎白。两人彼此都颇有好感，友谊也与日俱增，书信频繁且无话不谈。1645年春天，当公主心情无比忧伤时，为了帮助公主恢复理智，战胜沮丧，笛卡儿经认真思考后，给出的解决办法竟然是：花费大量的时间和精力，不惜闯入心理学和生理学等新领域，撰写了一部《激情论》送给公主！甚至这位"木头疙瘩"，还煞有介事地给公主分析了"爱"这种激情，他说："爱有两种，一种是物欲之爱，即由'被爱之物'引起的渴望，例如，好色之徒不择手段占有女色等；另一种爱，是指仁慈，是爱的升华，例如父母对子女的爱，真诚夫妻之间的爱等。"当然，傻瓜都猜得出笛卡儿这本《激情论》，不但解决不了公主的忧伤，反而会雪上加霜。

1649年，架不住瑞典未婚女王的数次盛情邀请，53岁的笛卡儿前往瑞典给女王当家教。热情的女王，开门见山的第一个问题就是："爱的本质是什么？"可这位冷冰冰的"思考机器"，却一本正经地回答说："爱，分为理性之爱和激情之爱。其区别在于，理性之爱来源于对知识的渴望；而激情之爱则来源于感觉器官的需要；与恨相比，爱的激情更热烈，更强大，更英勇；爱还可以激起各方面的恨。"女王心中一声叹息，又追问道："什么是至高无上的善？"笛卡儿脱口而出："唯有自由意志，才是至善。"女王不得不真心佩服他的哲学深邃，并愉快接受了笛卡儿馈赠的礼物——一本《激情论》。对，就是那部没治好捷克公主忧伤的名著。女王对《激情论》爱不释手——打猎时，带着它；下矿井视察时，也带着它。至于吃饭、睡觉时，是否还带着它，我们就不得而知了，反正史料上没说，咱也不敢乱编。

笛卡儿与瑞典女王克里斯蒂娜

智者千虑，必有一失。思维缜密的笛卡儿，在接受瑞典女王邀请前，考虑到了瑞典的寒冷气候；考虑到了女王是否真心喜欢自己的学术思想，而不只是赶时髦；考虑到了生活和科研等各种困难等。总之，他几乎用"四步思考法"，把所有的大问题、小问题等都统统考虑到了，但唯一没考虑到的就是：女王的晨读习惯！于是，睡了53年懒觉的笛卡儿，每天早晨4点就不得不可怜巴巴地冒着刺骨寒风，前往皇宫授课。"好像思想在这里都被冻成了冰"，笛卡儿向朋友抱怨说。果然，不到一年，笛卡儿就因受寒而感冒，更发展成肺炎。1650年2月11日，虽经全力抢救，笛卡儿仍然不治而亡，终于停止了高速运转54年的"思考机器"。时年，郑成功在厦门建立了抗清基地。

后人在笛卡儿的墓碑上，刻下了这样一句话："笛卡儿，欧洲文艺复兴以来，第一个为人类争取并保证理性权利的人。”他的思想迅速传播，很快就成了17世纪以后，对全球哲学界和科学界最有影响的巨匠之一。

瑞典女王得知笛卡儿的死讯后，悲痛万分。5年后她放弃了王位，脱离了自己的宗教，并加入了笛卡儿信奉的那个宗教。

第四十回

有心栽花花不发，无意插柳柳成荫

伙计，无论你称多少斤棉花，若你只去法国衙门界"纺一纺"，那都找不到一个名叫皮埃尔·德·费马的律师，虽然他确实终生都混迹于官场，确实也是本回的主角。这倒不只是因为他的律师资格是买来的，官位也是买来的，参议员职位还是买来的；而是因为他生性内向，谦抑好静，不善推销自己，不懂展示自我，所以，确实始终都没啥政绩，官场应变能力也极差，更谈不上领导才能。即使是46岁时被升为"议会首席发言人"，但那也并非凭其本事，而是得益于另一权贵，最高法院顾问的推荐。就算去世前高居"天主教联盟主席"，但若从官场的角度来看，回顾其一生的最终评价也只能是：从不利用职权勒索百姓，从不受贿，为人敦厚，公开廉明，深受市民的信任和称赞等。当然，这里需要为他正名的是：他的所有"买官"行为，在当时都是公开的，合理合法的，正如中国古代也有"捐官"一样。总之，费马是一位"有心栽花花不发"的典型庸官，自然就不可能在衙门界留下任何历史痕迹了！

但是，如果你进入费马业余爱好的数学领域，哇，那可不得了啦：一提起费马这个名字，简直就是如雷贯耳，尽人皆知。因此，下面的科学家小传，就是为"无意插柳柳成荫"的业余数学家所写的小传，更准确地说，是为"业余数学家之王""近代数论之父""解析几何先驱""微积分先驱""概率演算先驱"费马所写，所以，此后将不再提及他的主业了。

故事还得从努尔哈赤开创八旗制度的公元1601年说起。这一年，意大利人利玛窦首次到达明朝京师；也是这一年，丹麦著名天文学家第谷·布拉赫去世。但是，我们重点关注的只是这一年的8月17日，在法国南部波芒诞生的一个婴儿，皮埃尔·德·费马。从其名字中所带的那个贵族标志"德"字，就可看出他是一位贵族。实际上，他是一个很富的贵族：老爸很富，老妈很贵。具体说来，他爸是当地一家大型皮革商店的老板，拥有相当丰厚的产业，不但经营有道，而且既富也仁，故颇受大家尊敬，被选举为地方事务顾问和行政次官。他妈妈本来就是贵族的"千金小姐"，是出身于法官世家的典型大家闺秀。由于家里不差钱，父亲又很开明，且从不宠溺孩子，还特别重视子女教育，所以，在费马入学前，老爸就聘请了两名家庭教师，对费马进行全面而系统的早期教育。小费马虽算不上神童，但却也相当聪明，且学习十分努力，文科、理科都不差，还受过良好的古典教育（这一点在他随后提出著名费马猜想的过程中扮演了关键角色）。他还能用拉丁文、希腊文、意大利文和西班牙文写诗，并受到了不少文人墨客的称赞，当然，他最喜欢的还是数学。小费马还有另一个重要的启蒙老师，那就是他的叔叔，后者不但培养了他的广泛兴趣，还对其性格也产生了重要影响。直到14岁时，费马才进入了一所贵族学校；17岁开始，先后前往奥尔良大学和图卢兹大学攻读法律学位。

成年后，费马迎娶了表妹露伊丝·德·罗格。从血统上说，此举虽使费马的贵族身份，贵上加贵；但从今天的生育观念来看，这属于近亲结婚，不过幸好所生的二男三女都很健康，未见任何天生缺陷。子女们也都很争气，大女儿成家立业，两个小女儿都当了牧师，次子更成了副主教，尤其是长子萨摩尔，他不但继承了费马的公职，于1665年当上了律师，而且还系统地整理了费马的数学论著。若非长子对费马的各种笔记、批注及书信等数学成果的挖掘，也许费马的很多贡献就被埋没了，特别是那个著名的费马定理。因为费马生前极少发表作品，连一部完整的专著也没出版过；此外，他的许多文章，也都是匿名发表的。实际上，费马的大部分论著都是在他去世后，由长子整理发表的，因此，也可以说，萨摩尔是父亲费马的事业继承人。除数学之外，费马的一生，从各方面来看，几乎都平淡无奇，就连他的健康状况也是平淡无奇：终生极少生病，只是在52岁那年染上过瘟疫险些丧命；接着就是1665年1月10日感觉身体不适，并于2天后的1月12日，在平静中去世，享年65岁。但是，这一年（康熙四年）的中国却相当不平静，三月初二那天，京师发生强烈地震：宫殿和全城都在震颤，房屋倒塌不计其数，就连城墙也有百余处塌陷；与此同时，狂风骤起，横扫全城，灰尘遮天蔽日，人们惊恐万状，争相逃窜，连康熙帝和太皇太后等也都不得不躲进帐篷。

费马的生平虽然平淡无奇，但他的数学却是无不传奇！下面就来逐一品味吧。

谁都承认，数学是一门最令人头疼的学问，若想成为数学家，就必须经过严格而正规的训练，否则几乎必败无疑。但是，费马却是万里挑一的例外，是一个难得的传奇。他不但从未受过专门的数学教育，所获的学位全都是法律学位，而且数学研究也只不过是业余时间的、见缝插针的爱好。若仅从外表上看，费马还真的很像一位"民间科学家"。但若仔细分析，费马的研究其实相当认真且专业，他始终都同顶尖数学家们保持着书信联系，随时进行着深入切磋。他的一系列贡献和被证实的猜想，早就为他在学术界赢得了声誉，所以，后人也才会严肃对待他的遗著，哪怕仅仅是在书页边上的一个简短注记。书中暗表，以"世界三大数学猜想"（即费马猜想、四色猜想和哥德巴赫猜想）等为代表的许多简洁明了的数学问题，最容易引来各类"民间科学家"，他们既缺乏专业知识，又拒绝同学术界虚心交流，还经常不负责任地抛出所谓"颠覆现有学术基础"的理论，甚至更指责学术界不重视其"颠覆性理论"等。然而，费马显然不属于这类"民间科学家"，他其实是17世纪法国最伟大的数学家，也是17

世纪数学家中最多产的明星，特别是他对微积分的贡献仅次于牛顿和莱布尼茨。

当然，费马的最大传奇，甚至也许是整个数学界的最大传奇，非"费马猜想"莫属。首先，该猜想的产生就是一个传奇。据说，费马热衷于收集古代文献手稿及希腊典籍，大约在1637年，在一次旅途中，费马偶然获得了一本由古希腊数学家丢番图在公元3世纪撰写的奇书《算术》。于是，费马一边旅游，一边阅读，并一边在该书的空白处记下相关的读后感。妈呀，一个伟大的猜想，一个折腾了全世界顶级数学家358年之久的伟大定理，就这样儿戏般地诞生了。因为，费马只是在页缝中写下了一个定理：方程 $x^n+y^n=z^n$，在 n 是大于2的整数时，没有正整数解。更神奇的是，关于此定理的正确性，费马也只在页缝中写道："我发现了一个美妙的证法，可惜页缝太小，写不下"。从此，把数学家们折腾得死去活来的接力赛就开始了：若想否定它吧，又找不到反例；若想肯定它吧，更不知道从哪里下手；若想放弃它吧，又很不甘心，因为，它看起来是那么一目了然，甚至连中小学生都能明白。不过，为了严肃起见，数学家们起初只是将费马称为的"定理"，叫作"猜想"，毕竟没有任何可信的证明过程嘛。

费马雕像

为了证明或证伪"费马猜想"，数学家们想呀想：一年过去了，毫无进展；十年过去了，仍无动静；百年过去了，大家还只是大眼瞪小眼。终于，在116年后，18世纪数学界最杰出的人物之一欧拉，经十年磨一剑，费尽九年二虎之力，在使出了一招泰山压顶的"无限下降法"后，总算在1753年给哥德巴赫的信中说，他证明了 $n=3$ 时的费马猜想。当然，这只能算作万里长征的第一步。各位，这位哥德巴赫，正是让陈景润等数学家付出毕生精力，试图证明其猜想的那位仁兄哟。不过，欧拉的这一招，在随后的接力过程中，还是立了大功的。

说话间，又过了63载，到了1816年。巴黎科学院发现欲证费马猜想，只需证明 n 是奇素数的情况就行了，而且认为费马猜想应该成立，故重新将其称为"费马定理"，并为证明者设立了大奖和奖章。从此，"费马定理"之谜进一步风靡全球，引来了更多的一流数学家，甚至是巾帼不让须眉。比如，19世纪初，法国自学成才的女数学家热尔曼，就巧妙地证明了"当 n 和 $2n+1$ 都是素数时，费马定理若有反例，则 x，y，z 中至少有一个是 n 的整倍数"。该结果无异于在"山重水复疑无路"之时的"柳暗花明又一村"。于是，在此基础上，1825 年，狄里克雷和勒让德，分别独立证明费马定理在 $n=5$ 时成立；1839 年，数学家再下一城，证明费马定理在 $n=7$ 时也成立。

在证明费马定理的漫长过程中，还多次出现了各种乌龙事件，甚至是世界顶级数学家们的乌龙事件。比如，1847 年，在巴黎科学院就上演了这么一幕乌龙剧：当时的著名数学家拉梅和柯西，先后宣布自己基本证明了费马定理。就在大家都即将相信这些顶级数学家时，有一位小人物却发现：拉梅和柯西的证明都是错的！

当然，也有一些数学家，对费马定理表示不屑一顾。比如，被认为是历史上最重要的数学家之一，并享有"数学王子"之称的高斯，据说就是这样的旁观者。但是，高斯的学生可不是旁观者哟，甚至还是取得重大突破的功臣。大约在 1850 年，高斯的学生库默尔，即上述那位揭穿了乌龙剧的小人物，创立了一种"理想数环"，并一下子就证明了：对 100 以内除 37、59、67 以外的所有奇数 n 而言，费马定理都成立！受此成果的鼓舞，数学家们又摩拳擦掌，再次准备高歌猛进。可惜"嘭"的一声，大家又碰得头破血流，甚至此后近半个世纪，费马定理的证明都停滞不前。直到 20 世纪前期，大数学家勒贝格向巴黎科学院提交了"费马定理的证明稿"，由于勒贝格的权威声望，大家又以为长征结束了，但遗憾的是：这只不过是第二次乌龙而已。

在费马定理的证明过程中，不但有乌龙剧，更有喜剧，或者说是悲喜剧！原来，有一位名叫沃尔夫的老板，在年轻时曾为情所困，决意在午夜时自杀。但在临自杀前，却偶然读到了费马定理，并被其简洁的魔力所诱惑，于是他试图在自杀前证明该定理。他埋头算呀算，竟然情不自禁地算到了天明，结果错过了既定的自杀时间。后来，该老板发财了，但他却总也放不下费马定理，于是，1908 年 9 月 13 日，这位富豪病逝时，决定将其遗产的一半捐赠设奖，以感谢费马定理对自己的救命之恩。该奖由格丁根皇家科学协会于 1908 年公布，其内容是：凡在 100 年内，即 2007 年 9 月 13 日前，解决费马定理者，将获得 10 万马克的重奖。该奖以其捐赠者命名，这就是著名的"沃尔夫奖"。重赏之下必有勇夫，当然也更有难以计数的"民间科学家"，于是，从此之后，世界上每年都有成千上万的"数学家"宣称：自己证明了费马定理！当然，毫无悬念，它们全都是错的。以至于一些权威的评估机构，不得不事先预印"证明否定书"，直接终结了盼奖者的白日梦。看来，若想制服费马定理这条"巨兽"，还真不能靠人海战术呀！

计算机出现后，费马定理的战场就更热闹了，好像谁都想借助电脑的超强计算能力，来试图找到一个反例，从而彻底否定费马定理。于是，工程师们在硬件上下功夫，努力造出越来越强大的专用电脑；"程序猿"们挖空心思，对代码进行不断优化，希望以智取胜；数学家们更不含糊，千方百计设计各种快速算法，试图以四两拨千斤；至于"民间科学家"嘛，压根儿从来就没闲过。但是，一通混战后，待硝烟散尽时，睁眼一看，唉，那费马定理照旧岿然不动，连半个反例都没找到，反而却证明一大堆肯定性的结果。比如，费马定理的正确性，在1926年被推进到 n 小于211时；1954年，被推进到 n 小于2 521时；1955年，被推进到 n 小于4 001时；1967年，被推进到 n 小于25 000时；1977年，被推进到 n 小于125 000时；1987年，被推进到 n 小于150 000；1993年，更被推进到 n 小于400万时！唉，这真是浩瀚大草原上的"看见山，跑死马"呀，400万好像很大，但在任意正整数 n 面前，简直就是沧海之一粟！看来，计算机也不灵，还得另辟蹊径，可是，路又在何方呢？

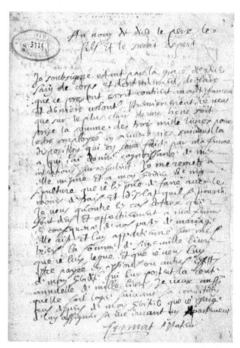

1660年3月4日写的费马遗嘱的全息图像

列位看官，说书至此我们也没辙，总不能惊堂木一拍，"啪"，嘴一张"天灵灵，地灵灵，费马定理快显形"吧。看来，"有意栽花"的数学家们，确实拿费马定理没办法了；因此，我们也只好"花开两枝"，暂且放下费马定理主战场不管，看看数学家们如何在其他领域"无心插柳"吧。第一根"柳枝"，是1922年英国数学家提出的一个"莫德尔猜想"；64年后的1983年，29岁的德国学者法尔廷斯，只一招就彻底证明了莫德尔猜想，并因此荣获"1986年菲尔兹数学大奖"。第二根"柳枝"，是1958年两位日本学者提出的"谷山-志村猜想"。第三根"柳枝"，是1984年德国数学家提出的"弗雷命题"。本来这些"柳枝"与费马定理风马牛不相及，但是，人们却意外发现：如果"弗雷命题"得证，那么，费马定理就与"谷山-志村猜想"等价！更意外的是，1986年，里贝特和梅祖尔教授竟然真的证明了"弗雷命题"。于是，世界数学界又沸腾了，大家不约而同地向费马定理发起了最后总攻，因为此时"沃尔夫奖"设定的百年大限，2007年9月13日，已相当接近了。时间一分一秒地过去了，总攻的冲锋号虽然响彻云霄，但却始终"只听楼梯响，没见人下来"。

终于，另一个小人物出现了，他就是1953年生于英国剑桥的安德鲁·怀尔斯。此兄人小志气大，10岁时偶然读到费马定理时，就立志要解决它，并从此精心准备。首先，他一口气在剑桥读完了本科、硕士和博士，并专攻椭圆曲线。书中暗表，后来的事实证明，这其貌不扬的椭圆曲线，竟是最后解决费马定理的"屠龙刀"，虽然表面看来，它与费马定理毫无关系。其次，1977—1980年，怀尔斯进入哈佛大学做助教，继续"磨刀霍霍"；1981年，任普林斯顿大学研究员、教授，并合作证明了"岩泽健吉主猜想"；1988年，兼任牛津大学皇家协会教授，24岁起就被公认为在模形式、分圆域、椭圆曲线方面的专家。至此，"屠龙刀"基本就绪，怀尔斯准备"仗剑下天山"了。但是，为确保万无一失，怀尔斯还决定再精心打造一把"倚天剑"。于是，代号为"收网"的、只有他太太才知道的秘密行动就开始了：他从1986年起，整整耗费了一年半时间，老老实实地把椭圆曲线与模形式，通过伽罗瓦表进行"排队"，这项工作非常烦琐，且不能有半点差错；接着，就是更艰巨的第二种序列对应配对"排队"，为此他又渡过了六年枯燥乏味的时光。终于，凭着"屠龙刀"和"倚天剑"，怀尔斯向费马定理发出了致命的一击，只听"咔嚓"一声惊雷，再看那费马定理时，"巨兽"已轰然倒地了！于是，1993年6月21日到23日，怀尔斯在剑桥牛顿学院的学术会议上，以《模形式、椭圆曲线与伽罗瓦表示》为题，分3次作了演讲，最后平静地宣布"费马定理可能已被证明了"。

一时间，世界舆论哗然。铺天盖地的喜讯，让许多数学家大有"总算出了一口恶气"的畅感！但是，大家高兴得太早了，只见费马定理那"巨兽"，摇摇晃晃，摇摇晃晃，又站起来了。原来，有人发现怀尔斯的证明存在严重缺陷，对此，怀尔斯本人也表示认可。于是，又是一阵叹息。正当大家都以为，这又是一次新的乌龙事件时，1994年10月25日11点4分11秒，怀尔斯通过其学生向全球数学界发出了一封电子邮件，给出了费马定理的最后完整证明。终于，费马定理被彻底证明了，谢天谢地！眼泪汪汪的数学家们，

安德鲁·怀尔斯参观了费马的出生地，并去了博蒙特德洛马涅（Beaumont-de-Lomagne）的费马纪念馆（Fermat Memorial）

悲喜交加！喜的是，苍天有眼，人类总算把费马定理这条"巨兽"给降服了；悲的是，一个业余数学家，在书页的小缝中，仅仅用一行简单的公式，就把全球数学家们折腾了358年之久！但愿这样的"悲剧"不再重演。

除了费马定理之外，费马在数学上的传奇还多着呢！比如，1629年，29岁的费马竟然异想天开地要"重写公元前3世纪古希腊几何学家阿波罗尼奥斯的、已失传的《平面轨迹》一书"，并在一年后（1630年），用拉丁文撰写了仅有8页的论文《平面与立体轨迹引论》；1636年，又就此文的细节与当时的大数学家梅森、罗贝瓦尔等进行了长期通信讨论。虽然此文的公开发表，是在费马去世14年以后的事，但它却明确指出："两个未知量决定的一个方程式，对应着一条轨迹，可以描绘出一条直线或曲线。"换句话说，费马发现解析几何原理的时间，竟然比笛卡儿还早7年！当然，笛卡儿是用轨迹来寻找其方程，而费马则是从方程来研究轨迹，而这正是解析几何基本原则的两个相对方面。所以，严格地说，是笛卡儿和费马共同开创了解析几何。

此外，在开创微积分方面，费马建立了求切线、求极大值和极小值以及定积分方法；在创立概率论方面，本来想吸引赌徒从事数学研究的费马，却意外建立了概率论的最基本概念，数学期望。费马还将不定方程的研究限制在整数范围内，从而开创了数论这门数学分支，并找到了第2对亲和数，从而打破了2 000多年的沉寂，激起了数学界重新寻找亲和数的高潮。在光学方面，费马首次提出了最小作用原理，并给出了相应的数学解释，这让数学家们茅塞顿开，甚至启发欧拉将此技巧用于求解函数极值，直接导致拉格朗日给出了最小作用原理的具体形式：对一个质点而言，其质量、速度和两固定点间的距离的乘积之积分，是一个极大值和极小值。

总之，费马的数学传奇实在太多，不可能在一篇短文中全部说清。因此，我们只好套用费马折腾数学家们的那句话，"我们本可以给出费马的一个美妙绝伦的科学家简史，可惜页面太少，写不下。"

各位朋友，本系列第一册就到此为止了。细心的读者也许已发现，在明末清初这段时间，即文艺复兴的中晚期，西方科学家简直就像井喷一样，接二连三地出现，其实，后续井喷还没完呢。唉，这好不令人羡慕嫉妒不恨呀，但愿有朝一日，中国的顶级科学家也能如此辉煌。不过伙计，只要包括你在内的所有人都真心想成为科学家的话，那么，这一天迟早会到来的。各位，加油！